消失模铸造

优质环保化先进技术

刘玉满　刘 翔　编著

化学工业出版社

·北京·

内 容 简 介

消失模铸造技术相比传统铸造工艺，大大提高了生产效率，但是出现了铸件表面积碳、铸件基体无规则增碳和组织疏松等顽疾，其废气严重污染环境。本书以笔者多年来研发的消失模铸造先烧后浇工艺、高频振动浇注工艺和相关耐烧陶瓷涂料、废气处理技术等十余项国家发明专利为核心，介绍了相关先进消失模铸造工艺的设计、生产应用技巧与废气一体化净化处理等事项，并简要介绍了相关铸钢和铸铁的生产技术。

本书适宜从事铸造，尤其是消失模铸造生产的技术人员参考。

图书在版编目（CIP）数据

消失模铸造优质环保化先进技术/刘玉满，刘翔编著. —北京：化学工业出版社，2021.7
ISBN 978-7-122-39182-7

Ⅰ.①消… Ⅱ.①刘…②刘… Ⅲ.①熔模铸造 Ⅳ.①TG249.5

中国版本图书馆 CIP 数据核字（2021）第 100118 号

责任编辑：邢 涛　　装帧设计：韩 飞
责任校对：宋 玮

出版发行：化学工业出版社（北京市东城区青年湖南街 13 号 邮政编码 100011）
印 装：中煤（北京）印务有限公司
710mm×1000mm 1/16 印张 20¾ 字数 353 千字 2021 年 8 月北京第 1 版第 1 次印刷

购书咨询：010-64518888　　售后服务：010-64518899
网 址：http://www.cip.com.cn
凡购买本书，如有缺损质量问题，本社销售中心负责调换。

定 价：198.00 元

前言

中国工业和科学技术的发展需要消失模铸造。消失模铸造需要优质化，更需要环保化，没有优质化则环保是空话，没有环保化优质也是不经济的。

本书主要内容是笔者自2008年以来，致力于消失模铸造优质环保化十项创新技术攻关与生产应用实践的总结。笔者的指导思想是怎么想就怎么做，怎么做就怎么写，做出是怎么样的结果就实话真讲，讲其然（结果与真相）和讲其所以然（亲历的实践、思维方向、问题与教训），从而把经历了时间和生产应用实践考验的实用技术与同行们交流共研，共追中国消失模铸造优质环保化之梦。

本书内容分为五篇。

第一篇　中国消失模铸造的历程及其优质环保化科技创新

第二篇　消失模铸造十项技术发明及其工业化应用

第三篇　消失模铸造思维决定方向·细节决定成败

第四篇　消失模铸造铸铁件生产基础知识与技术要点

第五篇　消失模铸造铸钢件生产基础知识与技术要点

优质环保化永远是中国铸造工业发展的主题。

中国数以万计的铸造工厂为了自身的利益——生存和发展，“优质化”可谓是你追我赶，常抓不懈，但“环保化”观念普遍处于观望、等待甚至忽视的被动之态。这就是大局与小局的矛盾，公益与私益的对立。然而，对立统一是社会和工业发展的科学辩证法，铸造环保化是大势所趋，是不可逆转的人类生存的共同大局，中国铸造行业正面临考验，任重道远。

消失模铸造高浓度苯类强致癌物的污染早已是国际无争议的定论，而其废气中SO_2浓度可达5000mg/m^{3}以上也是惊人事实，本书首次把科学检测数据如实公示，旨在尊重科学，还原事物的本质，为保护人类生态环境做点有益的工作。

本书选编了大量的科学数据和科研与生产实照，其中相当部分是中南铸冶科技团队航空航天动力学专家邱表来教授、铸造高级工程师张玉芳、铸造工艺师罗通及武汉恒新科技公司王俊高级工程师、淄博通普公司、桂林金桂环保监测公司等提供，谨致谢意。

学研无止境，书中不足之处，欢迎读者批评指正。

刘玉满　刘　翔

2021 年 6 月

目录

第一篇

中国消失模铸造的历程及其优质环保化科技创新

1

消失模铸造在中国的兴起、挫折与发展

1.1 消失模铸造在中国的兴起

中国对消失模铸造技术的引进与研究始于1965年，由中国第一机械工业部机械科学研究院和上海机械制造工业研究所组织对FMC法的专题研究。

消失模铸造发明于美国，1956年美国H. F. Shoyer把聚苯乙烯（EPS）用于铸造的试验获得成功，称为FMC法，并于1958年发布专利。1962年美国M. C. Flemings第一个采用聚苯乙烯模样，以干砂负压铸型生产铸件获得成功，成为世界上LFC法的发明人。

20世纪70年代初，中国消失模铸造首先在上海地区铸造行业形成了无负压的FMC法生产应用的第一个区域性热潮，之后在全国各地有不同程度和不同规模的应用。在上海地区，采用FMC法成功浇注的铸铁件最大质量达30多吨/件，铸钢件则重达50多吨/件。FMC法具有其他铸造方法不可代替的优势，但由于烟气污染严重，加之铸件质量上的某些严重缺陷而难以达到优质水平，其工业化生产应用和发展受到了极大的限制。中国在FMC法研究和成功应用的基础上，1979年便开始组织对LFC法的专题研究，历时6年之后的1985年，在中国科学院长春光学精密机械与物理研究所诞生了第一条LFC法生产线，标志着LFC法在中国工业化生产应用的开始。从1965～1985年整整20年，中国对消失模铸造FMC法和LFC法不懈而漫长的研究、应用和实践，为中国消失模铸造生产技术的发展积累提供了许多可贵的经验和必要的技术基础。

1.2 消失模铸造 FMC 法与 LFC 法

这里有必要对消失模铸造 FMC 法和 LFC 法的基本概念做个简单的说明。

首先指出，FMC 法和 LMC 法之称本身是不准确的，这是在 20 世纪消失模铸造的水平下，国外的一种习惯性的概念，被引入中国而已。

所谓 FMC 法，通常是指采用泡沫型材经切割、加工、黏合成型的气化模，20 世纪多采用树脂砂或水玻璃砂填充无负压浇注造型的铸造方法，21 世纪以来多采用干砂填充负压造型和浇注，适用于大、中、小型铸件单件或小批量生产，先期把这种方法称为 Full Mould Casting 法，简称 FMC 法，中国铸造界将 FMC 法译为“实型铸造法”。FMC 法树脂砂或水玻璃砂生产方式到了 21 世纪大部分已被强制性淘汰，少部分还存在，这种污染性强、工艺落后，对环境具有极严重破坏的铸造技术在绝大部分地区和企业自 2001 年后已改为干砂负压造型生产。其实，“实型铸造法”之称是不严谨的翻译，随着消失模铸造技术的创新发展，特别是消失模富氧燃烧空壳浇注法在中国发明之后，“FMC 实型铸造法”的概念已被修正。

所谓 LFC（Lost Foam Casting）法则是采用模具直接发泡成型，采用干砂负压造型的铸造方法，是一种高效率、近净余量、精确成型的先进工艺，适用于大批量工业化生产。

其实，FMC 法和 LFC 法并没有绝对的概念上的区别，只是多年前国外对两种模样的成型方法的一种习惯性的区分而已，老一套“FMC 法和 LFC 法”的概念已经过时，以模具直接发泡成型的模样同样可以用于无负压非干砂（树脂砂或水玻璃砂等）的造型方法生产，而采用泡沫型材切割加工黏合成型的泡沫模样同样也可以而且应该用于干砂负压的造型方法生产，两者均称为消失模铸造，事实上很多工厂的泡沫模样是 FMC 模样和 LFC 模样的组合，二者同时并举，没有绝对的界限。

消失模铸造划分 FMC 法或 LFC 法之称是不准确的，严格地说是不科学的“划分”，当今消失模铸造工业化生产实际上只有实型浇注和烧空浇注之分，中国的消失模铸造工业不应受过时的、不清不楚的概念所迷惑。在本章中之所以引用“FMC”和“LFC”之称，仅仅是为了说明消失模铸造的历史和发展过程而已。

1.3 消失模铸造在中国的发展历程

中国引进与研究消失模铸造技术始于1965年，往后的几十年历程大体上可视为以下不同的历史阶段。

（1）“三五”期间（1966—1970） 技术引进研究期，着重于FMC法研究。

（2）“四五”期间（1971—1975） FMC法第一应用期，形成区域性应用热潮。

（3）“五五”期间（1976—1980） FMC法调整期，步入LFC法研究。

（4）“六五”期间（1981—1985） LFC法研试期，诞生第一条LFC法生产线。

（5）“七五”期间（1986—1990） LFC法生产应用技术积累期。

（6）“八五”期间（1991—1995） LFC法工业化应用示范与初兴期。

（7）“九五”期间（1996—2000） 消失模铸造工业化应用新兴期。

（8）“十五”期间（2001—2005） 消失模铸造膨胀性推广期及挫败期。

（9）“十一五”期间（2006—2010） 痛定思痛总结教训，创新疗伤康复期。

（10）“十二五”期间（2011—2015） 步入稳健快速发展的新时期。

（11）“十三五”期间（2016—2020） 产能与质量平稳提升发展期。

（12）“十四五”期间（2021—2025） 向环保化、优质化转变的历史性阶段。

1.4 中国消失模铸造“十五”期间的问题

首先败在思维方向和思维方法的错误，败在盲目性和盲从性。不少企业在误导性的宣传鼓动下把复杂的技术问题想得太简单，结果生产出来的铸件因为质量差没人要，铸件质量过不了关而技术人员束手无策，相当部分企业最终走向倒闭。

这并非个别或局部现象，而是在全国各地带有普遍性。我们当时曾走访了多个消失模铸造工厂，没有一个是日子好过的。

西南地区一家相当有名气的耐磨铸造公司，主打产品是不需加工的矿山耐磨铸件，当时已达年产量6000t的规模，铸件外观还“蛮漂亮”，一开始吸引了不少大型矿山客户，但后来就遭到接二连三的退货，2005年一次性退货上千吨，库存未发货出厂的铸件尚有千余吨，资金链断裂，可谓欲哭无泪，一个好端端的铸造公司就此倒闭，还落下个“伪劣产品”的骂名。其他厂家的铸件正常使用寿命是半年有余，此企业铸件装机不到一个月就失效，原因就是以当时的消失模铸造技术水平生产的铸件组织严重疏松，力学性能严重下降，耐磨性极差。不到一年时间，好事不出门，坏事传千里。“消失模高锰钢铸件好看不中用、不耐磨”的舆论铺天盖地，全国生产耐磨铸件的消失模铸造厂被压得喘不过气来。在江西，一家老牌的机电集团公司的铸造厂，把原先的蜡模精铸转型为LFC法消失模工艺，确实是省时、省事、高效率，主打产品是碳钢和低合金钢铸件，结果是产品结晶粗大、严重增碳，90%以上的铸件力学性能不达标，金相检查不合格，铸件边角处多有微裂纹，他们奋战三年终未解决而败下阵来，发誓“再也不干消失模了!”华东地区一机械制造公司，以砂型铸造生产低碳钢铸件已有多年的经验，受消失模铸造是“绿色化先进技术”的宣传所动，件重几十千克至1t左右的低碳钢铸件全部改用消失模工艺生产，反反复复一年多却无法攻克增碳问题，夹渣、气孔、成分偏析的缺陷也很头痛，组织疏松、结晶粗大则是通病，100kg的消失模铸件与同样尺寸、同等材质的砂型铸造生产的铸件相对比，直观质量少了4～6kg，而按20钢的熔炼配方生产，所得的消失模铸件化验竟达45钢的成分指标，且同一铸件上不同部位的含碳量差别竟在0.2%～0.6%之间，如此一炉一炉的判废，元气大伤。又如华北几家以消失模生产球铁件的企业，球化效果不良，球化级别不达要求，组织疏松比铸钢件更严重，抗拉强度及延伸率大部分不达标，铸件侧面与上表面皱皮连片十分难看，出厂没有人要，外观及内在质量连自己都看不过眼。

以上这些实例都是条件比较好、砂型铸造生产经验比较丰富、技术力量较强、生产规模较大的企业，在消失模铸造阵地上却都弄得如此焦头烂额而无所适从，全国众多跟风盲目而上的乡镇企业惨败的结局就可想而知了。难怪有一位曾经“不甘失败”而周游考察了多个“先进国家”的某大型铸造公司的老总，2018年在一个全国耐磨铸件大会上大声疾呼：“这几年干消失模上大当了！外国的技术根本就没过关，在我们国内却吹得神乎其神，什么简单高效好赚钱，开会只会放外国机械手的录像！……失败的教训太惨重了！以后千万千万不要用消失模生产耐磨铸件了，千万千万不要用消失模生产球铁件和碳钢件了！别再上当了!”

如此怨气虽然有点“过”，在失败面前完全看不见光明和失去了科学攻关的信心是不可取的，但毕竟是道出了事实和真相，道出了企业要生存的呼声，道出了当年那个非常时期中国消失模铸造界惨遭挫折和失败的现实，道出了值得铭记的教训，中国消失模铸造应该承认历史。

1.5 中国消失模铸造突破重围稳健快速发展

铸件增碳源于铸型中有大量的碳（EPS含碳量92%），如果浇铸钢（铁）液之前先把碳消灭掉（烧掉），显然就没碳可增了。焦点问题是采取什么方法和手段能把铸型中的泡沫烧掉。至于组织疏松，是由于金属液在铸型中冷却速度缓慢所致，既然干砂负压是特定的铸型条件，既不可能弃用干砂，也不可能撤消负压，也就是说想改变铸型的冷却速度是行不通的，可以采取迂回战术寻找另一条路（高频脉冲振动细化晶粒）攻之，干砂负压条件下的消失模铸型是一个“坚固的整体”，完全经得起高频振动，选择这条路则攻之必克。

按照这一攻关思维和科研方向，中南铸冶研究所2008年和2010年分别发明成功了消失模铸造干砂负压富氧烧空无碳缺陷铸造法和高频振动浇注致密结晶铸造法，并在全国范围内得到了广泛的应用，从而打破了阻碍中国消失模铸造健康发展的“四不宜论”。

“十一五”期间是中国消失模铸造痛定思痛总结经验教训并创新疗伤的康复期。思痛的目的在于创新，不是闭门思过，总结经验教训的立足点是创新，而不是纸上谈兵。疗伤的目的是康复，肌体上（企业生产）和精神上（科学理念）都要康复。疗伤和康复的根本是打起精神搞科学创新，而创新成果就是疗伤康复的特效良药，是中国消失模铸造健康发展的原动力，这就是科学辩证法。

铸件增碳和组织疏松两大缺陷的攻克，使中国消失模铸造界看到了希望，坚定了信念——中国人有志气、有能力、有智慧依靠自己的力量发展消失模铸造，而且必能位居世界的领先水平。2010～2011年，中国的消失模铸造企业由2006年的400多家增加到了1000多家，之后以每年数百家的数量稳步递增，至2020年全国已有3000多家，而且是全面上规模、上质量、上品位，规模与产量发展之快，质量的大幅提升，令世界刮目相看。二十年前，美国人号称是消失模铸造领域的“执牛耳者”，当今，我们中国人是当之无愧的消失模铸造领域的牵牛鼻子者！中国消失模铸造兴起、推广、挫折、攻关、复兴、发展简图如图 1-1。

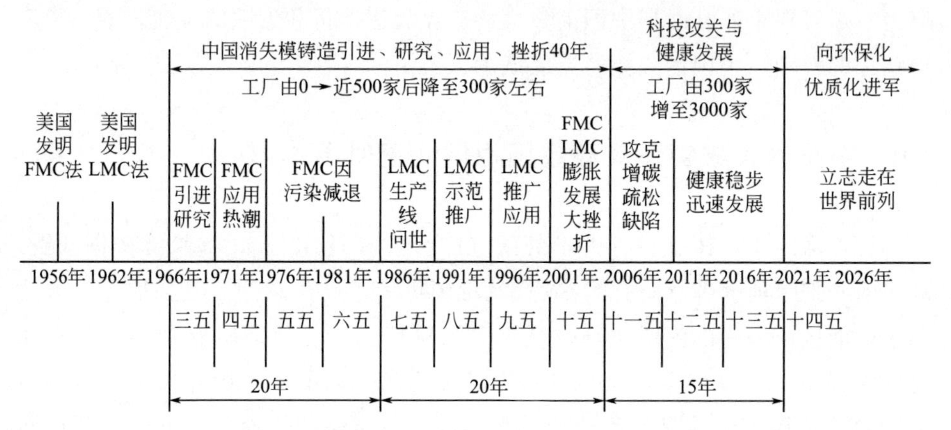

图 1-1 中国消失模铸造兴起、推广、挫折、攻关、复兴、发展简图

2

消失模铸造的特定因素促进十项技术发明的研究与成功

2.1 消失模铸造的特定因素

2.1.1 泡沫模样是烃类有机物

消失模铸造的泡沫模样是烃类有机物，燃点和气化温度较低，表面不易受水渗透。EPS含碳质量分数92%，STMMA（可发性甲基丙烯酸甲酯与苯乙烯共聚树脂珠粒）含碳70%，EPMMA含碳60%。以EPS模样密度16～18kg/m^{3}计，1t重的钢铁铸件的模样中约有2.3～2.4kg的碳，占铁液质量比的2.5‰，这就是消失模铸件在浇铸过程中增碳之源，在真空负压条件下更甚。同时，C—H聚合物在缺氧氛围中热解或不完全燃烧而裂解出芳香族有害物污染环境是必然的物化反应现象。

2.1.2 泡沫模样发气量大

EPS的发气量约520mL/g，STMMA约880mL/g，EPMMA约940mL/g。排气的途径是：涂料层→干砂层→真空排气系统。浇注过程如模样发气量大于铸型排气量则必然反喷，也就不可避免地产生气孔缺陷。“气”是古今中外铸造生产的大忌，有害无益，而气对铸件质量的危害主要是两个方面，一是发气的量，量变则引起质变；二是气速，即发气的速度。

2.1.3 泡沫模样发气速率快

EPS的发气速率约68mL/(g·s)，STMMA的发气速率约90mL/(g·s)，EPMMA约98mL/(g·s)。发气速率快是很不利的因素，尤其是对浇注过程的反喷和导致铸件气孔缺陷，威胁性极大，防不胜防。所谓 STMMA、EPMMA 比 EPS 易燃烧、易气化，实际上就是发气速度快，快速率有可利用的一面，也有致命的一面。透气性稍差或浇注速度稍快，势必反喷，而反喷则铸件必有气孔缺陷，只是程度不同而已。

2.1.4 泡沫模样热解有残余灰渣积于铸型中

泡沫热解必有少量灰渣残留于铸型中，无论多大的气流量或抽风力都是不可能把灰渣抽出铸型外的，只是吸附在涂料层的内壁面，铁液充型时随之上浮。相对而言，其含碳量越高则残留灰渣就越多，STMMA 和 EPMMA 含碳量稍低，EPS 含碳量稍高，故 EPS 热解的残余灰渣稍多一些。消除灰渣的唯一办法是正确设置浇冒口系统，使铸型中残留的灰渣随铁液充型而顺利浮集于铸件上方的冒口或集渣包内，故浇冒口系统设置非常重要，浇注过程中凡出现铁液对流或充型紊流的现象，则铸件灰渣缺陷难免。

2.1.5 在干砂负压铸型中浇注金属液

干砂铸型决定着铸型因热导率低而冷却较缓慢，真空负压条件下的干砂铸型则冷却更为缓慢，简单的比喻就像热水瓶有真空层起到保温作用，铁液类同装在热水瓶的瓶胆内（型腔内），热扩散效果差，由此就导致铸型中的金属液无法获得较大的过冷度，这对金属结晶状态是关键性的影响因素，也是消失模铸件结晶粗大、组织疏松不致密的根本原因，是耐磨铸件不耐磨、铸件力学性能下降的根源。

2.1.6 泡沫模样在真空负压下热解放出大量的苯类物及 SO_2

真空负压条件下，消失模铸造排出的苯、甲苯、二甲苯、苯乙烯及其他芳烃和 SO_2 等有害气体，普遍超出国家环保排放限值的数百倍乃至上千倍，严重污染环境，而消失模铸造的 SO_2 浓度多在 3000～5000mg/m^3。

在此值得特别警示：无负压的水玻璃砂或树脂砂 EPS 消失模实型铸造，是我国早在 20 世纪 70 年代就曾经兴起并因废气污染严重而被淘汰的落后技术。

2.2 消失模铸造两大国际性的质量威胁——增碳及组织疏松

消失模铸件缺陷多种多样，而最令中外消失模铸造界头痛的致命性缺陷就是碳缺陷和组织疏松缺陷，这是消失模铸造的两大质量障碍。

消失模铸造自20世纪60年代在国际上实现工业化应用以来，直至2008年率先在中国实现先烧后浇空壳铸造和2010年率先实现高频振动浇注工业化应用之前，中国和国际消失模铸造吃尽了铸件组织疏松和没完没了的无规则增碳的苦头。中国消失模铸造能否绝地重生取决于碳缺陷和组织疏松缺陷这两大障碍能否攻克。历史的使命感迫使中国的铸造工作者投入迎战碳缺陷和结晶粗大组织疏松的科研攻关。

2.2.1 碳缺陷基本概念

碳缺陷是指铸型中因碳的存在而引起的种种缺陷，除了最令人头痛的增碳缺陷外，还有夹渣、气孔、皱皮、炭黑、表层裂纹等缺陷，对于工程结构用的碳素钢和合金钢而言，增碳是最为致命的威胁，其无规则的整个铸件的增碳现象，对铸件质量和铸件使用的安全性威胁极大，曾有大量的铸件因增碳而判废，无可补救。对于含碳量已经饱和或趋于饱和的灰铸铁、球墨铸铁（简称球铁）、合金铸铁件以及不含碳的镁、铝、铜等有色铸件而言，虽然没有增碳缺陷的严重威胁，但同样存在着气孔、灰渣、夹渣、炭黑等碳缺陷的困扰，对于球铁生产最为敏感的是皱皮缺陷和力学性能的影响，对于灰铸铁的石墨形状影响也是不可忽视的。所有这些都属于由泡沫模样中固有的碳所引起的缺陷，统称消失模铸造碳缺陷，碳是产生一系列碳缺陷的根源和“罪魁祸首”。

2.2.2 碳缺陷的威胁催生了消失模先烧后浇空壳铸造法

泡沫模样中固有的碳是碳缺陷产生之源，铸型中没有碳的存在就没有增碳现象可言。碳缺陷的表现形式多样，但必有起主导作用的主要威胁，也叫主要矛盾，主要矛盾不解决，即使其他矛盾得到了不同程度的解决也无济于事，也不可能从根本上发生质的变化。为此，中南铸冶研究所2007年第一个科研攻关目标就是要攻克增碳这一顽固堡垒，科研方向就是在浇注金属液之前必须把铸型中的碳（泡沫模样）灭掉，碳不灭则一切都是空谈。“消失模铸造”之本意是指金属液高温之下模样消失，消失的形式是热解，铝合金浇注温度是700℃左右，此温区能使模样消失，泡沫燃烧的温度远高于700℃，燃烧不是也能使其消失吗？这就是利用EPS在高温下可以热解的特性来消灭其自身的存在，其自身消失，碳也就消失了。

由此2008年诞生了超强的高温陶瓷化耐烧涂料和富氧条件下先烧空后浇

铸的无碳铸造法。

2.2.3 消失模高频振动浇铸致密结晶铸造法攻关

消失模先烧后浇铸造法把增碳等一系列碳缺陷从根本上加以解决，但是碳缺陷的消除和干砂负压铸造条件下的铸件结晶粗大组织疏松问题并没有多大的关系。铸件组织疏松必然导致力学性能下降和致密耐压性受到威胁，铸件外观质量再漂亮也是外强中干，这对于安全结构件的危害性更大，必须将其攻克。

2009年，笔者把科研主攻目标转向如何改变干砂负压条件下金属结晶细化致密的国际性难题。大规模工业化生产的干砂负压铸造靠改变金属液在铸型中的冷却速度是不现实的，既然“此路不通”就不必伤尽脑筋去尝试什么以钢丸作填充砂、以水淋冷却带走热量、高温开箱等不可行或无效的方法，不要一条道走到黑，可以绕道而行，否则一无所得。铸型的冷却速度可以改变铸型中金属液的过冷度，过冷度可以改变金属液的结晶过程与状态，但过冷度并不是改变金属液结晶过程与状态的唯一因素。如果给金属液施以高频振动波（高频脉冲波），以动能和过热金属液固有热力自由能产生叠加作用，完全可以改变铸型内金属液的热交换状态，从根本上改变和优化晶核的形成和生长过程，从而可以实现比过冷度更为明显、更为强化和优化的结晶过程，而消失模干砂负压铸造不是多砂箱的机械组合铸型，是一个无分型面的负压整体，这可谓是“坚不可摧”的得天独厚的适于整体高频振动的有利条件，为此，我们科学地判定，只要涂料层耐烧耐振且负压调控合理，消失模铸造实施高频振动边振边浇必大有可为，其前景不可估量。

消失模铸型高频振动边振边浇致密铸造法的科研攻关于2009年获得成功，2010年公开演示发布，令国际铸造界不得不对中国消失模铸造技术飞跃性的发展刮目相看。与此同时，也就延伸出了V法铸造和水玻璃砂、树脂砂铸造高频振动结晶技术的成功与工业化应用，中国的“桂林5号”特耐高温的高温陶瓷化涂料一举达到国际先进水平。

2.2.4 充分利用“特定因素”开展多项创新技术的研究与应用

消失模铸造先烧后浇空壳铸造法、高频振动边振边浇法和特耐高温陶瓷化涂料三大项目的成功与工业化应用，使笔者对充分利用消失模的特定因素开发多项技术发明创新的研究获得了信心，找到了消失模铸造环保优质化的发展方向。

泡沫模样EPS是C—H化合物，与石蜡类同：石蜡化学式是$C_{25}H_{52}$，含碳质量分数85%，含氢质量分数15%，EPS充分热解点是400多摄氏度（终了气化温度460～500℃），石蜡的燃点是160℃左右，燃烧后的残余物量与EPS相当，甚微。EPS泡沫表面致密，把蜡液涂覆于EPS表面，实施先烧后浇时，当型腔温度升至160℃以上时，蜡膜超前燃烧或热解气化先行消失。根据这一原理，泡沫模样涂蜡精铸法获得成功并广泛应用于消失模铸造生产，铸件表面光洁度大幅提升。

根据类同于石蜡的物质极易热解挥发的原理，继而研究开发了消失模铸造专用的高速热解的渗铸剂和在消失模铸件表层渗铸金刚砂等耐磨颗粒层的复合铸造法，生产既具有高强度、高韧性层又有高耐磨性、高硬度层熔合的双层复合铸件，填补了双层复合耐磨铸件工业化生产国内空白。

在提高消失模铸造铸件内在质量和表面外观光洁度和精度的基础上，中南铸冶研究所的科研攻关目标于2018年转向环保化，向严重污染环境和危害人类健康的消失模铸造苯类致癌废气和SO_2宣战。

消失模铸造的废气严重致癌！消失模铸造产生的废气中的致癌物——苯、甲苯、二甲苯、乙苯、苯乙烯等及SO_2严重超标数百倍甚至上千倍，对其净化处理是国家和全球化环保目标所需，更是消失模铸造企业和所有铸造工作者的神圣使命与责任担当，是环保法规对消失模铸造企业的必然要求。

国内外多年来宣传的铂、钯贵金属多孔陶瓷催化装置的催化燃烧净化法、柴油等液体吸收法、多孔活性炭吸收法、高浓度冷凝吸附法、热力直接燃烧法以及近年来宣扬的光氧等离子、高能光束等净化工业废气的方法，事实已经证明不适用于净化消失模铸造的废气，一是净化程度不够；二是废气爆炸的安全隐患十分严重，不实用，也不能用。必须从我国消失模铸造生产实际出发，研究出净化效果先进、使用安全可靠、操作简单可控、铸造企业普遍用得起且用得好的净化技术。

出于使命所迫，笔者的科研攻关分三步走，而总的思维方向是：有害气体在高温富氧条件下实现充分的氧化反应，苯类废气生成的产物是H_2O+CO_2，SO_2净化最终产物是硫酸。

2.3 消失模铸造苯类致癌废气净化法三步攻关

2.3.1 燃煤高温富氧净化法

煤是我国资源丰富、燃烧热效率高、使用成本低的一种常用燃料。2019

年上半年，笔者攻下了以高效无黑烟和重尘排放的航空涡喷燃煤先进装置净化苯类气体和 SO_2 的重大难关，经具国家相关资质的环保监测机构监测认定其净化率稳定达到了 99％以上的国际先进水平。

2.3.2 燃气高温富氧净化法

燃煤法净化效果虽好，净化成本虽低，但使用区域毕竟受限。为此，笔者迈出的第二步就是燃气高温富氧净化法的科研攻关。经过数月的努力，天然气涡喷燃烧净化消失模铸造废气同样达到了理想的效果。然而，目前乃至今后一个相当长的时期内，在中国铸造行业，有条件使用天然气的厂家毕竟是少数。

2.3.3 电热装置高温富氧安全可靠的净化法

笔者在燃煤和燃气净化方法取得成功的基础上开始转向了电热净化法，并于 2020 年 12 月获得成功。电热法不仅净化效率高，而且安全可靠。

三种热能高温富氧净化处理消失模铸造废气的方法与装置的技术发明，防爆安全性的问题已从根本上得到了可靠的解决，这是消失模铸造废气净化问题中的关键。

2.4 消失模铸造废气中 SO_2 净化技术的独特性

人们难以相信甚至难以想象看似“洁白无瑕”的泡沫怎么会析放 SO_2？其成分不就是 C＋H 或 C＋H＋O 吗？其实，这只是 EPS、STMMA 物质本身的化学成分，并不代表其制造产物（泡沫）的全部成分，生产泡沫的珠粒原料多属经硫化处理而得，所以消失模铸造的模样（泡沫）实际上是 EPS 与 S 的混合物，或 STMMA、EPMMA 与 S 的混合物，这就是 S 和 SO_2 的来源。

查询国内外对 SO_2 的研究与净化处理现状，在工业生产中的应用几乎都是把 SO_2 氧化成 SO_3 之后再用 98％浓度的硫酸吸收，否定了用水吸收 SO_3 的方法，因为 H_2O 与 SO_3 反应生成稀硫酸是强烈的放热反应，产生浓烈的酸雾，酸雾滞留在反应塔内而阻碍了后续反应的进行，所以没有实用价值。我们的研究是利用消失模铸造的 SO_2 是从真空系统的排气管道集中而高速喷出的特定因素，其随同苯类气体进入高温富氧装置时必然充分地被氧化成 SO_3，并从净化排放口以高流速进入水雾吸收管道的基本流程，与“不宜用水吸收 SO_3”的传统理论反其道而行之。因为在吸收管道中的气流是朝着排放方向高速前行，水吸收 SO_3 放热产生的酸雾就不可能停滞在反应区段中，这就是动与静、流与滞的实质性差别。

这一看来十分简单易行的处理方法，恰恰说明传统与创新突破往往只有一步之遥，触手可及。经环境监测机构检测，这一 SO_2 净化法达到了令人意想不到的先进水平，以 2019 年 12 月 9 日在中南铸冶科研基地实测浇铸单重 1750kg 的消失模铸钢件 SO_2 的监测报告为例：从真空泵排气管输入电热净化装置的废气中 SO_2 的浓度为 $3330mg/m^3$，在排放管末端却检测不出有 SO_2 成分，检测报告标注“ND”，流向回收池的水溶液为酸性（pH 值 5）。

3

消失模铸造十项技术发明

3.1 2008～2020十项技术发明一览

针对消失模铸造的特定因素及消失模铸造优质环保化的目标，笔者于2006～2007年深入生产一线，进行了历时一年多的全国性调查，2008～2020年先后开展十项技术难题科研攻关，并将其成果成功应用于消失模铸造工业化生产。见表3-1。

表3-1 2008～2020年十项技术发明一览表

序号	发明时间	发明名称(简称/全称)	中国发明专利号
1	2008	先烧后浇空壳铸造法 消失模铸造采用高性能涂料负压燃烧 空壳浇注气流速冷消除碳缺陷的方法	ZL200810080960.8
2	2010	高频振动边振边浇铸造法 干砂负压下的消失模铸型在高频 振场中浇注金属液的铸造方法	ZL201110356451.5
3	2012	泡沫模样涂蜡精铸法 采用石蜡精密模样和高性能涂料 壳型不焙烧的消失模铸造方法	ZL201210136033.X
4	2014	特耐烧耐冲刷瓷化涂料 高温陶瓷化耐冲刷 无粉尘污染的环保铸造涂料	ZL201410750404.2
5	2016	耐磨颗粒层渗铸剂 消失模铸件铸造时表层渗铸 耐磨颗粒层用的涂敷剂	ZL201710838473.2
6	2017	金刚砂耐磨层渗铸法 一种复合金刚砂制备高强度 高韧性高耐磨铸件的方法	ZL201711457063.X

续表

序号	发明时间	发明名称(简称/全称)	中国发明专利号
7	2018	消失模苯类废气净化法 工业废气中苯类有害物高温富氧 超常压强化燃烧净化方法	ZL201910153442.2
8	2018	钢铁水包内振动精炼法 钢铁水高频振动纯净化 均匀化精炼方法	201811618120.2
9	2020	涂料脱壳强化剂 用于铸造涂料抗粘砂成片脱壳的 强化剂及其制备与使用方法	受理登记号: 202011614378.2
10	2020	消失模 SO_2 废气净化法 一种净化消失模铸造废气中二氧化硫 污染的方法及装置	申请受理号:202110320631.1

注：表中10项技术原创发明人：刘玉满，刘翔，中南铸冶研究所技术团队。

3.2 消失模铸造优质环保化的方向与必由之路

中国消失模铸造优质环保化的方向是什么？优质环保化的路怎么走？这是中国铸造工作者都在共同探索的重要问题。没有优质化就没有消失模铸造存在的意义，没有消失模铸造厂生存的余地，没有环保化就没有消失模铸造存在和发展的必要。这应该在行业内达成共识。

认识优质化和实现优质化，首先应该认识中国消失模铸造铸件高质量化的主要障碍（即主要问题）是什么，主要矛盾不解决，而头痛医头脚痛医脚，最终难以成功。消失模铸件的缺陷（质量问题）多种多样，但起主导性的要害缺陷是增碳和组织疏松，把主要矛盾解决了，其他什么夹渣、气孔、砂眼、粘砂、反喷、塌箱等等并不难解决。

认识环保化和实现环保化，不是一个企业乐不乐意和干不干的问题，应该说是使命，是责任。首先要敢于承认消失模铸造对环境有严重污染，要面对现实，并以科学态度去改变现实，攻克消失模铸造粉尘污染和苯类及 SO_2 有害废气净化难关。

第二篇

消失模铸造十项技术发明及其工业化应用

4 消失模先烧后浇空壳无碳缺陷铸造法的发明与应用

（中国发明专利：ZL200810080960.8）

4.1 增碳等一系列碳缺陷是消失模铸造工业化生产的一大威胁

消失模铸造自20世纪60年代在美国问世以后直至2008年本技术发明发布之前，国内外的消失模铸造一直都是实型浇注的生产方式。

EPS泡沫含C量是92%，STMMA泡沫含C量是70%，也就是说10kg的泡沫模样在铸型中就有9.2kg或7kg的C存在，当高温钢铁液浇注于铸型之后，泡沫模样在热解过程中必然析出大量的C元素，在负压（真空）的高温氛围中，C元素很容易被含C量未饱和的高温钢铁液所吸收。

铁-碳平衡相图（图4-1）表明，在铁-碳合金中，含C<0.04%为纯铁，含C>0.04%而<2.06%为碳钢，含C>2.06%为生铁（铸铁）。在工业生产中，碳钢的C含量对于一般工程结构件而言以0.1%～0.65%为多，其C含量远低于2.06%的饱和点。含C量未达饱和点的高温碳钢液吸收的对象就是游离于钢液中的C元素，而这些C元素是来源于泡沫模样的热解反应。因此，离2.06%的C含量越远的低碳钢吸收C的能力就越强，增C现象也就越严重。这是消失模铸造的碳钢铸件增碳的根本原因。

在一系列由碳而引发的消失模铸件增碳、夹渣、气孔、皱皮等碳缺陷中，从总体上说，增碳是主要矛盾，是各种碳缺陷中对铸件质量威胁最大而又最难攻克和消除的主要缺陷。这个障碍不铲除，消失模铸造生产碳钢件及球铁件就必然被判“死刑”。中南铸冶研究所2008年发明成功的消失模先烧后浇空壳无碳缺陷铸造法之根本目的就是要从根本上消除增碳等一系列碳缺陷。见图4-2。

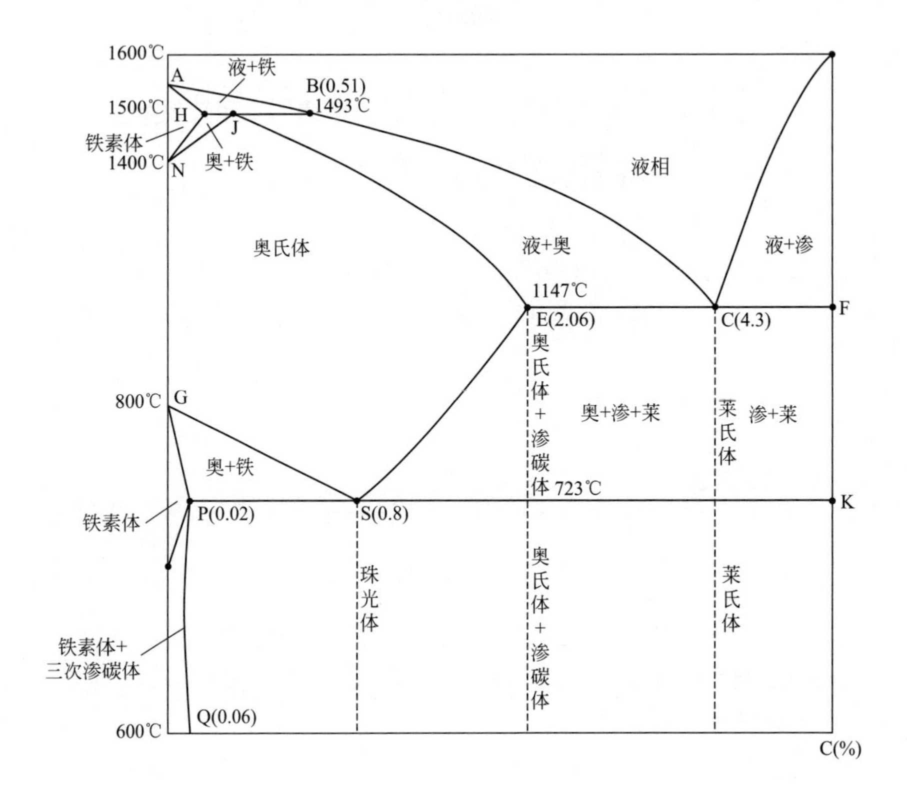

图 4-1 铁-碳平衡相图

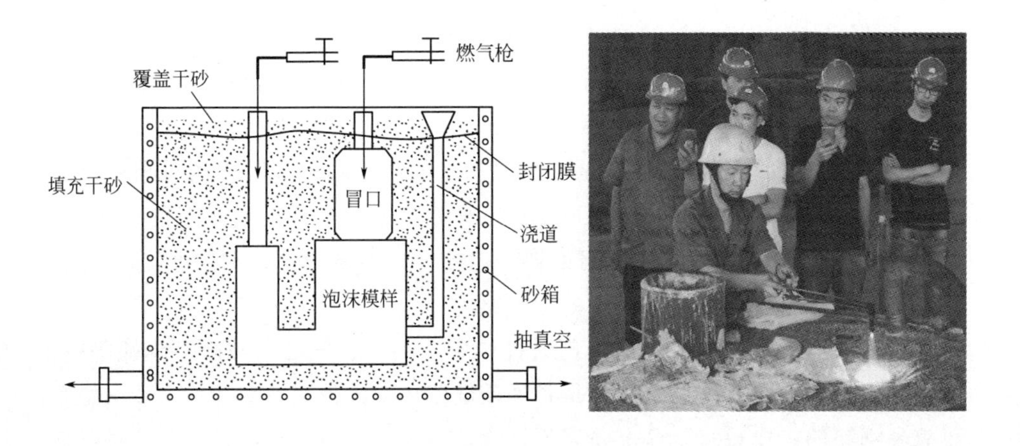

图 4-2 中南铸冶示范基地单重 2t 铸钢件现场烧空示范

4.2 国内外多年来种种不实用的“减碳法”

4.2.1 减轻泡沫模样的密度十分有限

减轻泡沫模样的密度不仅有利于减少铸型中的含C量，而且有利于模样快速和充分热解气化，在保证模样强度和刚度的前提下，模样密度显然是越低越好，即使没有增碳和其他一系列碳缺陷的存在，尽可能地减轻泡沫模样的密度也是消失模铸造工艺改革的必然方向。但密度的减轻是极为有限的，超过限度就“物极必反”了。而且不管怎么减，铸型中仍然有足以使铸件产生碳缺陷的“碳”。比如从常规的$18kg/m^3$密度减至比较先进的$14kg/m^3$，即减少了22%的碳，但对于铸钢件尤其是低碳钢件的增碳威胁仍然是毫无差别的。所以，消失模铸造泡沫模样减轻密度是工艺改革的努力方向，有利于减轻碳缺陷，但绝对不可能从根本上解决碳缺陷这个难题。

4.2.2 泡沫模样“挖空”无实质性意义

挖空泡沫模样对消失模铸造工业化生产没有普遍的实用价值。这仅仅是矛盾的特殊性和普遍性的关系，极少数的“厚大实”铸件模样可以把厚实部分适当挖空，比如简单到不能再简单的配重铁件、大型实心柱体、大型实块类铸件等。对于一般工程结构件而言，壁厚多在10～30mm，绝大多数是不可能把模样挖空的，即使挖空了对于减碳和消除碳缺陷也没有实质性的价值。

4.2.3 减慢浇注钢铁液的充型速度是无实用价值的

对于结构最为简单的高大直立柱型铸件或许在浇注的中期和后期可以适当控制浇注速度，使充型速度稍慢于泡沫模样热解气化上升的速度，减少浇注中期和后期钢铁液与泡沫的接触，但浇注初期是根本不可能实现钢液与泡沫无接触的。可以断言，如此“隔断式浇注法”对于一般工程结构铸件工业化生产是毫无意义的，也是根本不可能实现的。

4.2.4 “空心浇道”减少不了碳缺陷

所谓的“空心浇道”只不过是直浇道那么一小段空心，在某种条件下或许对减轻浇注那一瞬间的反喷稍有作用，对整个浇注过程避免反喷和消除碳缺陷是毫无实质性价值的。空心浇道所减少的碳与铸型中泡沫模样固有的碳量相比显然是蚂蚁与大象的关系，况且其横浇道和内浇道也不可能空心。“空心浇道”一般只适用于单件单一直浇道组箱造型，粘接组装操作也较繁琐，与浇注系统烧空法相比可以说是劳民伤财之举，故而美国的“空心浇道”从20世纪90年代向中国消失模铸造界鼓吹十几年也没什么市场。实际上，采用负压富氧烧空法1s即可把泡沫“实心浇道”完美可靠地变成空心浇道。

4.2.5 溶解液还原EPS掏空法不可行

EPS泡沫由珠粒发泡而得，EPS泡沫浸于某种溶解液中是可以还原的，这是20世纪90年代末我国应用于治理长江三峡坝区大量泡沫塑料污染的研究成果。而使用溶解液把消失模铸型中的泡沫模样还原以形成空腔铸型，把EPS从泡沫还原成珠粒固态，从科学原理上讲是可行的，但从消失模铸造工业化生产所固有的特性来讲是行不通的。模样表层涂料烘干后要装箱造型，把大量的含有相当量水分的溶解液从浇口或冒口灌注于铸型中，使EPS浸泡成黏糊糊的口香糖态，而后从浇口或冒口将其夹取出来，原泡沫铸型即变成了“空腔铸型”。可是实际情况并非如此简单，大量的还原液浸润了涂料层并流向填充干砂层，积存于砂箱中，还原液实际上是水基溶液，涂料层即变成了烂泥巴脱落，铸型塌毁，谈何浇注？且不说还原液难以回收而还原成本天价，就是一般结构的铸件也根本无法把还原物取出来。当时仅处于最简单的实块模样试验阶段就召开“推广会”，结果会后就随之夭折了。

4.2.6 涂覆熔模精铸涂料焙烧是少慢差费之举

涂覆熔模精铸涂料（10mm以上的涂层厚度）焙烧成壳型的方法，是20世纪90年代英国人做的试验，也称Replicast CS法，是英国铸钢研究与贸易协会研究所谓的“类同于熔模铸造的方法”。曾试用于小型铸钢件消失模工艺，由于涂料层较厚且透气性差，所以采用高密度的EPS模样，在1000℃的炉子中焙烧，整个操作过程从涂料制备、涂料分层涂覆、烘干、焙烧、装箱填砂、浇注乃至开箱取件均与熔模铸造生产过程相仿，故又称“仿熔模铸造消碳法”。此法能生产出外观精美的铸件，但生产操作繁琐，耗工、费时、耗能高、效率低下，且仅局限于结构简单的小件生产，铸件成本不亚于传统的熔模精密铸造，而铸件表面光洁度比熔模精铸件差一个等级。在我国，“十五”和“十一五”期间，曾有极少企业尝试过这一方法，但无一企业能批量化应用于工业生产。

4.3 科学的攻关思维——富氧烧空灭碳

既然以上国内外尝试过的种种方法都不能从根本上解决碳缺陷的严重威胁，我们就必须转变思维方向，方向对头方有成效。

EPS 泡沫在干砂负压铸型中是完全可以烧掉的，既然可烧就有可能把它烧空，只有烧空才有可能从根本上消除或最大限度减少碳缺陷。

2008 年前，我国不少消失模铸造的先行者曾经多次尝试过干砂负压或非干砂负压的条件下对泡沫模样实施烧空的探索，但烧之即灭，根本烧不进深处，连直浇道都只能烧个半截空。另一种情况就是往深处烧必塌型，即烧之必垮。

烧之必垮是因为涂料没有具备耐烧的必要条件。烧不着或烧不进铸型内是泡沫不具备燃烧的基本条件——燃烧反应需要氧气，这是技巧问题。1000℃以上高温条件下泡沫模样激烈燃烧，必须有足够的 O_2 助燃，O_2 与 C 结合才能生成 CO_2，而涂料层则处于最直接的烧烤状态，涂料粉化必垮落，涂层垮落则铸型的壁面必垮。如果涂料层任意久烧不垮不裂不粉化，型腔内源源不断输入足够的 O_2，何有烧不着之理？这就是科学的攻关思维和攻关方向：解决涂料的耐烧性和高强的高温性能。解决烧空的技巧，遵循有机物燃烧的规律输入氧气。三者的前提条件是：针对消失模铸造的特点和特定规律，涂料革命必须突破传统理论和传统理念的束缚，高温耐烧性能必须攻克。

4.4 科学的烧空方法

涂料高温耐烧性得以保证之后，烧空的方法十分重要，看似简单，但需讲究技巧，否则烧空程度大不相同。

要想把消失模铸造铸型内泡沫模样烧空无非就是从直浇道和明冒口顶部露白处点着往里烧，方法可以说是再简单不过，点着冒口或直浇道露白处的泡沫并输送氧气即可。据不同企业的不同条件与习惯，常有三种方式：

① 用燃气枪（也叫切割枪）的喷口火焰把泡沫点燃并同时输氧。

② 将蚕头般大的酒精棉球点燃后把泡沫引燃并同时输氧。

③ 用小铁棍的一端沾上一点高温铁水把泡沫点燃并同时输氧。

以上三种方式中，简单、方便、易操控的是用燃气枪点燃泡沫并随之通过燃气枪输入 O_2。

在负压作用下，火势总是跟着风向走的，泡沫燃烧的火焰必然沿负压的抽风方向往铸型内有泡沫的地方继续燃烧。直浇道小而深，烧进一小段之后因供氧不足必熄灭，故必须往里输入一定量的氧气才能将浇注系统烧空。从冒口烧起，则视冒口顶和冒口颈的截面积大小而变，口大颈大则空气流被吸入的量大，如空气流中的氧气足以供泡沫燃烧所需则不必输入氧气，反之必须输入氧气助燃才能保证泡沫在铸型内正常燃烧，即“富氧燃烧”，吸入铸型内的气流中氧含量超过常压下空气中氧的含量为“富氧”。

在本发明未公开之前（2008 年前），国内外众多的消失模铸造先行者之亲历结论是“怎么烧都烧不空，而且根本烧不到深部”。为此，很多人对消失模烧空失去了信心，认为是“异想天开的天方夜谭”。究其原因，或许只有一个：在工艺设计思维上没有跳出“消失模铸造必须是暗冒口”传统理念的束缚，而且在实施烧空时没有输入氧气助燃。火焰跟着风向走，而且在有风力作用下火焰的走向是不可能七拐八弯的，消失模铸造的浇注系统是由直浇道、横浇道、内浇道组成，这是合理充型、金属液除渣净化、热力学和流体学的合理分布以及金属结晶凝固理论的优化所决定的，从直浇道口（浇口杯）点燃泡沫就想把型内的泡沫烧空是根本不可能的，所以，必须从明冒口富氧直烧。

当然，不同结构、不同大小、不同的泡沫材质、不同泡沫密度和不同生产条件下的烧空方法显然也是有差别的。

4.5 泡沫模样烧空的技术要点与技巧

消失模铸造泡沫模样的烧空方法与技巧可以说是五花八门的，“一个师傅一个巧”，巧字本身就是一个变数。在消失模铸造领域可以说是百花齐放，但也可以说“万巧不离其宗”，操作上千巧万巧都必须遵循同一的科学原理。所以，在泡沫模样烧空方法和技巧上应注意以下几个要点。

① 从点火口（明冒口）输入足够的氧气，这点是毋庸置疑的，否则泡沫模样不可能充分、激烈地正常燃烧，甚至很快熄灭。

② 真空系统对铸型（砂箱）实施负压不宜过高，但也不能过低。负压过高则燃烧速度过快反而烧不干净，因为燃烧也是需要时间的。负压过低则在烧的过程和烧空之后，负压给予填充砂粒之间的摩擦力无法克制砂粒的重力滑动作用时，则必然塌型（俗称垮箱）。负压多高为宜，需根据模样的结构、大小、现场生产的多种因素而灵活应变，就一般铸件而言，烧空后的负压维持在 0.3～0.4 个压（即 0.03～0.04MPa）为比较正常。

③ 铸型内泡沫的燃烧路线（方向）总是跟着负压的抽风方向走的，能否烧得好，负压布设的合理性很关键。比如仅有底抽风的铸型往下烧的速度很快，泡沫侧面可能未燃着。仅有侧抽风的铸型也往往是上部和下部的泡沫烧得不理想。所以，要注意负压的分布，对于负压已固定位置的砂箱可以采用活动的负压管或负压框架加以辅助。

④ EPS 或 STMMA 泡沫模样快速烧空过程往往有少量沥青状流态物沉积于铸型（模样）的下部，属于比较难以充分燃烧气化的残余物，如不烧掉或者金属液浇注温度不高时往往使铸件造成夹渣缺陷。因此，要尽可能对底部实施强烧或久烧，或者尽可能提高金属液的浇注温度，且内浇口布设也要合理，即促使铸型内各部位的泡沫都能充分气化，避免夹渣缺陷的产生。

⑤ 适当的泡沫密度是正常烧空的重要因素，泡沫燃烧后的残余物与其密度成正比，燃烧所需的氧气也与密度成正比，燃烧的速度及烧空效果则与密度成反比，而模样的强度、刚度与密度成正比。所以，模样密度要科学选择。

⑥ 泡沫模样的材质对烧空效果也有很大的影响。在同等负压和同等生产条件下，STMMA 模样燃烧激烈性和燃烧速度远大于 EPS 的。前已述，燃烧速度过快不一定有利，而且事实证明 STMMA 燃烧速度过快时，往下沉积的沥青状残余物比 EPS 的多，总体上说 STMMA 的烧空效果不如密度适当低的 EPS，故而采用 STMMA 烧空时应注意调整合适的负压度，并尽可能把沉积于底部的沥青状残余物烧尽。

⑦ 点火口的大小要合理。大直径的明冒口显然不宜直接地往下烧，应视实际情况和需要来改变冒口顶部点火口的面积，如图 4-3 所示。

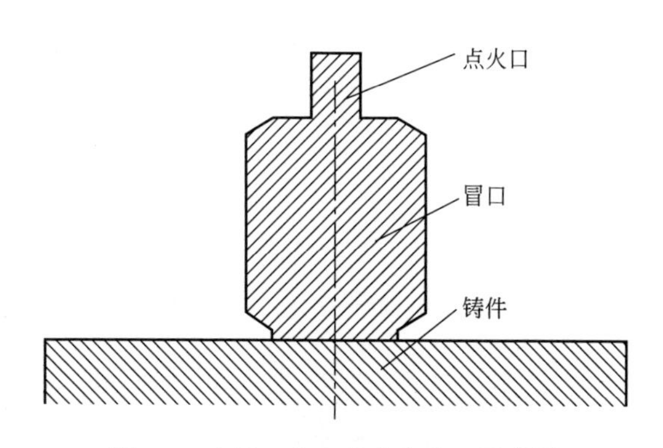

图 4-3 大冒口上方套小点火口示意图

冒口顶开放口过大，则烧空过程会导致负压急降，降至极限即塌型垮箱，通常可在大冒口顶部套以小一点的点火口（泡沫棒），一般情况下棒径 ϕ60～100mm 为宜。

⑧ 涂料的透气性是型内泡沫正常燃烧的重要因素。泡沫燃烧的产物是 CO_2+H_2O，水在铸型内高温下产生大量的水蒸气，大量的 CO_2 和水蒸气必须在负压下顺畅快速抽出砂箱之外才能确保铸型内泡沫燃烧正常，涂料层是这些气体被抽走的必经之路，故而涂料层必须有良好的透气性，涂层的透气性与涂料中的黏结剂的性能、耐火骨料的粒度及种类、涂层的烘干度和厚度等因素有关。

⑨ 燃气枪的灵巧操作也是烧好烧空的重要因素。燃气枪应有可控的两个气阀——燃气调控阀和氧气调控阀。氧气和燃气的合理配用很关键，当中大型泡沫模样在铸型内正常激烈燃烧时段不必再输入燃气，需要的是氧气足量，此时如大量输入燃气反而耗去大量的氧，不利于泡沫的正常燃烧。关于燃气枪的结构，应该是“7”字形的便于操作，视需要和操作的习惯可长可短。如图 4-4 示，根据操作习惯选择。

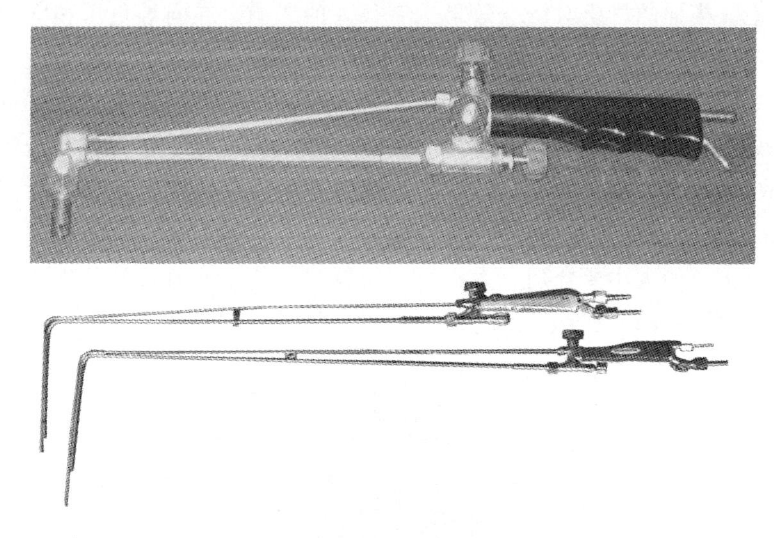

图 4-4　燃气枪

上—市场上的燃气枪商品；下—经改造的燃气枪

⑩ 涂料的耐烧性是实施烧空的前提条件。如果涂料层不耐烧，则烧之必裂、必粉化、必垮落、必塌箱。在涂料能够经久耐烧的先决条件下还必须注意以下几点。

a. 涂料层必须烘干透，特别是转弯拐角或有沟槽处，比较难烘干，如尚潮湿则高温钢铁液充型后会出现过热水蒸气的小范围局部炸裂现象，裂必粘砂。

b. 涂料层的厚度也要注意“适当”二字，过薄不耐高温不耐烧，过厚也不利热传导，一般来说中小件宜1～1.5mm，中型件宜1.5～2mm，大型件宜2～3mm，一些单位生怕涂层烧垮，涂层厚达5mm，大可不必。

c. 耐火骨料粉（填料）不宜过分细，且热变形系数以小为宜。在高温下过细的骨料越厚则涂层越易开裂，热变形系数大的骨料显然比热变形系数小的骨料在高温下易裂。故对于消失模涂料的骨料粉通常以180～220目为佳。至于骨料粉的热变形系数则是因物而异，如果从既保证铸件质量又节约成本的角度考虑，内层尽可能用热变形系数小且抗粘砂能力强的涂料，比如全国各地普遍选用的桂林6号粉状成品涂料刷第一层，而外层（2～3层）则可以选用资源丰富的目数合适的石英粉为骨料配加桂林5号，既可得到较高强度，又节约成本。

4.6 涂料耐烧性的检验方法

4.6.1 涂料耐烧性的基本概念

涂料的耐烧性通常可以代表涂料的高温强度，但涂料的高温强度不一定能代表涂料的耐烧性。传统概念的“铸造涂料高温强度”是指在铸造生产条件下特定高温时段内的强度，这个“时段”通常是指浇注过程，烧空＋浇注过程则“时段”的概念就大不一样了。消失模铸造把铸型内泡沫模样烧空（包括把残余物最大限度地烧尽）是需要一定的时间的，从点火烧着至浇注充型完毕，甚至直至整个铸件基本凝固成型的全过程，要求涂料层具有足够的耐烧性和高温强度，否则种种不利于保证铸件质量的意外情况都有可能发生，比如烧空过程涂料层的粉化、开裂、脱落、强度下降、塌箱、垮砂，充型浇注过程的涂层被冲刷使铸件产生冲砂、夹砂、粘砂、灰渣、灰点等缺陷，即使在充型完毕之后也可能出现胀裂、胀箱等现象。因此，从生产的可靠性来说，消失模烧空浇注所用的涂料耐烧性一点都不能马虎，用于小件的涂料层耐烧性应＞15min，用于中大型铸件的涂料层耐烧性应＞30min，用于特大型铸件的涂料层耐烧性应＞60min。也就是说，涂料层耐烧的时间要大于其经受烧空过程＋金属液浇注和凝固过程的总时间，否则保证不了生产应用的可靠性。这就是涂料耐烧性和通常的涂料高温强度基本概念的不同之处。

4.6.2 涂料高温强度的检验

对于涂料层高温强度的检验，无非是两种方法和手段：涂料高温强度仪检测法和人为直观感觉检测法，二者各有所长。作为学术研究，显然少不了检测的数据，作为工业化生产人为操作则不可忽视直观感觉检测法，这是绝大多数工厂都应该和必须做到的。

人为直观感觉检测的具体做法是：涂料层经 15min 在 900℃以上的温度烧烤之后，凭手感观察其强度和耐磨性，以指甲划痕观察其表面硬度，并将其浸泡于水中观察其可逆性，凡高温条件下能实现陶瓷化转变的涂料层经 15min 900℃以上高温烧烤后丢入水中浸泡是不可能出现溃烂的可逆现象的。

4.6.3 涂层耐烧性的检验

绝大多数铸造工厂都不可能为检验涂料的耐烧性而购用专门的检测仪器，而且也没这个必要。最简单的方法就是从涂料层已烘干的泡沫模样上切下一片香烟盒般大小、厚约 2mm 的涂料片，架在日常用的天然气灶上以最猛的火力烧烤，烧得整个涂料片浑身红亮，观察其多长时间内烧而不裂、不垮、不粉化，如烧烤其 1h 后不仅完好如初，而且表面硬度更高，说明其在 1000℃以上的耐烧性>1h，浸于水中无可逆现象则说明其已经陶瓷化，后面再继续烧多久也基本上不会有什么变化了，用此检验方法比任何仪器检测都更现实，更具工业化应用的可靠性，每个工厂都能做到，也应该做到。以涂片直接久烧法检验一切涂料的耐烧性，简单、直观、可靠。

4.7 消失模烧空浇注与环保化

4.7.1 泡沫模样热解产生的废气是强致癌物

EPS 或 STMMA 模样以及 V 法铸造所用的塑膜主要化学成分是碳氢或碳氢氧聚合物，在消失模和 V 法真空负压铸造浇注金属液的特定条件下，热解的产物除 CO_2+H_2O 外，还有大量超出国家环保排放限值数百上千倍的苯类有害气体产生，严重污染环境和危害人类健康。苯类气体是世卫组织认定的强致癌物，主要有苯、甲苯、乙苯、二甲苯、苯乙烯等多种芳香烃。同时还有高浓度的 SO_2 析放——这是笔者 2019 年和 2000 年在桂林中南铸冶示范基地通过反复的科学检测而“破天荒”的发现，是国外从无揭示和从无报道过的事实：消失模铸造生产过程从真空泵排出的废气中，SO_2 的浓度可达到 $5000mg/m^3$ 以上。

消失模实型浇注对环境和人类健康最大的威胁就是致癌物析放的浓度严重超标，这是泡沫模样在严重缺氧甚至真空无氧的铸型中高温热解的必然产物，其在金属液的高温作用下的“热解”过程是裂解为主，兼有不充分燃烧，裂解反应越厉害则苯类小分子致癌气体的析出浓度就越高，危害性就越大。这就是消失模实型浇注最致命的问题，必须对苯类废气净化处理。

4.7.2 富氧烧空浇注利于实现环保化

消失模富氧烧空浇注可以最大限度地减少泡沫模样在铸型中的裂解反应，如果富氧烧空度能达到95%，那么95%的泡沫就难以获得发生裂解反应的机会，其在富氧烧空过程主要的反应形式是充分燃烧而不是裂解，富氧充分燃烧过程苯类小分子气体的析出量甚微，唯有局部燃烧不充分的泡沫才易发生裂解反应，故而经数十次的科学试验检测结果证明，正常的富氧烧空过程从真空泵排出的废气中，苯类气体的浓度比实型浇注可低至1%以下，达到或接近国家环保排放限值标准，而烧空之后的浇注过程，由于型内泡沫的残余量不多，实际析出的苯类气体浓度也接近国家环保排放限值。如再经净化处理，显然是消失模铸造环保化的理想之路。关于这个问题将第7项技术发明中另作详述。

4.8 消失模铸造的“孪生兄弟”——V法铸造的增碳缺陷不可避免

干砂负压消失模铸造多以EPS为模样，V法铸造是以塑膜实施负压造型，V法铸造实际是干砂负压“消失膜”铸造。模与膜是一字之差。

V法铸造有增碳缺陷吗？回答是肯定的，而且是不可避免的。

V法铸造所用的造型塑膜是什么？无非是聚乙烯（PE）类系列原料。聚乙烯又是什么？就是 $(C_2H_4)_n$，碳的质量分数为85.7%，比消失模铸造用的STMMA的69.6%的碳质量分数还高。聚乙烯（PE）和聚苯乙烯（EPS）的分子结构仅是有无苯环之别，EPS是含苯环的较稳定结构，PE是不含苯环的链结构，对比二者的分子式结构，对于V法铸造增碳等一系列碳缺陷产生的原理就一目了然了。

表 4-1 泡沫与塑膜分子结构、C 质量分数对比表

材料名称	EPS	STMMA	PE
分子结构	$\lbrack CH_2—CH(C_6H_5) \rbrack_n$	$\lbrack CH_2—CH(C_6H_5) \rbrack_n \lbrack CH_2—C(CH_3)(COOCH_3) \rbrack_m$ EPS 与 MMA 按 3∶7 聚合	$\lbrack CH_2—CH_2 \rbrack_n$
碳质量分数	92%	69.6%	85.7%
常用密度	14～16kg/m^3	14～16kg/m^3	921～980kg/m^3

从表 4-1 可见，EPS 与 PE 的密度比大约是 980∶15≈65 倍。

铸型中有碳存在，铸型中的高温钢铁水就必有增碳反应，也必然产生由碳而引起增碳、夹渣、气孔、成分不均等碳缺陷，只是程度有所不同而已。

或许有人误认为 V 法铸造是“空腔铸造”，增碳可以忽略不计，这又是一个认识上的误区。我们先了解 V 法塑膜是什么物质，而后用数据说话：

PE 材料分三类：

低密度型 LDPE；

线性低密度型 LLDPE；

高密度型 HDPE。

三者化学成分相同，都是碳氢聚合物，只是聚合方法不同，分子量不同和链结构不同而已。工业上使用的聚乙烯 PE 也包括乙烯与少量 α-烯烃共聚物，熔点多在 130～145℃，俗称“新合成树脂”，但不管加工方法和型号如何，其碳质量分数 85%～86%是不可改变的，实际工业使用的聚乙烯的密度经现场抽检也多在 0.921～0.98g/cm^3 的范围，也就是说，V 法铸造常用的塑膜密度是消失模铸造常用的 EPS 密度的 65～70 倍。

有了这个密度比例的概念之后，就不难认识到，从体积关系上讲，V 法铸造用 PE 类塑膜与消失模用 EPS 相比是 1∶(60～65) 的关系，即 1mm 厚的塑膜相当于 60～65mm 厚的 EPS 对增碳缺陷的影响作用，V 法铸造用的塑膜常在 0.18～0.2mm 厚，占位于型壁的两侧，型腔两侧塑膜厚度的和为 (0.18～0.2)×2=0.36～0.4mm。按 1mm 厚 PE 塑膜=65mm 厚 EPS 的比例计算，即型腔中相当于有 (0.36～0.4)×65=23～26mm 厚的 EPS 泡沫。这就是 V 法铸造增碳之源，相当于 20mm 以上厚度的 EPS，增碳已经够惊人了。

图 4-5、图 4-6 是中南铸冶研究所消失模与 V 法铸造技术示范基地既采用消失模工艺，也采用 V 法铸造工艺生产的 35 碳钢铸造实拍照片，单件重

1750kg。年产量约1000件，出口德国。消失模实型浇注的产品力学性能验收不合格率达40%以上，每个铸件各个部位增碳无规则，理化检测表明，多数含碳量在0.40%～0.55%间。采用消失模烧空浇注的产品，理化检测含碳量稳定在0.32%～0.40%间，几乎没有出现过力学性能和化学成分验收不合格的现象。以V法铸造工艺生产的产品，ZG35钢铸件含碳量在0.40%～0.50%间（塑膜厚度0.18mm）。经过两个月20多件试产对比之后便果断废除了消失模实型浇注和V法铸造生产工艺，并确定每件必须先烧空后浇注的工艺，几年来交货验收合格率均稳定在99%以上。

(a) 中南铸冶示范基地消失模铸造装箱造型工部现场

(b) 消失模先烧后浇的大型出口件涂料层未清自脱

浇冒口尚未割除，左为正在开箱

图4-5　中南铸冶示范基地·消失模铸造先烧后浇生产现场

V法铸造问题小结如下。

① 只有正确认识V法铸造增碳的机理，才能正确选择工艺方案，否认V法铸造增碳就是否认事实和否认科学，只有承认事实和尊重科学，才能推进V法铸造技术的发展。

(a) 中南铸冶示范基地V法铸造大型托板造型工部

(b) V法铸造上下两箱合为一体待浇注

(c) V法铸造生产的大型托板(35钢)

图 4-6　中南铸冶示范基地・V 法铸造生产现场

② V 法铸造用的塑膜是聚乙烯（PE）类材料，其碳质量分数为 85.7%，密度多在 921～980kg/m³，相当于消失模铸造常用的 EPS 模样密度的 65～70 倍，0.18mm 厚度的 V 法铸造塑膜所含碳质量相当于 13mm 厚的 EPS 模样。所谓“V 法铸造无增碳缺陷”之说完完全全是违背科学的，在铸造行业中起到了十分有害的误导作用，必须纠正，以正本清源。

③ 对含碳量有严格要求的碳钢铸件不适合采用 V 法铸造工艺生产，对于以 V 法铸造工艺生产碳钢件，为抑制增碳和消除其他碳缺陷应该从装箱的摆放和合理的浇冒口系统着手。

④ V 法铸造是干砂负压特定条件下的铸造方式，V 法铸造的铸件组织疏松缺陷和致癌废气的污染同样是极为严重的。

EPS 或 STMMA 泡沫模样富氧烧空浇注是消失模铸造优质环保化发展的必然方向和可行之路。

5

消失模高频振动浇注致密结晶铸造法的发明与应用

——高频振动浇注是国际铸造高端技术发展的未来

（中国发明专利号：2011103564575.5）

5.1 干砂负压铸型的致命弊端与高频振动浇注技术的创新

古今中外的工业化常规铸造生产，直至2009年普遍都是沿用把金属液往静态铸型中浇注的传统方式，使金属液在静态铸型中过冷—结晶—凝固成型。消失模与V法铸造于20世纪进入了工业化广泛应用的历史时代，其铸件质量上的矛盾也就随之发生了新的变化。消失模与V法铸造采用特定的干砂负压铸型，必然导致铸件结晶粗大、组织疏松、力学性能严重下降，这些必然性的缺陷无形中就成了消失模与V法铸造工业化生产应用的巨大威胁和障碍，是消失模铸造与V法铸造优质化的道路上比增碳缺陷威胁性更大的拦路虎。

以静态的铸型常规浇注的消失模铸造工艺生产的铸件，晶粒粗大、组织疏松等严重缺陷已是不争的事实，也是自20世纪60年代消失模铸造技术走向工业化应用以来一直难以攻克的国际性重大课题。

为什么金属液在干砂负压的铸型中结晶粗大而基体组织疏松呢？结晶粗大则单位体积内的晶粒数量减少，晶界晶间的距离增大，单位体积内金属的质量减少，即密度减少，组织必然疏松，组织疏松必导致力学性能下降。对于缸体、液压罐、炮弹、阀体等在高液压或气压条件下工作的铸件势必发生泄漏，尤其是转弯热节或厚壁处。对于耐磨铸件，微观上的疏松就相当于宏观上的无数孔洞，故而必然不耐磨。这些缺陷对于在不同工作条件下的铸件的使用性能和使用寿命带来的就是致命的威胁。那么，干砂负压的铸型中金属液结晶粗大的原因又是什么呢？简单地说就是铸型导热性差、金属液冷却速度缓慢、在铸型中获得的过冷度甚小。

从科学常识上讲，烘干型的砂型铸造比湿型的砂型铸造冷却速度慢，干砂填充的消失模比一般烘干型的砂铸型含水量更少，更重要的是趋于真空状态。在消失模铸型中，即使是同一种填充砂，砂粒间的空隙及干燥度和真空度的不同，铸型的导热效果也大有差异。常态空气的热导率是 0.0244W/(m·K)，水的热导率是 0.59W/(m·K)，相差 24 倍左右，封闭条件下的空气热导率是 0.023W/(m·K)，在真空负压条件下的导热作用就更差了。所以，高温金属液在消失模干砂负压铸型中的冷却速度十分缓慢，金属液获得的过冷度很小，因而结晶的晶粒粗大，这就是其铸件基体组织疏松和力学性能下降的主要机理和根本性原因。

金属液冷却速度越快，过冷度就越大，晶粒就越细，这是金属结晶学的基本原理，但冷却速度并不是唯一的或最最重要的因素。消失模铸型的干砂不可能变为湿砂，负压不可改变为常压，这是特定的条件，如何改变金属液结晶过程和结晶状态呢？

金属结晶的基本条件是金属液中先产生晶胚，有了晶胚的出现才可能有晶核的形成，有晶核的形成才有可能发生结晶即晶粒长大的过程。那么，在浇进铸型的金属液中，晶胚又是从何而来呢？从金属液中起伏不定的“短程有序”的原子集团，即起伏相中来。这些微粒“集结团”以其自身固有的热力自由能随金属液此起彼伏的翻腾运动，有聚有散，在大过冷度的驱动力作用下易于驱散，其分散度越大则单位体积内分布的微粒质点数量就越多，能形成的晶胚和晶核数量也就越多，单位体积内结晶的数量增加则致密度增加。那么，既然无法改变铸型的冷却速度来获得其所必需的驱动力，能不能对金属液实施高频振动来获得呢？事实证明是完全可以的，而且比大过冷度产生的驱动力更有效，更理想。

高频振动是单维的上下运动，必然产生向上的加速度和向下的加速度。有向上的加速度必然产生压缩力，有向下的加速度也必然产生拉伸力。正弦波或脉冲波都有其运动的轨迹，都必有能量的输入，只是作用有别而已。请注意，“短程有序”的原子集团不是金属原子的结合，而是起伏相中可聚可散的微粒质点的集结，在 1s 内承受 100～200 次的压缩与拉伸的波的作用下，高频波能加上其自身固有的自由能，必然使其翻腾起伏运动更为激烈，“集团”被驱散为更多更小的“集团”弥散分布于金属液中，为晶胚—晶核的大量形成提供了更为有利的条件，从而使单位体积内的晶粒数量增加，晶粒细化，基体组织也就更为致密。

根据以上原理，2008年在中南铸冶研究所获得消失模铸造先烧空后空壳浇注消除碳缺陷方法的成功发明之后，笔者立即转入了消失模高频振动边振边浇致密结晶的技术攻关。如图5-1所示，2019年中试成功，并于2010年成功应用于工业化生产，从根本上攻克了干砂负压铸型生产的铸件结晶粗大、组织疏松、不耐磨、不耐用的国际性难题，消失模铸造从此开始步入高频振动浇注的优质化发展阶段。

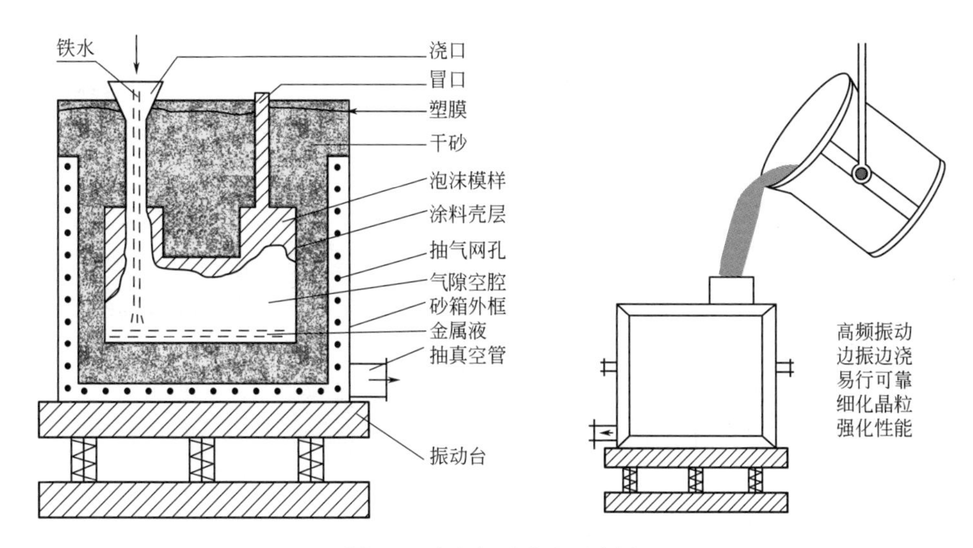

图5-1 高频振动浇注示意图

5.2 金属结晶的基本理论概述

要了解高频振动对金属液结晶的影响，首先应该了解金属结晶的基本理论。

金属由液态转化为固态结晶的过程称为结晶。

结晶过程是金属的原子从液态的无序混乱排列转变成固态的有规律排列，经历形核—长大的过程。

晶核是晶体的生长中心，没有晶核的形成就没有结晶过程的变化。晶核的形成分为自发形核和非自发形核两种形式。晶核的类型分为均质晶核和非均质晶核（即异质晶核）两种。液晶相中的晶核不断接纳撞击于其表面的金属原子的过程就是晶体长大过程。

5.2.1 金属液中晶核形成的条件

① 热力学条件 金属液要获得结晶的驱动力，必须使实际结晶的温度低于理论结晶的温度（即过冷现象）。每一种物质都有自己的平衡结晶（即理论结晶）温度，但实际结晶温度总是低于理论结晶温度，这种现象称为过冷现象，两者的温度差值称过冷度，熔融合金的过冷度实际上就是其相图中液相线温度与实际结晶温度的差值。过冷度越大，液、固相间自由能差值就越大，即相变驱动力越大，结晶速度就越快，所以金属液必须过冷才能结晶。

② 结构条件 实际生产中任何合金非“绝对纯金属”，过热（温度远高于熔点温度）的金属液中，原子热运动是很强烈的，液态翻腾中出现仿佛时聚时散、瞬间消失、此起彼伏的极微小的固态结构样的“短程有序”的原子集团，这些原子集团包括金属中不可避免存在的一些难熔质点和杂质的细小微粒。这些质点微粒只有在过冷液中获得比较大的相起伏才有可能长大到一定大小而成为晶胚（也称晶芽），而晶核往往就是依附于这些微粒质子的表面形成的，这种现象称非均匀形核。金属液中相起伏需要有驱动力，过冷度越大，则相起伏的热能驱动力就越大，短程有序的原子集团的驱散度就越大，金属液中形成并弥散分布的微粒质点就越多，也就越有利于晶胚和晶核的形成。

③ 热力条件和结构条件缺一不可 讨论高频振动对金属结晶的影响，切不可把热力学条件和结构条件孤立地分开，不论忽视了两个条件（两个变化过程）的哪一个，得出的结论必然是片面的。高频波能既可以改变金属液中的热交换，更可以改变微粒质点结构的形成与变化，离开了结构条件（物质基础）片面强调高频振动对热交换的作用，就等于把结晶理论推进一个虚无世界；而忽视热力学的变化与作用，实际上就等于否认了物质（结构）发生变化的条件。

可以肯定，任何一种非破坏性的波能对晶核形成的两个必不可缺的条件都是有影响作用的，振动有加速度，不同的加速度必对金属的热力运动和“起伏相”有不同的作用力，只是大小或作用机理有所不同而已。承认事实的存在而择优选择才叫尊重科学和从实际条件出发因事制宜地应用科学。

5.2.2 晶核的长大过程

金属液中，晶核的长大过程实质上就是金属原子由液态向固态转移的过程，即单个金属原子一个一个或同时撞击到晶核的表面上，被晶核所接纳，并按照原子规则排列的形式与晶核连接起来，其长大的方式主要取决于结晶前的液态金属中温度的分布情况。晶核的形成与长大过程是分批进行的，当金属液中的起伏相出现第一批略大于临界晶核半径的晶核时，金属液的结晶就开始了，结晶过程既有赖于新晶核的不断产生，更有赖于晶核的进一步长大，晶核表面不断接纳撞击而来的原子的过程就是晶核的长大过程。“纯金属”的形核主要是均匀形核，均匀形核需要很大的过冷度，而作为铸造金属往往不是“纯金属”，其实际的形核往往是非均匀形核，过冷度较小，一般也就 20℃左右。

5.2.3 晶核的形核率和成长率

形核率除了受过冷度和温度的影响外，还受到金属液起伏相中固态质点的结构、数量、形貌等因素的影响。简单而直观地说，金属结晶的基本规律就是形核和核长大过程。随着过冷度的增加，晶核的形核率和成长率都增大，但是形核率的增长速度要比成长率的增长速度快。同时，外来的难熔质点微粒（如变质剂、孕育剂等）以及外来的动能（比如搅拌、转包、振动等）也有利于增大形核率。

当金属的温度升到一定的临界温度以上直到液相线时，其晶格即消失，而降至临界温度以下时则晶格产生。金属过冷度的大小不仅影响形核率和成长率，而且也影响结晶的类型和组织形貌，冷却速度缓慢时过冷度小，合金在不大的过冷度下就发生了相变，结晶组织就粗大。当过冷度足够大（快速冷却）时，结晶就会析出渗碳体，结晶组织就细小。

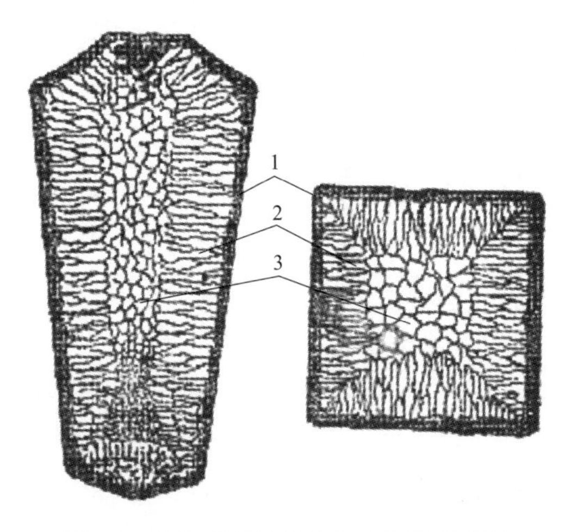

图 5-2　铸造碳钢锭结晶组织构造示意图

1—表层细晶粒层；2—柱状晶粒层；3—中心等轴晶粒区

从碳钢液在钢锭模中冷却的结晶组织构造示意图（图 5-2）中可以十分明确地看出冷却速度（过冷度）对钢锭（铸件）表层、内层、中心不同部位结晶状态的影响作用。

为了更好地认识结晶理论，我们可以通过图 5-3～图 5-6 更直观地理解金属的结晶过程与形态的变化。

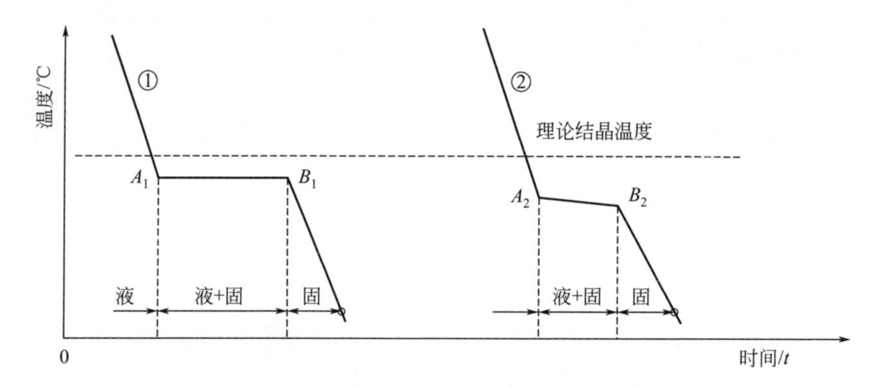

图 5-3　金属结晶时冷却曲线示意图

①缓慢冷却曲线：A_1 开始结晶，A_1B_1 实际结晶温度；

②快速冷却曲线：A_2B_2 实际结晶温度，A_2 开始结晶

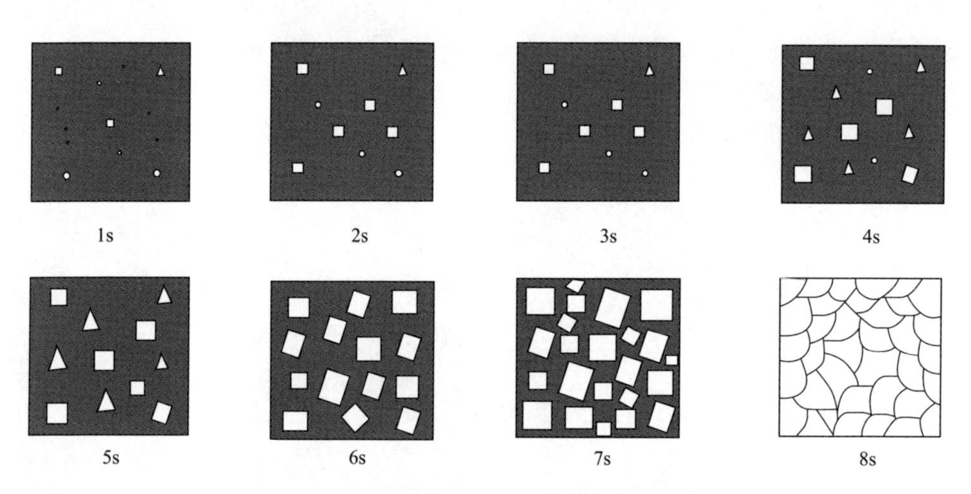

图 5-4　金属结晶过程示意图（8S 变化方格示意图）

黑色—液体；白色—晶体

从图 5-3 看出，线段 A_1B_1、A_2B_2 表示结晶过程需要一定的时间，也就是说，即使结晶速度再快，也不可使整个液体于结晶开始就同一时刻转变为固体，即结晶是分批进行的。正如图 5-4 所示，结晶过程总是先从某些晶核（或

称结晶中心小微粒）开始，而后由它们成长和发展至全部的液体而完成其结晶过程。

在冷却速度极缓慢（即过冷度极小）的情况下，晶体可能保持其规则的外形长大，但到了结晶的后期，当晶粒互相接触时，其规则的外形就会被破坏，以致最后的金属组织由形状各异的晶粒所组成。在实际生产中，金属都是在较大的过冷度下结晶的，其只能在结晶的初始阶段维持较为规则的外形，之后便逐渐以“枝晶”的方式长大而形成枝晶。完全凝固后的金属组织却往往看不到枝晶的构造，这是因为枝晶生长后期其枝间的空隙逐渐被结晶物质所充满，故枝干间的界线不再明显。

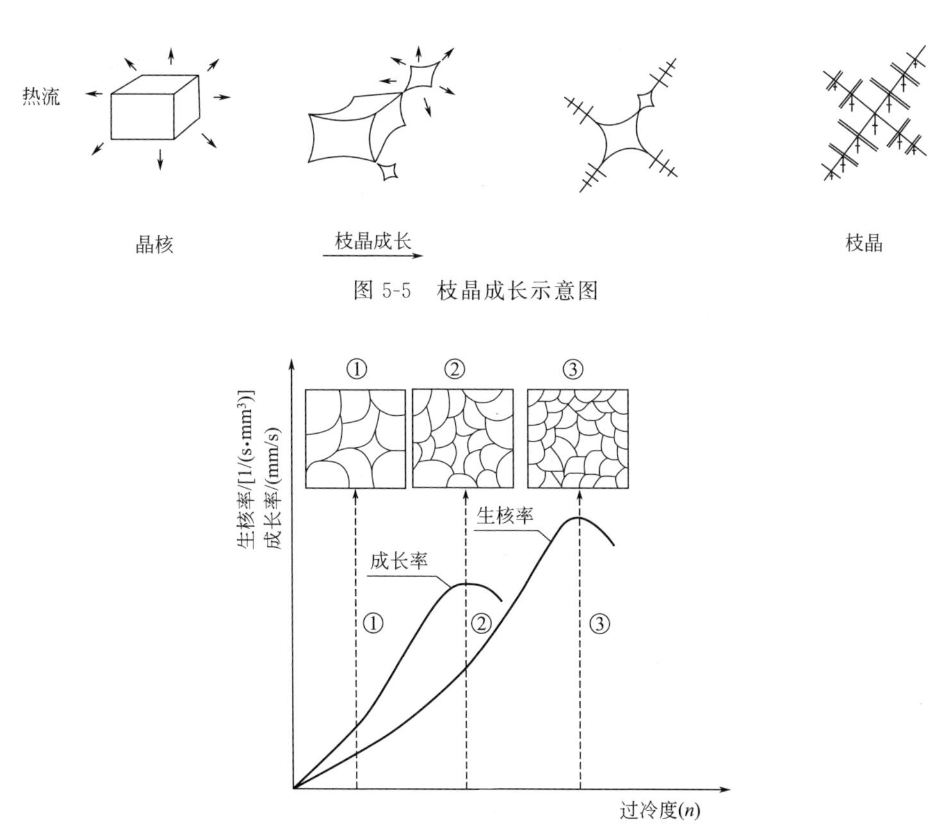

图 5-5　枝晶成长示意图

图 5-6　结晶形核率、成长率、晶间关系示意图

图中虚线表示过冷度超过某最大值后，形核率和成长率反而下降，因为实际结晶温度过低时，液相中原子的扩散速度趋减，但在实际生产中，金属液远未达到这一过冷度之前便完全结晶了。“趋势”和实际是有别的，趋势只是表示一种方向，包括远不可及的方向

或许有人提出这样的问题：晶枝的“枝尖”会不会因液晶相中有波能

（力）的作用下而被折断并生成新的晶核？回答是：不否定这种偶然性的存在，但偶然性不能代表必然性和规律性。被高频波能传递的力量折断的“枝尖”可以生成新的晶核，从而增加晶粒数量，有力的作用就可能有“折尖”的偶然性出现，但概率极微。因为结晶的速度越快，枝尖存在的时间就越短暂，更重要的是枝尖不是“静止态”，而是以不可抗拒之势在迅速长大，枝尖不是微粒的聚合，而是金属原子按其固有规则的结合，其原子间的结合力不是波能的作用可以随意破坏的，偶然性不能代表必然性，偶尔微有发生的可能性，作为“促进形核率”定性或定势的规律来论述可以说是言过其实，必有误导作用。

5.3 常态结晶及非常态因素的影响与振动结晶问题的引出

5.3.1 过冷度对金属结晶的影响

过冷度——所谓过冷度即金属理论结晶温度（平衡相图中的液相线温度，亦称平衡结晶温度）与实际结晶温度的差值，也可以用冷却速度通俗代言之。

过冷度大小——过冷度的大小取决于金属液的冷却速度，冷却速度愈快，实际结晶温度就愈低，过冷度就愈大，反之则过冷度小。

结晶倾向——过冷度愈大，结晶的倾向就愈大，原子由液态转向晶体的数量就愈多，形核率和成长率随过冷度的增大而明显增加，晶粒也明显细化。

影响结晶的其他因素——冷却速度（过冷度）的增大并不是细化和优化结晶的唯一手段，也不是最佳手段。对于厚大型铸件生产，其冷却速度的增大是有很大的局限性的，难以实现，对于干砂负压特定条件件的消失模铸造更不现实。对于一般工程结构的薄壁型铸件则过冷度过大时往往产生冷隔、裂纹、出现麻口或白口大量的渗碳体组织，铸造应力也往往随过冷度的增大而增大，这些都是影响金属结晶细化优化的不利因素。

5.3.2 其他因素对金属结晶的影响

① 在金属过热液体中加入变质（孕育）剂，以形成“人工晶核”的作用，能增加形核率，使晶粒细化。

② 施以“场”的影响，以不同形式的“场”（比如搅拌场、超声波场、电磁波场、机械振动场等）来改变形核和成长的条件，改变结晶状态和过程，从而使晶粒高度细化，实现更佳的结晶效果。值得注意的是，不同形式的“场”的实施显然有不同的影响，既不否定其作用存在的事实，又不能相提并论视为

同等。只有应用科学的辩证法才能做到因场制宜，择优选施，实现突破和科学创新。

既然消失模干砂负压铸型因冷却速度过于缓慢而不可能获得较高的过冷度，那么我们就应该而且必须寻求实用可行的方法来改变金属液在铸型中的结晶状态，达到细化和优化的理想效果——这就是在高频振动场中浇注金属液的致密铸造方法。

本技术发明的名称本身就定义了三大要点：场、浇注、致密铸造，三者不可分割，是一个完整的技术系统。“场”之意，是指正在实施着高频振动的环境中；“在振动场中浇注”就是很明确的边振动边浇注；“致密铸造”显然是包含了金属液充型—结晶，由液相—液晶相（液相＋固相）—固相变化的全过程。也就是说，对金属结晶理论的讨论不可把“场、浇、铸”孤立地分开而谈。

5.4 高频振动结晶技术

5.4.1 高频振动的基本概念

高频的划分：高频的划分没有绝对的界限，不同的用途和不同的应用条件对于振动的频率有不同的习惯性的划分。比如电流，工频电流的频率为50Hz，中频电流频率为500～10000Hz，高频电流频率为100k～500kHz。无线电波频率的划分则与波长有关：长波＞1000m则相应频率是300kHz，中波长100～1000m则频率是3M～30MHz，短波长1～10m则频率是30M～300MHz。在混凝土的振实施工中常把振动频率100Hz以上称为高频振动。对于铸造生产而言，一般分为工频振动和高频振动，通常把100Hz以上称为高频。根据消失模铸造的特点，高频振动浇注可以在100～250Hz的频率范围内实施。

5.4.2 高频正弦振动波与脉冲振荡波

目前用于振动浇注的振动台有正弦波振动平台和脉冲波振动平台两种，后者效果更优。

一般的简谐高频振动是依靠调频电源将电机频率调制成高速旋转并带动偏心轮做圆周运动，从而产生振动，依照物理学旋转体的振动轨迹呈正弦波形，属于往复性连续波。见图5-7示。

高频脉冲振荡波非正弦连续波，脉冲波也是机械波的一种形式，技术的术语称为“脉冲振荡”。所谓脉冲，就是在短时间内突变，随后又迅速返回其初始值的物理量，具有间隔性的特征，就像人的脉搏一样的短暂起伏的冲击，隔一段相同的时间发出波的一种机械形式。我们可以从最普通最常见的心电图直观地理解脉冲现象及其波能的传递。

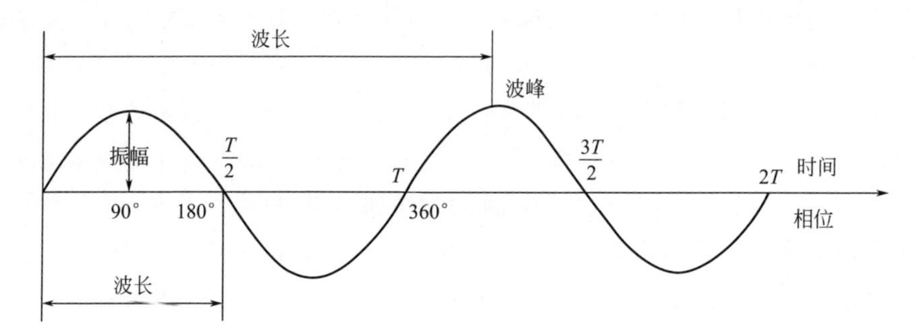

图 5-7 正弦波波形

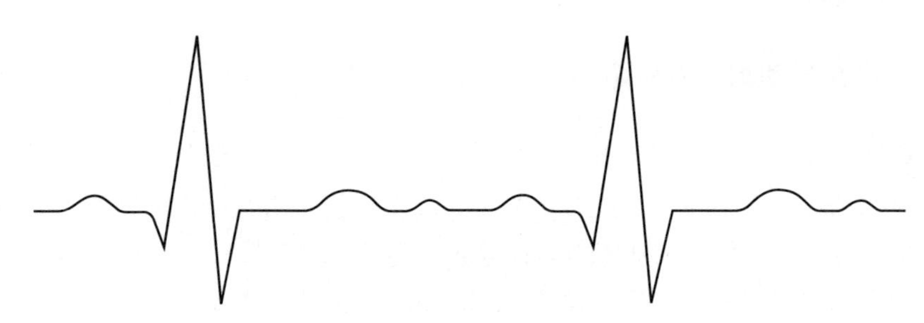

图 5-8 心电图波形图例

简单地说：振动是往复性波动，脉冲由峰值逐渐衰减到原状。可以说除了正弦波和若干正弦分量合成的连续波以外都可以称为脉冲波。脉冲波的波形可通过输入不同的信号而改变。

图 5-9 脉冲波几种波形图例

脉冲有各式各样的波形：矩形、方形、梯形、锯齿形、三角形、尖顶形等，最具代表性的是矩形脉冲。

脉冲是由脉冲信号发生器产生的，脉冲信号发生器也叫自激多谐振荡器，所以，高频脉冲振荡是一种自激振荡。所谓自激振荡是指不外加激荡信号而自行产生的恒稳和持续的振荡。这里用自动旋转门做个简单的比喻：可以把多谐自激振荡器比作自动旋转的门，它是不需要人去推动而不停地做开门和关门往复运动。

脉冲，从字面上讲就是脉搏跳动产生的冲击波，也称为神经冲动，学术上定义为：在短持续时间内突变，随后又迅速返回其初始值的物理量变化过程称为脉冲。

脉冲振荡是自激负阻尼振动方式，即振动本身运动所产生的阻尼非但不阻止运动，反而将进一步加剧这种振动，这是脉冲振荡与一般机械简谐振动最大的区别。

任何振动都离不开三大要素：振动的幅值、频率、相位。

振动力的强弱往往以位移、速度、加速度来衡量，速度和加速度可以通过幅值和位移求得。加速度对金属液的拉伸与压缩的影响有极大关系。所谓加速度是指单位时间内速度变化的多少，加速度与力是对应的，没有力就没有加速度。振动位移上或下的加速度，必然地要对金属液及金属液中的“起伏相”产生压缩或拉伸的作用力，每秒反复压拉上百次，这就不难理解“起伏相”中质点微粒的强力驱散和金属液自由能运动的加剧，不难理解在实现晶核形成结构条件的同时也促进了热力学条件的强烈推进，不难理解形核率增加和晶粒细化的必然性。所以，对于高频振动浇注而言，不论是什么方式的振动波，都不要忽视振幅、频率、相位三大要素，以及由三大要素所决定的振动速度与加速度。

5.5 什么样的高频振动平台可以用于振动浇注

首先强调两点：

① 可用不等于好用。可用是从科学原理上讲没有危害性或反作用即为“可用”，好用是恰到好处或具有优势之意。

② 波与“台”是两码事。“波”是一种物理量的表现形式，其科学性是固有的。“台”是具体的人为制造的物件，不能认为波的优势就是台的优势。所以各振动平台不能以其“波”来划分优劣，应由性能指标全面评定。

明确以上两点之后，振动台的应用问题就好讨论了，就不难在理论和实践中取得同向的认识。同向即认识问题、分析问题的思维方向和相对应的科学原理基本一致，但又不是一个固定不变的模式或教条。简单地说，就是在不违背金属液中晶核形成的两个基本条件（热力学条件和结构条件）前提下，如何制造高精度、高平稳性、切合实际需要、能达到细化结晶最佳效果的振动平台。

不论是脉冲波还是正弦波振动平台，都是机械结构装备，都存在平稳性问题，平稳性与电机性能有关，与机件加工的精度和安装的精度有关，与振动平台包括地基的水平度有关，再好的波形波能，如制造或安装精度及人为操作不符合要求，则照样达不到应有的良好效果。

图 5-10～图 5-12 几组实照直观地说明只要不是破坏性的高频振动对金属结晶细化是有利的。

采用高频振动浇注的高锰板锤的断面(打断)

未采用高频振动浇注的高锰板锤的断面(打断)

图 5-10 振动浇注与非振动浇注的高锰钢铸件重力击断的断面对比

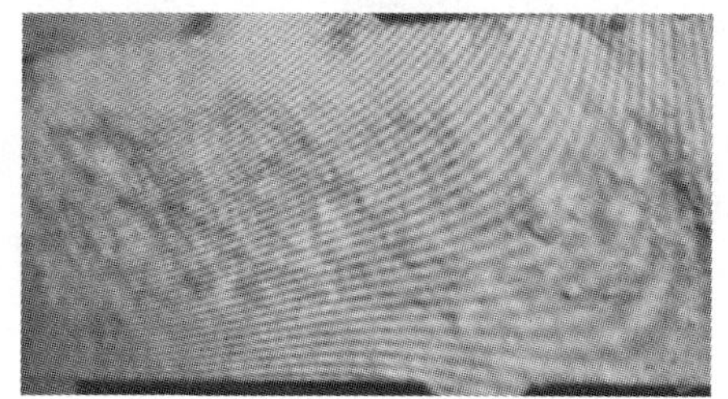

采用高频振动浇注的高锰板锤切割断面

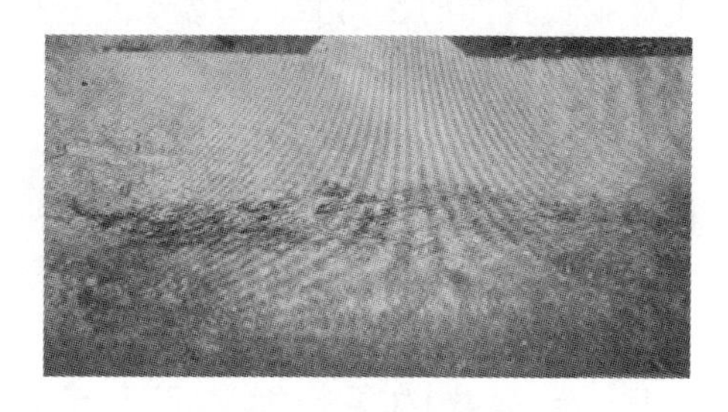

未采用高频振动浇注的高锰板锤切割断面

图 5-11 振动浇注与非振动浇注的高锰钢铸件切削断面对比

图 5-12 采用高频振动浇注的碳钢件加工后光亮致密无缺陷

5.6 高频振动浇注应该用多大的频率

关于频率的高低，实际应用中100～250Hz都有，要从实际出发，不可武断地做出频率上限的限定值，但是，在生产应用中能够平稳振动到250Hz水平的振动平台并不多见，以150～180Hz为多见。

振动平台实施频率的高低与其平稳性有关。在相同位移幅值下，频率越高，振动所产生的交变应力越大，对设备的破坏性也越大。频率越高，位移幅值越应严格控制，对电机而言，转速越高，振动标准越严。因而，只要铸型（砂箱）在平台上没有强烈的颠动或跳动则频率可适当偏高。另外，受振的是干砂负压特定条件下有涂料壳层的铸型，显然振动的频率与涂料壳层的耐高温强度和抗振性有密切相关。所谓“随便一种涂料都能实施高频振动浇注”之言实为误解。即使不是先烧空后浇注的实型振动浇注，往往是铁液充型未及1/5型腔高度时，整个铸型内的泡沫已快速气化趋于空腔空壳，在此情况下的空壳涂料层要经受1400～1700℃左右的高温烘烤，还要同时承受高频振动波的振激，这不是随便一种涂料就可满足的。

在中南铸冶研究所消失模铸造技术示范与培训基地（位于桂林市经济技术开发区）所有铸件均用桂林5号特耐烧高温瓷化型涂料，每年生产千余件（图5-13示）35钢件，单重1750kg，含浇冒口钢水总质量2300～2500kg，涂层厚度2mm，浇注时间130～150s，每年千余件生产实践的数据分析表明：此件实施振动浇注的频率150～180Hz为佳。

图5-13 中南铸冶·中铸科技公司实施高频振动浇注生产的出口碳钢件

以高频振动浇注生产的球铁炮弹壳（图5-14）的频率以180～200Hz

为佳。

生产橡胶压注罐（图 5-15）所用频率也是 180～200Hz。生产一般无试压验收要求的铸件频率常为 150～180Hz。

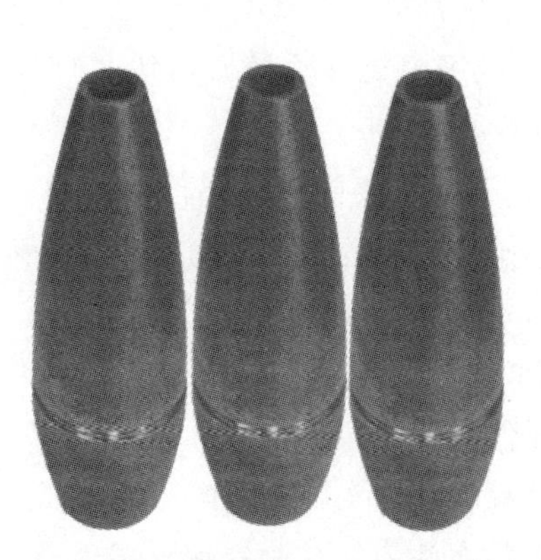

图 5-14　中南铸冶生产的球铁炮弹壳

图 5-15　中南铸冶生产的橡胶压注罐

中南铸冶示范基地是向国内外铸造界开放的技术示范基地，集多种振动浇注平台及国内外多种品牌的高频振动电机作现场示范，电机可以说是各有千秋，但总的来说，武汉恒新科技开发有限公司研发的高频脉冲振动台的平稳性和振动效果较好。从铸件宏观断面和显微金相组织来看，高频脉冲振动台生产的铸件结晶细密度和组织致密度稍胜一筹，适用的频率也较高，铸件振动浇注比传统静态浇注的质量普遍增加 4%～6%，但采用≤100Hz 的频率则收效甚微。

所谓的“频率大于 140Hz 不宜”的说法是没有科学依据的，也不符合事实，关键在于振动台的性能指标和人的操作水平。

5.7　振动浇注启振与停振时间的控制

这个问题分以下不同情况灵活掌握。

(1) 振动浇注时启动振动台的时间

① 先烧空后浇注的情况下，应先启动振动台约十余秒待振动状态平稳之后再实施烧空，即先振、后烧、再浇，这样可避免涂料层处于高温空壳状态下突然受高频振动平台启动力的影响而有所受损开裂，因为任何设备或物体从静态到突然的启动必然有一个从平衡到不平衡的变化过程。

② 实型浇注的情况下也应该是先启动振动台，经十余秒平衡过渡之后再

行浇注，因为钢铁充型之极短时间内泡沫模样迅速气化而趋于空壳，不宜浇先于振。

③ 特殊结构的铸件，比如图 5-13 所示的大平面铸件，平面模样烧空后其上部所堆积的干砂以 $1m^3=1.7t$ 计，如果负压的紧固力（实际上是砂粒间的摩擦力）不足以超过其上方砂子的重量时，则必塌垮无疑（不论是先烧后浇还是实型浇注都是同样的道理）。如果大面积的空腔被钢铁液充满之后再启动振动台，显然保险系数就大得多而不会塌垮。因此，特殊情况特殊分析，只要正确分析和处理好重力、负压作用力、振动输入力的关系就能操作自如，有效避免塌垮。图 5-13 所示大平面铸件在中南铸冶示范基地常年生产的高频振动垮箱率不足 1‰。

（2）振动浇注完毕后还需要振多少时间？

任何一种振动波对金属由液相转化为固相的结晶过程与结晶状态能起影响作用的时段是有限的，关键的时段是液相时段＋液固共存相初始时段，到了液固共存相后期（糊状态）的作用就不明显了。如何判断这一相态变化点呢？看不见也摸不着，显然难以“精准”，只能是相对性的经验判断。无数次的生产实践表明：当型内的金属液趋于基本凝固（俗称糊状态后期）时即可停止振动，继续振下去对结晶细化已没有多大的作用。所以，从大体上说，浇注完毕后续振的时间可略少于消失模铸造“保压”的时间，一般情况下是先停振后撤压。当然，不同结构、不同大小、不同壁厚、不同材质的金属；不同的浇注温度和不同的铸型材料，生产过程中的保压时间和续振时间是不可能完全一样的，对于任何一个铸型续振时间的判断只能说是一个大概的范围，至于振过了一点时间通常也没有什么大碍，只是没有必要浪费工时和能源而已。

或许有人会提出这样的疑问：高频振动振过了时段会不会振碎晶粒或者破坏了晶粒、晶格、晶界的结构？这个问题在下节中阐述。

5.8 高频振动波会不会破坏晶粒、晶格、晶界的结构？

首先是不要忘记前面已明确强调的关于高频振动浇注的基本概念和前提条件：振幅稳定于＜0.8mm 的正弦波或脉冲波，100～250Hz 的高频振动，而不是振幅超过 1mm 且不稳定的、有破坏性的振动。其次是要了解金属结晶学基本理论，离开结晶学的基本理论去谈结晶只能是乱谈。

讨论结晶学（或称晶体学），首先要搞清原子结构、晶粒组成、晶格形成与点阵结构关系最基本的概念。

不同物质的晶粒是由该物质的多个原子依照其一定的、固有的排列规则组成的，而原子是由原子核（质子＋中子）和电子组成的，原子是自然界中最小而不可分割的质点。晶粒中原子间的结合排列规则也是固有的，其排列的固有形式与规则是正常的振动浇注的高频波能所无法干扰和改变的。也就是说，这种高频振动波能够改变液态下晶核的形成、长大的速度和状态，而不可能改变原子撞聚依附在晶核表面之后的排列规则，这是必须弄明白的。

那么，晶格和晶界又是什么样的概念呢？晶格与晶粒是什么样的结构关系呢？

晶粒　晶粒有两种，具有一致位向的晶粒组成单晶体，而位向不同的晶粒组成多晶体，自然界的物质多属于多晶体。晶粒实际上是组成多晶体的外形不规则的小晶体，而每个小晶体又由若干多个位向稍有差异的亚晶粒所组成。所以，所谓晶体是内部质点在三维空间呈周期性重复排列的固体，这就是晶体（固体）固有的排列规则。振动浇注的高频振动波根本不可能对这种固有的排列规则有什么破坏作用。

晶格　晶格是由组成晶体的结构微粒（分子、原子、离子）在空间有规则地排列在一定的点阵上，这种固有规则的排列也是通常的高频振动波所破坏不了的，这些点群以一定的几何形状组成一定形式的晶格，这些晶格形式上表现为一定形状的几何多面体，也就是说其固有的结构规则也是正常的振动浇注的波能所不可改变、不可撼动的。

晶界　晶界是结构相同而取向不同的晶粒之间接触的界面，在晶界上，原子排列是从一个取向过渡到另一个取向，晶界处的原子排列处于过渡状态，而不同取向的原子的排列规则是不受振动波的输入而改变的。

以上阐述实际上是把一种几何概念从晶体结构中抽象出来的简化的描述。原子是物质的最小质点，原子的结构及原子间的结构是有一定的固有规则而不可改变的。晶胞是晶体中最小的单位，晶胞是由多个原子组成的，多个晶胞的并置得到的是晶体，其并置是有一定的固有规则的，这种规则不是任何人为可以改变的。一般情况下，晶胞都是平行六面体，多个原子构成一个晶胞，多个晶胞构成一个晶粒，也就是说晶胞是构成晶体的基本单元，晶胞是一个个大小、形状、晶格相同的平行六面体，既包括晶格的形式与大小，也包括对应于晶格结点的结构。所以，把这些基本概念与振动浇注的前提条件弄明白之后，关于高频振动浇注的波能是否对晶粒、晶格、晶界有“破坏性”的问题就不必再做多述了。

5.9 高频振动浇注的作用和优势

从金属结晶理论上讲，高频振动对任何一种金属的结晶过程影响都是有利的，只要其工艺合理、结构适应、条件具备均可实施高频振动浇注，其作用和优势归纳起来有以下方面。

① 细化晶粒，优化结晶过程与结晶状态，这个问题前面已做详细的阐述。

② 使金属液在铸型内得到进一步净化，振动波及振动力的作用能有效地促进杂质的上浮和气体的溢出。

③ 加快加剧并均匀了铸型内金属液的热交换，降低其黏度，提高流动性和充填能力。

④ 提高金属液的充型能力和补缩效果（图 5-16 和图 5-17）。

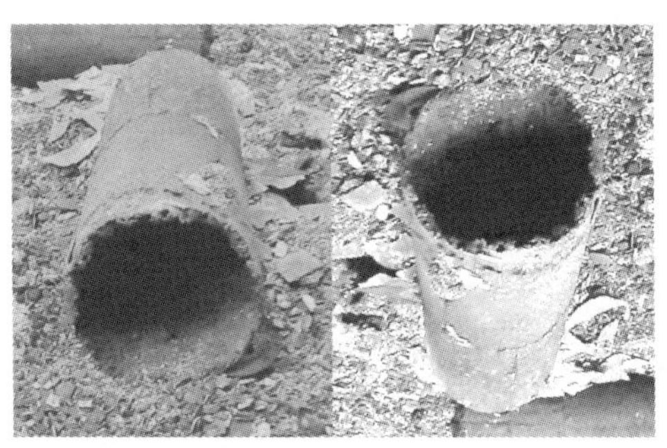

(a) 碳钢件振动浇注的冒口——补缩良好

(b) 碳钢件非振动浇注的冒口——补缩甚差

图 5-16　振动浇注与非振动浇注的冒口补缩状态对比

(a) 铸钢件高频振动浇注冒口补缩良好

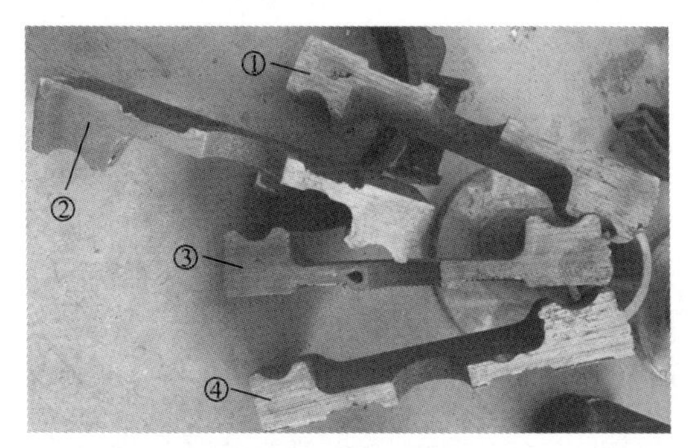

(b) 合金钢铸件切割断面对比

图 5-17　振动浇注与非振动浇注的厚实铸件缩孔缩松对比

①、③—未采用高频振动浇注（疏松有缩孔）；

②、④—采用高频振动浇注（致密无缩孔）

⑤ 有利于基体组织的均匀化和化学成分的均匀化。

⑥ 有利于铸件表面涂料层的清理脱壳并提升铸件表面质量（图 5-18）。

⑦ 有利于减少铸件的铸造应力。

(a) 采用高频振动浇注的碳钢异形套

(b) 未采用高频振动浇注的碳钢异形套

图 5-18　振动浇注与非振动浇注的薄壁铸件外观质量对比

5.10　高频振动浇注对涂料性能的要求

用于高频振动浇注的涂料，应该是在高温条件下耐烧耐振并能迅速进行陶瓷化转变的高强涂料，即既有良好的常温性能，更要有超常的高温耐烧、耐振、耐冲刷性。

高频振动是消失模铸造生产高质量、高要求、高性能铸件的必须手段，对于各类碳钢件和球铁件而言，如果不实施先烧空后浇注以消除碳缺陷，则振动浇注就失去生产高品位铸件的根本意义。既然涂料层必然要经过烧空—振动—浇注充型过程的考验，其经受高温的时间段就不是“一瞬间”，而是相当长的一段时间：一般件烧空过程所需时间以 5～8min 为多（复杂件或一箱多件的情况下所需烧烤的时间更长），从停烧到开始浇注，顺利情况下以 1～2min 计，以每箱 2t 钢液的浇注量计，通常充型时间是 2～3min。这样一来，涂料层在空壳高温下的总时间就是 10～15min 左右，复杂件或大型铸件往往超过 15min。一般的传统涂料能经受住这种高温考验吗？况且是在 1450～1700℃的浇注温度下还要承受高频振动的外力作用。因此，不论是实施先烧后浇的边振边浇，还是实型浇注的边振边浇，都应该选用高温下能迅速提高强度的高强耐烧涂料，而且涂料的耐烧性要有足够保险系数，各个铸造厂尽管生产铸件的种类和大小不同，但生产中种种意外的情况都难免发生，故选用耐烧性达 1h 以上的涂料为宜。

实践告诉我们，能在高温下迅速发生陶瓷化转变的涂料，必然是耐高温的。“陶瓷化”的概念表明其耐火度接近于或超过石英的耐火度，达 1700℃以上，否则称不上“陶瓷化”。耐火矿物材料陶瓷化的转化温度多是大于 750℃，即一般家用燃气灶烧烤足以使涂料片陶瓷化（浸入水中不可逆）。显然，仅 1～2mm 的涂料层在 1450～1700℃高温钢铁液作用下向陶瓷化转变也就是一瞬间，这就是高温陶瓷化涂料适用于消失模铸造先烧空＋振动浇注的奥妙之处。

5.11 铸件晶粒度的评级与致密度的判别

晶粒度：表示晶粒大小的尺度叫晶粒度。

结晶物质在生长过程中，由于受外界空间的限制，未能发育成具有规则形态的晶体，而只是结晶成颗粒状，即晶粒。

金属结晶时，每一个晶粒都是由一个晶核长大而成的，因而晶粒的大小取决于单位体积内晶核的数目和晶粒的长大速度，形核率高，则单位体积内晶核的数目多，生成的晶粒数目也就多，晶粒也就越细。实际上，基体中的晶粒大小是不一致的，所以，常以“平均的晶粒度”表示。

我国的碳钢（含碳素钢和各种合金钢）的晶粒度评级标准分为 8 级：1～4 级为粗粒晶，5～8 级为细粒晶。参见 2002.12.31 发布的中华人民共和国国家标准《金属平均晶度测定方法》（GB/T 6394—2002）。

铸造工厂非科研机构，更非基础理论研究的专业机构，可以说全国绝大多数铸造厂难有条件对铸件的晶粒大小做检测，即使有检测条件也不一定能准确数清 $1mm^2$ 内有多少个晶粒（见钢的晶粒度测定对照表）。世间的事物总是相对的，作为铸件的晶粒度判别可以用以下相对宏观、直观、微观的不同方法作对比式的判断。宏观与直观判断不一定能判别其等级的准确性，但可以一目了然地判定其是否细化了，是否致密度提高了，这种相对性对比式的判断可以使我们明确解决问题的方向和方法，从而有利于铸件质量的提升，而不误入理论的空谈。

5.11.1 铸件断面宏观组织对比判别

图 5-19 对比就可以明显看出哪个晶粒粗、哪个晶粒细、哪个组织疏松、

哪个组织致密，这种判别法对铸造生产有普遍的指导意义和实用价值，对于晶粒度等级的判定可以说是定量不能做到精准，但定性是正确的。图 5-19 的对比就是一目了然的定性判断。

(a) 高频振动浇铸的铸件断面(致密)

(b) 非振动浇注的铸件断面(不致密)

图 5-19　振动浇注与非振动浇注的铸件断面致密度对比

5.11.2　以铸件重量增加量做直观对比判别

同一铸件同一材质以不同的振动浇注和静态浇注生产，其重量明显不同，振动浇注的铸件比静态浇注的铸件重，这是绝对的。铸件重量的增加就是基体组织致密度（晶粒细化度）改变的一种直观表现形式，是符合客观规律的，至于说晶粒细化到了什么等级，这同样是定量与定性的关系，定性是正确的。同样大小、同一牌号的铸件，一个是 100kg，另一个是 106kg，毫无疑问 106kg 的铸件更致密，结晶更细，这是无可争议的。

5.11.3　以金相显微组织作对比判别

钢件金相显微组织判别参照图 5-20 和图 5-21（引自 GB/T 6394—2002）。

5.11.4　晶粒度简述

我国对铸钢件的晶粒度分为 8 级评定，1～4 级为粗晶，5～8 级为细晶。

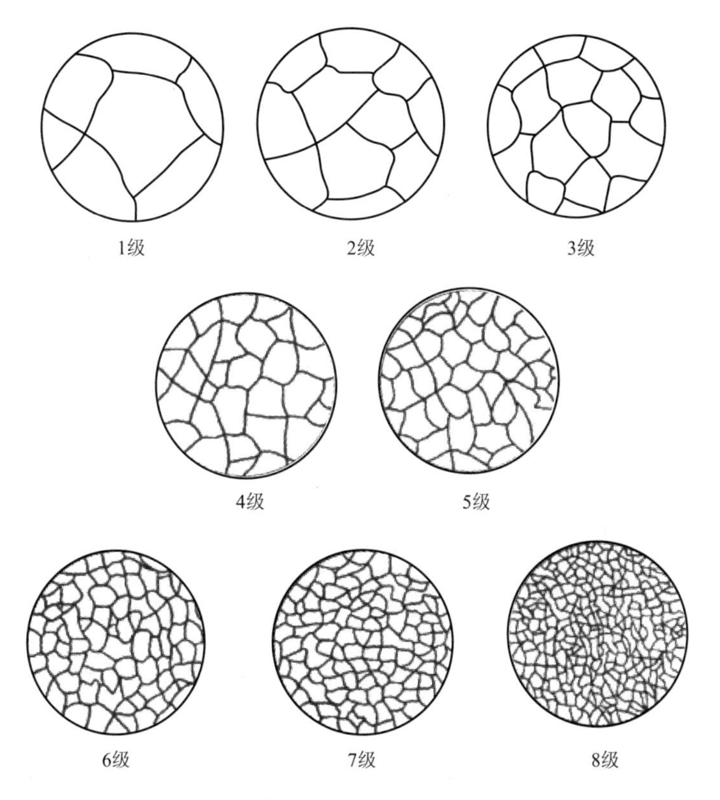

图 5-20 钢的晶粒度对照图（×100）

表 5-1 钢的晶粒度测定对照表

粒度号	计算的晶粒平均直径/mm	弦的平均长度/mm	一个晶粒的平均面积/mm^2	在 1mm 内晶粒的平均数量/个
1	0.250	0.222	0.0625	64
2	0.177	0.157	0.0312	181
3	0.125	0.111	0.0156	512
4	0.088	0.0783	0.00781	1448
5	0.062	0.0553	0.00390	4096
6	0.044	0.0391	0.00195	11585
7	0.030	0.0267	0.00098	32381
8	0.022	0.0196	0.00049	92682

从表 5-1 中可以看出，从粗晶 4 级提高到细晶 5 级，每 mm^2 的晶粒数量增加了 2648 个，由 4 级粗晶提高到 6 级细晶则每 mm^3 增加 10137 个晶粒，这是人为直观数不出来的，其粒数对比何等惊人，这就不难理解提高 1～2 级晶

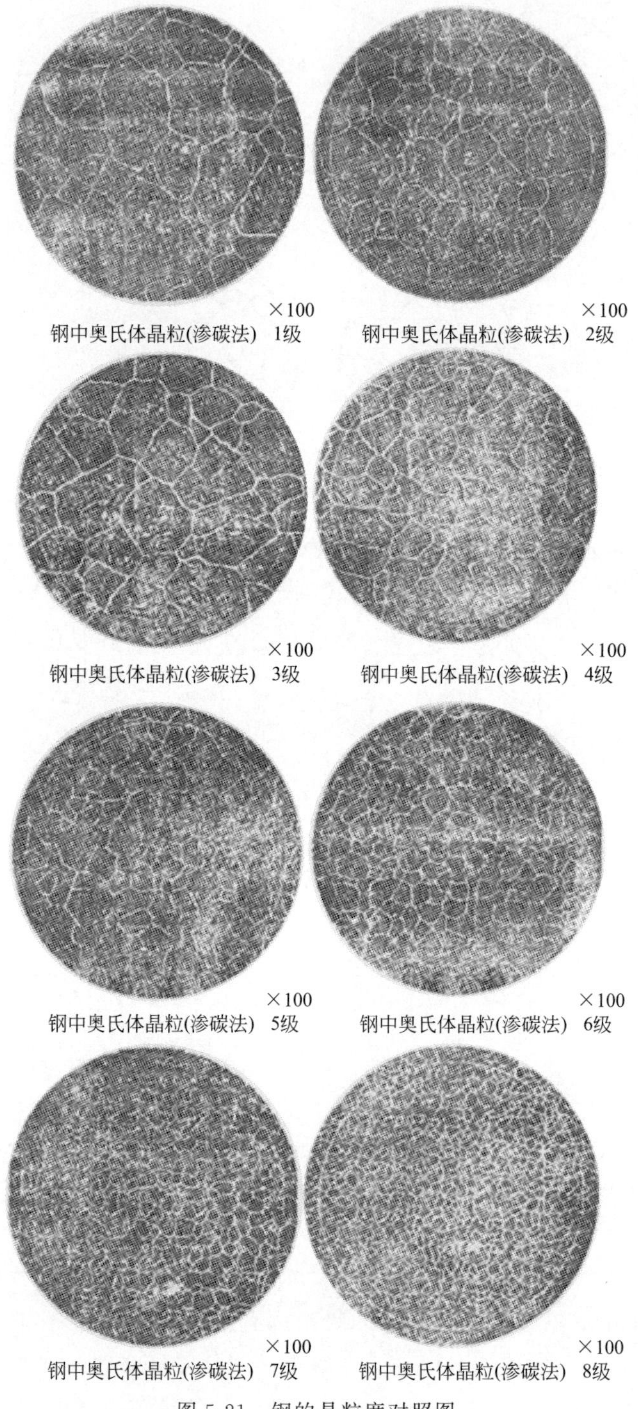

×100 钢中奥氏体晶粒(渗碳法) 1级

×100 钢中奥氏体晶粒(渗碳法) 2级

×100 钢中奥氏体晶粒(渗碳法) 3级

×100 钢中奥氏体晶粒(渗碳法) 4级

×100 钢中奥氏体晶粒(渗碳法) 5级

×100 钢中奥氏体晶粒(渗碳法) 6级

×100 钢中奥氏体晶粒(渗碳法) 7级

×100 钢中奥氏体晶粒(渗碳法) 8级

图 5-21　钢的晶粒度对照图

粒度对铸件性能提高的重大意义，也不难理解为什么以前我国生产的铸件与某些工业发达的国家的作对比，化学成分可谓“丝毫不差”，同样是铸造出来的，为什么其他国家的铸件的力学性能和使用寿命远远超过我们的？结论就是：化学成分完全相同，无非就是组织结构不同，组织结构不同无非是晶粒结构与组织致密度的差异，这就是铸造向高端技术发展的必然方向。如今，高频振动铸造技术在我国发明和率先应用，这就意味着中国高致密度、高性能铸件的生产已经达到国际先进水平。

5.12 振动浇注在水玻璃砂、树脂砂等铸造领域中的应用

5.12.1 水玻璃砂型或树脂砂型铸造

水玻璃砂型、树脂砂型是强度比较高的铸型，在保证其铸型强度足以适应高频振动力作用的条件下，可以实施高频振动浇注，但一般的生产条件不宜先振后浇，而应先浇至保险高度再启动振动台为妥。

水玻璃砂型、树脂砂型是上下两箱或多箱组合，坚硬的分型面合紧过程难免在分型面的边界出现松砂现象，先振后浇（边振边浇）不可避免会发生松砂散落于型腔的隐患，导致铸件砂眼缺陷乃得不偿失。所以，一般情况下对于非薄小型铸件，宜静态下先浇注待充型至冒口颈下沿再启动高频振动台，对于大面积空腔的铸型更应注意这一点，即使型壁上如有少量松砂或浮砂，当浇注充满铸型之后，金属液对铸型的壁面产生很大的压力（也称张力），这种情况下，壁面的浮砂是很难向铸件内部侵入的。

水玻璃砂或树脂砂铸型往往是两箱或多箱组合而成，实施高频振动对机箱紧固机构要求更严格，不允许在振动力作用下有任何松动或错位。

5.12.2 金属型铸造

金属型铸造由于导热性超快、金属液注入金属铸型之后可以获得超常大的过冷度，以超常的速度改变铸型内金属液的热交换和形核过程，此种情况下以高频振动去改变热交换和形核过程不能说没有丝毫的作用，但应该说是没有多大的或明显的作用，以高频振动来加快金属型铸造的冷却速度，对一般性的工程结构件而言（不含特厚特大或特殊要求铸件）可以说是作用甚微。当然，在铸件表层与深层结构均匀化和化学成分均匀化方面是稍有一点作用的。在讨论这个问题时应该有个同向的认识：任何物化反应都需要时间，离开时间的概念

去谈物质的变化实际上是空谈。

5.12.3 黏土砂或湿型砂铸造

黏土砂型有湿型（潮型）和干型之分。湿型砂主要靠湿压强度维持铸型的型体形状，我国的湿型铸造厂的铸型湿压强度多在30k～80kPa范围，即使是高密度造型也不过是80k～180kPa，而且多以膨润土为黏结剂，也有一些是加入少量的α淀粉，砂型表层易风干粉化是普遍的通病，铸型壁面难免有浮砂（松砂）存在，一般不宜实施高频振动浇注。

黏土干型砂的强度比水玻璃砂型低得多，耐振性也稍差，型壁也有浮砂存在，一般不宜实施高频振动浇注。

高频振动浇注主要是用于制造高端高品质的铸件，只适用于高强度且砂箱结合牢靠无错动的铸型，并非万能。

5.13 高频振动浇注法（结晶）对消除合金成分偏析的奇效

两种以上密度差异大的合金混合熔炼及其往静态铸型中浇注的铸件偏析难以避免，这是多成分合金（如高铝耐热铸铁、锡铅铜、锡铅锌铝铜等）铸造十分头痛的难题。铸件化学成分偏析是合金凝固过程中由于溶质（不同密度的金属）的再分配和扩散不充分所致，对铸件的力学性能、抗裂性能、耐蚀性能、耐热性能等有不同程度的损害，所以一些多成分合金铸件不得不采用离心铸造工艺，或离心浇注外加水快速冷却。离心铸造必须有离心浇注机设备，模具（铸型）复杂，所以只有极少数的离心铸造专业厂才能对一些结构简单的铸件实施离心浇注，绝大多数的铸造厂根本不可能。但采用高频振动浇注可以理想地解决这一难题，而且不同合金成分的均匀化及铸件力学性能优化的综合效果比离心铸造更胜一筹，可以说是铸造生产领域消除合金成分偏析的一项重大突破。

以高铝耐热铸铁和青铜合金而言，铜（Cu）密度是8.96g/cm^3，铁（Fe）7.84g/cm^3，铝（Al）2.7g/cm^3，铅（Pb）11.34g/cm^3，锡（Sn）7.31g/cm^3，锌（Zn）7.14g/cm^3……这些金属混合熔炼的合金液可以在熔炉或包内搅拌提高其扩散均匀度，但在静态的铸型空腔内难以搅拌。过热金属液在型腔内只能靠其固有的热力自由能发生热力运动，这随时间推移而迅速减退。高频振动波能的输入将与热力自由能产生强烈的叠加作用，使金属液发生强烈的翻腾运动，并加剧了热扩散和热交换，实现液相—液晶相—固相的均匀化过渡。

图 5-22 是某设备集团所属其大型铜件厂以 200Hz 高频脉冲振动平台（武汉恒新科技公司提供）浇注件重 3t 余的锡铅铜合金现场实照。铸件实测力学性能与离心加水冷铸造工艺对比数据如下。

铸件牌号：ZCuSn5Pb5Zn5　　（时间：2020.12.8）

检测项目	要求指标	220Hz 振动浇注	离心加水冷浇注
抗拉强度	250MPa	406.8MPa	411MPa
屈服强度	100MPa	219.6MPa	217MPa
延伸率	13%	42%	40%

图 5-22　某件重 3t 余的锡铅铜合金铸件高频振动浇注现场实照

6

消失模涂蜡及蜡模精铸法的发明与应用

（中国发明专利号：ZL201210136033.X）

6.1 失蜡熔模铸造是无奈而为的“四高一低”生产工艺

失蜡熔模精密铸造是因结构复杂、精度和表面光洁度要求高的小型铸件采用一般砂型铸造方法无法达到而无奈为之，可以说是铸造生产领域中一种工序繁琐、高工耗、高能耗、高成本、高污染、低效率的“典范”。高工耗、高能耗、高成本可以说是人人皆知的客观事实，不必多述。至于“高污染”或许不少人认为从表面上看失蜡熔模铸造是“很干净”的，“高污染”从何说起？这个问题主要从三个方面去认识。

6.1.1 氯化铵的危害性污染

氯化铵是熔模铸造常用的重要原材料。NH_4Cl 的水溶液呈弱碱性，加热时有较强的酸性，其碱酸转化二重性对金属腐蚀性很大，对人体的危害更不能忽视，其对皮肤黏膜有强烈的刺激性，可引起肝肾功能损害，肝昏迷或造成氮质血症或代谢性酸中毒，对于熔模铸造职业接触岗位污染危害性更大，氯化铵固化的壳型中有其一定的残余量，壳型经高温焙烧时，$NH_4Cl \longrightarrow NH_3 + HCl$，不论是 NH_3 还是 HCl 都是有毒的，整个工部都可闻到强烈的刺激性气味。

6.1.2 壳型焙烧污染

熔模铸造壳型焙烧温度多为 1050～1200℃，一般为数小时以上，不论是燃煤焙烧、燃气（煤气、天然气）焙烧还是电热焙烧，产生的烟气都会给大气造成严重的污染，其焙烧时间之长、焙烧温度之高、焙烧能耗之大及焙烧的废气污染都是惊人的。

6.1.3 常规性的生产污染

熔模铸造常规性的污染（包括熔炼、铸件清理等）乃众所周知，而且相对而言，熔模铸造铸件的清理并不轻松于其他铸造生产方式所生产的铸件。

石蜡熔模铸造之“一低”，低在何处？低在铸件几何尺寸小、铸件重量小、制造工序繁琐而产生效率低。

正是由于石蜡熔模精铸“四高一低”的局限性，所以在消失模铸造泡沫模样表面涂蜡精铸技术问世之后，失蜡熔模传统铸造有所衰减，相当多的精铸件已不同程度地被泡沫模样消失模铸造所取代，而且必将越来越多地被取代。

6.2 消失模表面涂蜡是可行可靠优质高效的创新技术

6.2.1 泡沫模样涂蜡的优越性

没有高光洁度的模样，绝对不可能得到高光洁度的铸件。消失模泡沫模样的表面光洁度影响因素有发泡成型模具的质量、珠粒的粒度与质量、发泡成型工艺的合理性、发泡操作的正确性、发泡成型密度的选择以及珠粒的种类（EPS或STMMA）等。目前普遍的既能满足模样强度又能保证一定光洁度要求的模样密度多是13～16kg/m^3。但是，即使发泡成型的效果再好，毕竟与蜡模的精度和表面粗糙度相比还有较大的差距，尤其是切割粘接的泡沫模样就显得相当粗糙，而实际生产中，中、大型铸件多属泡沫板材切割粘接的模样，这类模样表面涂蜡就显得非常必要，其铸件表面粗糙度可以提高2个等级，而由模具直接发泡成型的模样如表面涂蜡显然是锦上添花，铸件质量完全可以与石蜡模样生产的铸件比高低，况且石蜡模样只适用于较小的铸件，而泡沫模样表面涂蜡适用于大、中、小型铸件，用于中型、大型、特大型的铸件更显示其无可取代的优越性和必要性，一般情况下表面粗糙度普遍提高1～2级。

图6-1～图6-3是山东章丘区某消失模铸造厂在泡沫模样表面涂蜡的工业化生产的大、中、小型铸铁件实物。

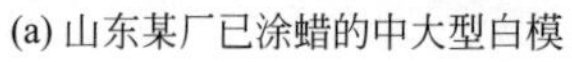

(a) 山东某厂已涂蜡的中大型白模　　(b) 山东某厂白模涂蜡生产的中大型铸件

图 6-1　消失模泡沫模样涂蜡精铸现场实照

图 6-2　山东章丘某厂白模涂蜡批量化生产的铸件

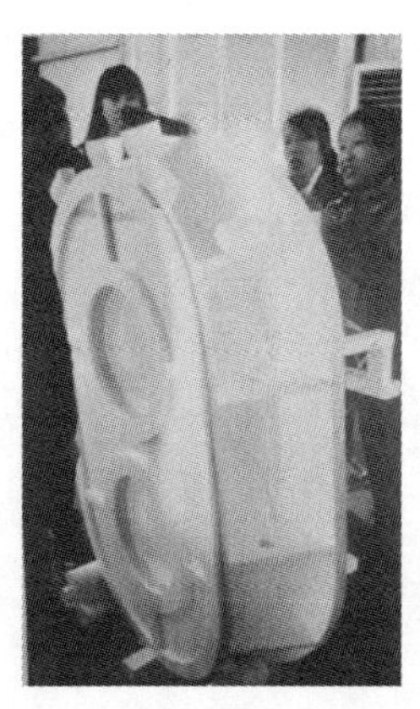

大件涂蜡

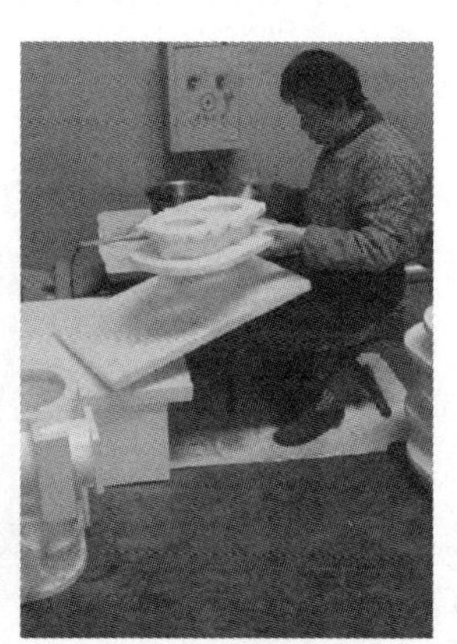

小件涂蜡

大件涂蜡

图 6-3　山东章丘某厂白模涂蜡工部现场

6.2.2 泡沫模样涂蜡要领

① 石蜡性质

石蜡分子式：$C_{25}H_{52}$。

石蜡燃烧产物：CO_2+H_2O。

石蜡不溶于水、乙醇、甲醇。

② 蜡液温度

常用石蜡是组合料，没有固定的熔点，通常为53～58℃。

EPS泡沫的玻璃化温度约80～100℃不等，有些泡沫70℃即有变形萎缩现象。因此，用于涂覆泡沫模样的蜡液温度宜控制在63～66℃为佳，最方便可靠的是“热水浴恒温控制”。见图6-4。

注意：蜡液温度过高会导致泡沫模样表面萎缩，越涂越糟糕，蜡液温度过低则流平性差、涂刷易堆积，不光滑。

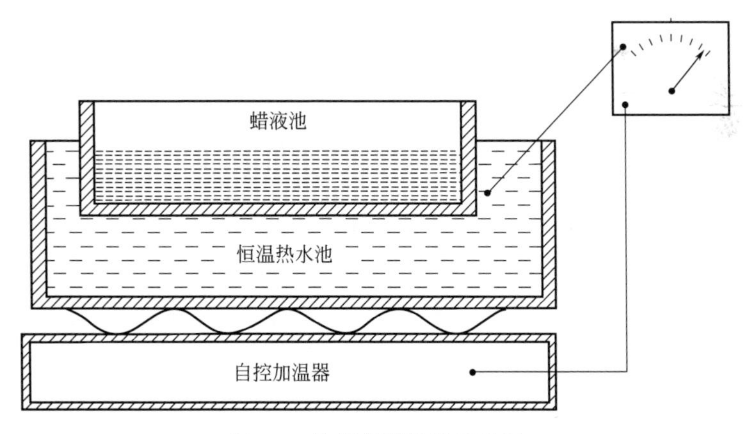

图6-4 涂蜡简易装置示意图

6.3 消失模表面涂蜡铸造工艺要点

6.3.1 涂蜡方法

① 刷涂 用细软的毛刷将蜡液均匀、光滑地涂覆于白模表面。

② 浸涂 把白模浸于蜡液池中1～2s提出并使其快速流淌均匀。

③ 涂蜡厚度 通常只有0.1～0.15mm，无必要涂2次，即使浸涂或刷涂多次涂层还是0.1～0.15mm左右的厚度。

④ 蜡膜均匀　毛刷涂覆讲个“巧”字，熟能生巧。浸涂的关键是白模从蜡浸池提起后根据白模的不同结构，在蜡液流淌性没变化之前灵巧转动，特别是沟槽坑凹处，感觉均匀后而流淌性尚正常的情况下快速浸于冷水中冷凝，有条件的将蜡液流淌已均匀的白模突然放入低温冷冻室中，可实现快速而均匀凝固，使蜡层比较光滑且厚度趋于均匀，沟凹处少无堆积。

⑤ 存放　涂覆了蜡膜的泡沫模样存放温度不宜高于33℃，温度达35℃时往往使蜡膜层的蜡发生软化蠕变。

6.3.2 涂蜡后上涂料

① 流淌　表面涂了蜡膜的泡沫模样，常用的水基涂料很难涂挂，比传统精铸的蜡模还难涂挂，一般的水基涂料涂上去三两秒之内就流淌无存了。

② 防流淌　石蜡不溶于甲醇或乙醇，聚苯乙烯也不溶于甲醇或乙醇。为防止水基涂料在蜡膜表面流淌，只要在蜡膜表面涂上8%～10%浓度的醇基松香溶液即可有效解决，此法很实用，也很简便。

③ 醇基松香溶液配制　取8～10g松香浸泡于90～100g的甲醇或乙醇中，溶解后即相当于浓度为8%～10%的醇基松香溶液。如直接用桂林5号石蜡型涂料可以免涂醇基松香溶液。

④ 刷第二、三层涂料时就不必再用醇基松香溶液了，与消失模常规的二、三层涂料涂法相同（刷涂、流涂、浸涂均可），涂层厚度按常规。

⑤ 涂料性能　必须是耐烧耐高温适用于先烧空后浇注的高性能陶瓷化涂料，否则必败无疑，因为泡沫模样涂蜡后，浇注前必须实施富氧烧空。

6.3.3 涂蜡模样烘干

涂层在烘房内烘干温度不宜超过33℃，最好是在低湿度（相对湿度＜20%）的烘干房内以30～33℃的温度烘干，这样既保烘干质量又有较好的烘干效率。超33℃很容易使涂料层内的蜡膜发生蠕变出现皱纹，湿润未干的涂料层也就随之而出现皱纹，如此涂蜡则适得其反，铸件表面尽是微小不平的无规则皱纹。故烘温≤33℃是必须严格遵守的操作规则。

6.3.4 涂蜡模样浇注

石蜡的熔化点一般只有53～58℃，如果采用实型浇注，钢铁液刚刚注入浇注系统或铸型的瞬间必发生强烈的反喷，因为在这一瞬间蜡膜本身几乎无透气性，其受热迅速液化渗透堵塞了涂料层的透气微孔，泡沫模样急剧热解气化而必然引起强烈反喷，铸件势必产生大气泡（不是一般小气孔）缺陷而报废。故消失模泡沫模样表面涂蜡必须实施先烧空后浇注的基本工艺规程，无商量余地。

烧空操作：实施烧空初始不宜输入过大氧量，即泡沫燃烧不宜过分激烈，待抽风状况平稳正常后可以加剧燃烧。负压的布设与烧空操作规程参照第4章消失模富氧烧空浇注无碳缺陷铸造方法。

6.4 消失模石蜡模样精铸工艺

消失模石蜡模样的制备与传统失蜡熔模相同，采用熔模铸造的蜡料，把糊状蜡压注于石膏或金属模具中成型，获得所需的石蜡模样。

6.4.1 石蜡模样的涂料

石蜡模样的涂料不再是传统熔模铸造用的以硅溶胶为主要黏结剂的水基涂料，也不再采用传统熔模铸造涂料的化学固化方法，也就是说不使用硅溶胶（透气性极差）、氯化铵（挥发的氨气刺激性与危害性极大）这些材料。

石蜡模样的涂料与泡沫模样表面涂蜡膜用的涂料相同，即耐烧耐冲刷、在1000℃以上高温能迅速陶瓷化的涂料。这种涂料的主要特点是耐烧耐高温，陶瓷化后不可逆，即不会受潮或降低强度，壳层如同陶瓷片，丢浸于水中也不会损毁，浇注后的涂层清理比熔模精铸涂料要轻松高效得多。

6.4.2 涂覆方法及涂覆厚度

第1、2层按消失模铸造常规浸涂或刷涂，因石蜡模样多为小件，一般不采用淋涂方式。

第1、2层涂料的骨料粉宜选200～300目（视铸件大小而选，较小件选300目，较大件可选200目）。第3层起宜采用80～120目骨料，提高涂层（壳型）的透气性、抗裂性。

涂料层的厚度一般5～8mm，小件取下限，稍大件取上限。

第1层涂料很关键，一般水基涂料极难涂挂，桂林5号石蜡型涂料可以直接涂挂。对于特别难涂挂的蜡模，可以先把蜡模在8%～10%的醇基松香溶液中浸1～2s，待乙醇或甲醇挥发干后再浸涂桂林5号涂料，这样可以轻而易举地涂挂上。

水基涂料具可逆性，由于涂层较厚，每层涂覆时不可浸润过长时间，快涂快烘为宜，否则湿润的厚涂层与模样表面黏附力被削弱，当摆放方位不当时，涂层本身的重力作用超过黏附力时必整片塌落。所以，每层快速涂好之后即进烘房烘干，且大平面朝下部位要特别注意防止塌落，应注意摆放角度。

6.4.3 蜡料干法回收

传统熔模铸造的蜡料回收多为湿法（水煮方法或蒸汽法），把干固后的“预备铸型”（即干固涂料层包裹着蜡模）置于高温水池或蒸汽室内脱蜡。石蜡模样消失模铸造因水基涂料遇水有可逆性，故不可能采用湿法回收。

作为壳型精铸，通常在脱蜡前是壳型与浇注系统先连接好，对石蜡模样消失模铸造而言，干法脱蜡时是流蜡口（浇口杯）朝下，或者在模样上特意设置流蜡口，可在200～250℃的脱蜡室（或窑炉）内脱蜡，蜡液流至集蜡池中回收。由于涂料层布满透气微孔，所以约有5%～6%的蜡液在脱蜡时浸润并残留于涂料层的微孔中。

壳型脱蜡之后待冷却至常温才能取出，高温下取壳型因其结构不同可能强度不足而垮裂，这是必须注意的，冷却至室温（30℃左右）残存于涂层的蜡料已凝固，不至于影响壳型的强度。

脱蜡后的壳型不必做高温焙烧，可直接装箱造型。

6.4.4 装箱造型与烧残蜡

按消失模造型方法装箱，注意浇口杯封口不能有砂子或杂物掉进壳型之内，填砂时视壳型强度可轻微振动，不允许有缝隙。

浇注前必须像泡沫模样消失模那样密封砂箱成型，负压度可适当低一点，一般0.2～0.3个压（0.02～0.03MPa）即可，如果不实施负压，壳型强度再高也是无法通过富氧喷焰把浸润于涂层的残余蜡料烧掉的。

装好箱实施负压后，烧的方法有所不同，是以强大的火焰从浇口杯或冒口处往壳型内强喷，在负压作用下，火焰被吸入型腔，从而把涂层中的残蜡烧掉。这是必不可少的工序，如不烧掉残蜡则壳型透气性不佳，浇注反喷，铸件报废。

6.4.5 浇注

残蜡烧掉之后即可按常规浇注钢铁液，铸型内钢铁液趋于凝固或完全凝固方可撤消负压，否则易造成壳型胀裂。

6.5 消失模泡沫模样涂蜡法与石蜡模样法之优劣比较

泡沫模样表面涂蜡法与石蜡模样法对比，显然是前者具有更大的优势：

① 省工、省材、节能耗、高效率、低成本；

② 工艺成熟可靠，操作简单，质量稳定可控；

③ 大、中、小件均适应，大件涂蜡更易实施；

④ 所有消失模铸造厂都有条件实施。

正如前面所述，石蜡模样消失模铸造方法如同传统熔模铸造一样繁琐、高耗、低效，是为某些特殊结构或特殊要求的小件无奈而为之。本书介绍这项技术的目的是为了对比其与泡沫模样表面涂蜡的各自优劣，了解其可行性、可靠性和实用性，并从实际情况出发而择优选用之。对于非熔模铸造专业厂，如有单件或小批需要仿蜡模精铸时，可选用后者解决，一般情况下为提高铸件表面质量等级宜采用泡沫模样表面涂蜡法。

总而言之，作为批量化、工业化生产或单件小批生产，为在泡沫模样基础上提高铸件精度和表面质量等级，完全可以实施泡沫模样表面涂蜡先烧空后浇注的方法。本技术自 2012 年问世公开演示推广以来，已在多家工厂得到较为成熟、有效的应用。见图 6-5 和图 6-6。

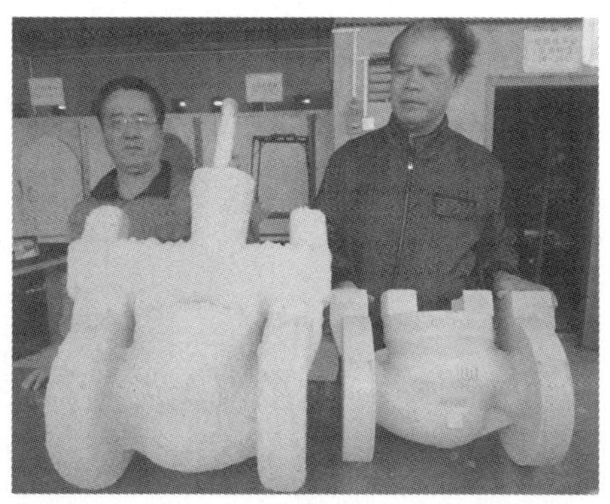

图 6-5 中南铸冶示范基地采用石蜡模样消失模铸造生产的碳钢阀体件（单重 95kg）

图 6-6　中南铸冶示范基地制作的多种石蜡模样

7

耐烧耐冲刷陶瓷化涂料桂林5号的发明与应用

——消失模先烧后浇+边振边浇和优质环保化的技术保证

（中国发明专利号：ZL201410750404.2）

7.1 桂林5号涂料任意长时间久烧强烧的独特性能

国内外常见的传统铸造涂料，耐烧性多为1～2min，把1～2mm厚的涂料片置于1000℃左右的火焰中烧烤，不足2min即粉化，强度急剧下降乃至逐趋于零，其耐烧曲线参见图7-1(a) 所示。

桂林5号涂料，攻关始于2007年，与消失模富氧烧空浇注技术的研究同步进行。2008年首次向全国铸造行业公开演示消失模先烧空后浇注时，桂林5号涂料的耐烧性仅达10min。1～2mm厚的涂料片置于1000℃的火焰中烧烤时，前10min的强度趋平稳状态，10min后强度即开始降低，20min后粉化。在当时的条件下，涂料10min的耐烧性只能说是勉强可以应对件重500kg以内的铸件实施先烧后浇，但"保险系数"还是有所不足，不能放心久烧。对于500kg以上或结构较复杂的铸件是不能进行实施先烧后浇的。其耐烧曲线参见图7-1(b) 所示。

2010年，桂林5号涂料的耐烧性突破了30min大关，适应于单件重量1t左右的较大型铸件较长时间的烧空要求，但对于件重1t以上的大型或结构较为复杂的铸件，涂料的耐烧性尚需再进一步大幅提高才能稳妥可靠。其耐烧曲线参见图7-1(c) 所示。

2012年，桂林5号涂料的耐烧性达到了任意久烧（10天10夜）而无损、无裂、无粉化的巅峰水平。这不是神话，是实实在在经受了国内外上千家消失模铸造厂多年生产验证的事实。其耐烧性曲线参见图7-1(d) 所示。

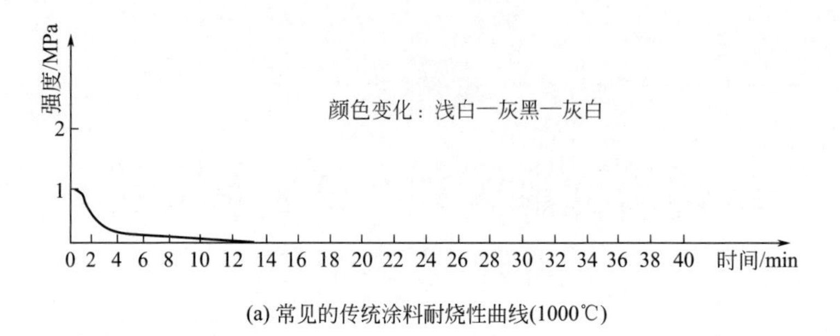

(a) 常见的传统涂料耐烧性曲线(1000℃)

强度/MPa
颜色变化：浅白—黑—灰黑—灰白
2
1
0 2 4 6 8 10 12 14 16 18 20 22 24 26 28 30 32 34 36 38 40
时间/min

(b) 2008年桂林5号(第一代)耐烧性曲线(1000℃)

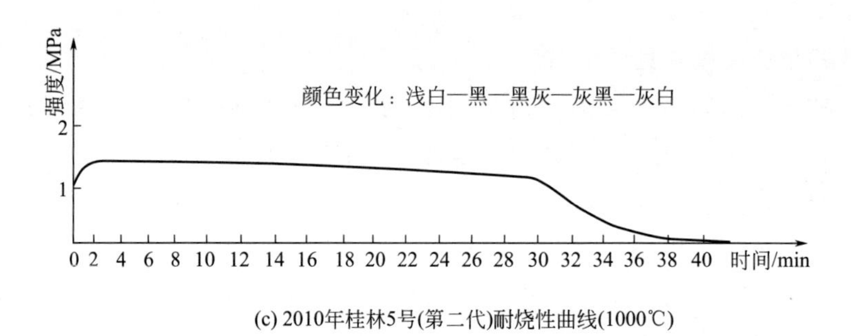

(c) 2010年桂林5号(第二代)耐烧性曲线(1000℃)

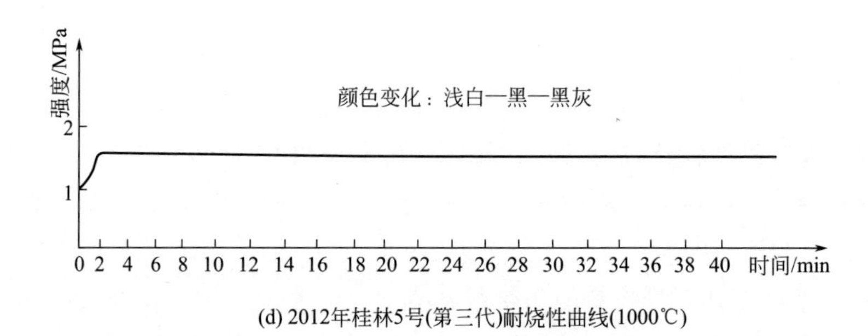

(d) 2012年桂林5号(第三代)耐烧性曲线(1000℃)

图 7-1　几种不同涂料的耐烧性曲线对比

2012年以来，国内外消失模铸造界的专家学者、厂长经理和工程师们到中南铸冶技术示范基地参观考察、学习培训者已超6000多人次，人人均可随时随意从生产现场取下烘干的涂料片置于公开专设的天然气炉上任意久烧、强烧验证真假，亲身体验中国发明的桂林5号涂料真真正正位居国际先进水平的神奇耐烧性。烧后的涂料片浸于水中无吸水可逆现象，再从水中捞起来继续任意久烧依然是完好无损的陶瓷片，见图7-2。

桂林5号石英粉涂料
(厚1.5mm原态白色)

初烧十余秒白色转黑色
(已经陶瓷化不可逆)

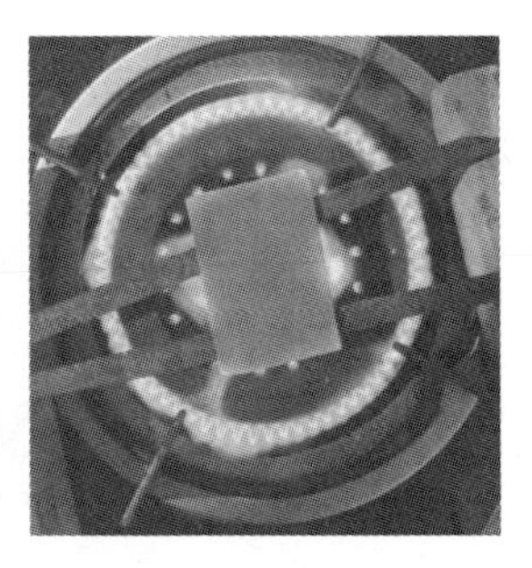

续烧由黑转灰色微红
(良好陶瓷化)

久烧转微灰浅红色

烧后浸于水中完好坚硬

从水中捞起续烧仍无裂纹

图7-2　桂林5号涂料久烧、强烧陶瓷化转变过程实照

特耐烧耐钢铁液冲刷的桂林5号涂料的发明，不仅为消失模铸造先烧后浇和高频振动边振边浇提供了可靠的技术保证，而且彻底改变了中大型钢铁铸件浇注依赖繁琐陶瓷管作浇道的传统工艺。经国内外不计其数的消失模铸造厂家生产应用证明，在泡沫浇道上（包括直、横、内浇道等整个浇注系统）涂以2～3mm厚的桂林5号涂料，不仅非常可靠地完全取代陶瓷管用于中大型钢铁铸件生产，而且在浇注系统灵活粘接及铸件开箱后涂层不清自脱干净等方面远

比陶瓷管更胜一筹。

中南铸冶示范与培训基地是中国铸造技术与铸造工业生产系统唯一公开、透明向国内外开放的生产与科研及铸造工程师人才培训一体化单位，自2012年投入批量化生产件重1～5t的中大型出口铸件以来，没用过一根陶瓷管浇道。桂林5号涂料泡沫浇道与陶瓷管浇道使用情况对比见图7-3～图7-5。

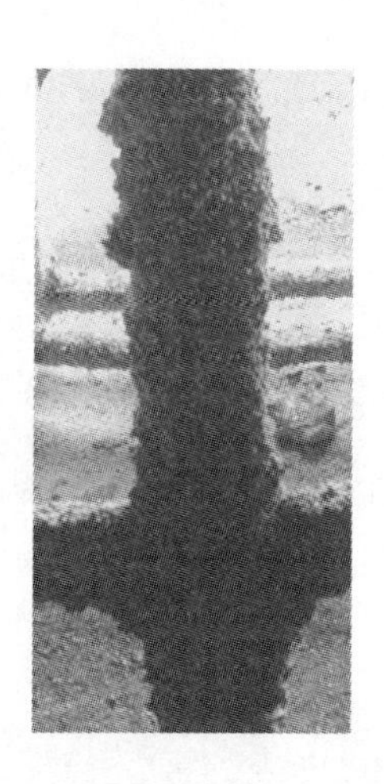
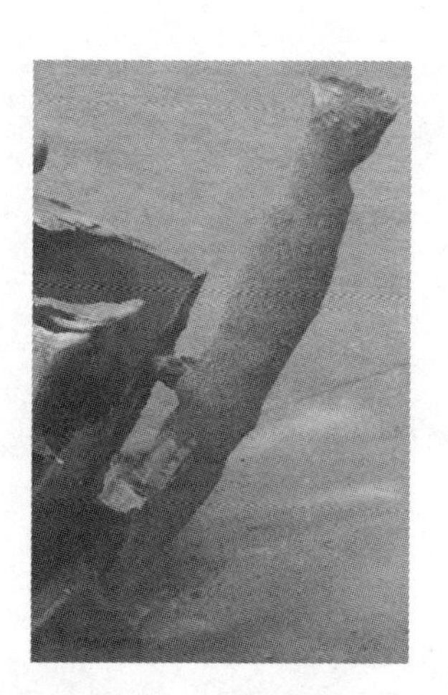

图7-3　常见的非瓷化一般涂料的浇道严重冲砂粘砂（浇道肿大）

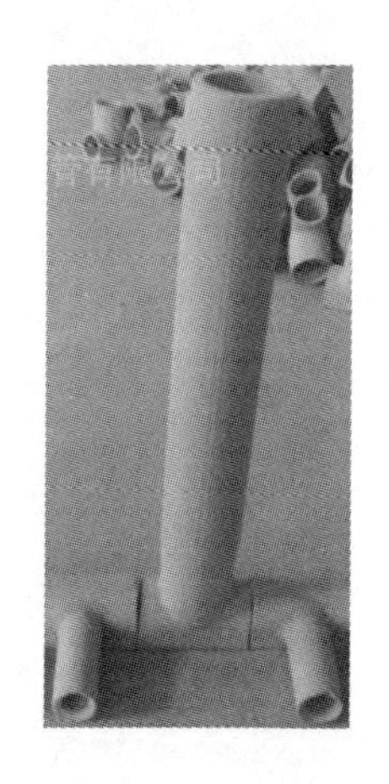
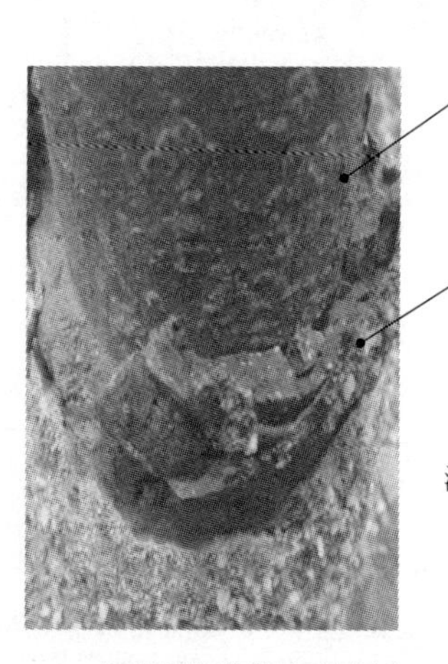

陶瓷管浇道笨厚不便粘接

图7-4　常见的陶瓷管浇道使用实况

涂刷了桂林5号涂料的泡沫浇道

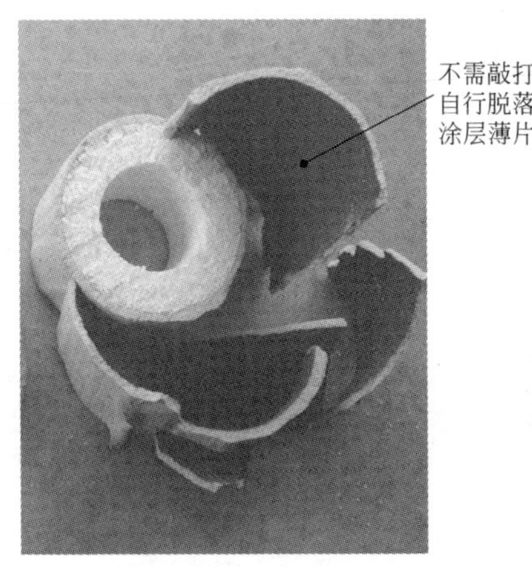

圆形泡沫浇棒(φ60mm)脱片

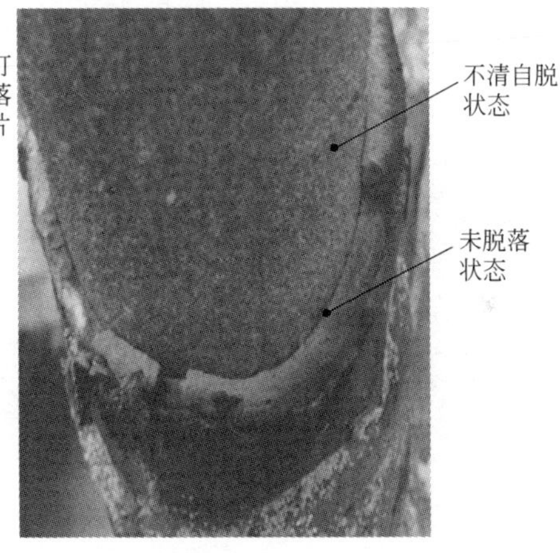

泡沫浇棒自脱断口

图 7-5 陶瓷管浇道与桂林 5 号瓷化涂料的泡沫浇道使用实况对比

7.2 高温陶瓷化无尘涂料的主要特点

桂林 5 号涂料，是一种以天然植物成分为主要组元的粉状复合添加剂所配制的涂料。

桂林 5 号涂料的主要特点如下。

① 在 1000℃以上的高温条件下任意长时间久烧无损、无裂、无粉化，强度非降反升，750℃以上可快速实现陶瓷化。

② pH 值 6.5～7，不含任何化学防腐剂，无毒副作用，无异味，无公害，浆液存放 100 天内不变质不发酵，不允许配加任何防腐剂。

③ 采用独一无二的天然植物粉料改性防腐技术，有洁净护肤作用，涂料

岗位工人完全不需戴手套操作。

图 7-6 广东某厂使用桂林 5 号涂料实况

300kg 以下中小件涂层未清理自脱，浇冒口尚未割除

(a) 使用桂林5号涂料生产的3～5t大型铸件

(b) 山东博山生产的件重13t铸钢件整体脱壳

(c) 中南铸冶生产的大型出口件

图 7-7 采用桂林 5 号涂料生产的大型铸钢件未清自脱

开箱起吊过程涂层已自脱实照浇冒口尚未割除

④ 一料到位，一剂通用于所有不同材质的铸件，按 1∶10 配以相应的耐火骨料粉，加水搅拌均匀即可。

⑤ 具有良好的触变性、悬浮性、涂挂性、流平性、透气性和适中的黏附性及高强耐振抗裂性。

⑥ 适用于多种合金铸件，具有强效的抗粘砂性和自行脱壳光洁性。图 7-6 生产现场实拍照片。

图 7-7(c) 为中南铸冶生产的碳钢铸件，重 3020kg，盘面直径 ϕ1600mm，下方平，上方有凸台，均布 12 条筋板，涂层厚度 1.5～2mm，开箱后冷却至 600℃左右涂层即开始崩裂（图中涂层鼓皮是自行脱壳前兆）脱落，至 300℃左右几乎全部掉光。

7.3 涂料抗粘砂原理——涂料配用的基础知识

铸造涂料的作用，简单地说是保护型壁抗粘砂。

7.3.1 粘砂的三种形式

① 热粘砂　涂料层在高温金属液作用下发生烧结或熔蚀的粘砂现象属于热粘砂。

涂料层发生严重烧结或熔蚀，究其原因往往是：涂料耐火度偏低（骨料粉和添加剂的耐火度较低、涂层厚度不足、浇注温度过高、铸型热场分布局部过于集中而使涂层承受“过高温度”的时间太长）。所以，热粘砂多发生在厚壁铸件转角、沟槽、孔腔或内浇口处。热粘砂现象很难清理，清理成本可以说是几倍甚至十几倍增加，深孔热粘砂往往导致铸件报废。

② 化学粘砂　化学粘砂发生之根本原因是涂料添加剂和骨料粉的化学属性匹配有误，与金属液表层（铸件表面）的高温氧化物发生化学反应生成低熔点的硅酸盐所致，钢铁类铸件化学粘砂的过程多属铁橄榄石或其他硅酸盐产生的结果。比如钢铁水表面易氧化生成 FeO 或 Fe_2O_3，极易与石英（SiO_2）反应，生成铁橄榄石（$2Fe \cdot SiO_2$），其熔点仅 1250℃左右。高温锰液面除生成 FeO（碱性，熔点 1370℃）外，还生成 MnO（碱性更强），更易于生成 $MnO \cdot SiO_2$，这种硅酸盐不仅熔点低，且流动性高，渗透性强，而残余强度很高，故这种化学粘砂现象更难清理。

防止化学粘砂的关键是配制和使用化学惰性高的涂料，而且必须与金属液的化学特性相匹配，否则就成“冤家对头”。比如：偏酸性的锆英粉涂料用于铸铁或碳钢件生产有较好的抗粘砂性，但用于高锰钢或合金钢生产则化学粘砂得一塌糊涂。此外，如涂料中的黏土（$Al_2O_3 \cdot SiO_2 \cdot H_2O$）也含有一定量的 SiO_2，在一定条件下如黏土过量也有可能发生化学粘砂。

以上二者的“综合并发症”——化学粘砂的同时并发热粘砂，常称为“热化学粘砂”，热化学粘砂可以说是最顽固、最难清理的粘砂缺陷。

③ 机械粘砂　砂型铸造的型壁较疏松时，在涂料层不足以填补封闭其松隙的情况下易发生机械粘砂。消失模铸造的涂层比砂型的涂层厚得多，一般说来不易发生机械粘砂，但有几种情况值得注意。

A. 涂层过薄或露白（涂刷不均匀），易发生机械粘砂。

B. 涂层有裂纹（即使比头发丝还细），易发生机械粘砂。

C. 涂层透气性过高且负压度过大，易发生机械粘砂。

D. 涂层未烘干透、钢铁液充型后突遇高温开裂，易发生机械粘砂。

E. 填砂不均不紧实，涂料层在充型铁液的静压力作用下破损，易发生机械粘砂。这种现象常称“铁包砂”“铁砂瘤子”“铁砂馒头”。

7.3.2　三种粘砂现象的预防

整体发生热化学粘砂的现象很少出现，多数在沟槽、热节转角、深而细的孔洞、近内浇口处发生。因此，应该是特殊部位特殊解决：对应使用抗粘砂性强的涂料和耐火度高的填充干砂，比如铸铁件沟槽可刷以鳞片石墨涂料，并在此处填充石墨砂、镁砂、石灰石砂等。高锰钢等高合金钢沟槽处可刷以镁砂粉涂料，并填充石墨砂、镁砂、石灰石砂。碳钢件沟槽填充的砂也类同，可用特种陶瓷高温强抗粘砂骨料粉配制的涂料（桂林 6 号）。

防止化学粘砂关键一点是不要用错骨料粉，特别注意的是高、中、低合金钢不宜选用石英粉或锆英粉之类的酸性或偏酸性骨料配制涂料，可用中性或低碱性、碱性骨料。涂料添加剂也不宜是酸性。

消失模铸造机械粘砂现象往往是人为操作不到位而发生的，纠正人为操作的不当便可避免。

7.4　常见 10 种耐火骨料的正确选用是科学配制涂料的前提

骨料粉是配制涂料不可或缺的成分，约占涂料中固体物料重量的 90%，在掌握了前述的粘砂与抗粘砂基本常识之后，应该重视对骨料粉的科学选择，否则配不出好涂料来，也就生产不出好铸件，更谈不上提高生产效率和降低生产成本了。铸件清理工本费是铸件生产成本的大头，而且人为的可变度很大。

耐火骨料粉是铸造生产最常用的矿物材料，是配制铸造涂料必不可少的主要材料。耐火骨料粉种类繁多，可谓五花八门。但最常用也最实用的无非就是十种左右，然而在生产实际中，这十余种骨料乱用或错用的现象也相当普遍，问题在于不了解这些骨料的化学属性、物化性能和相应不同铸件材料的科学匹配。石英粉是最常见、资源最丰富、价格最便宜、各地取材最方便的一种耐火骨料，不少单位是不管生产什么材质的铸件，都一股脑儿使用石英粉涂料，这样生产不出好铸件，反而成本大增。因此，要配好用好涂料，首先应该懂骨料。下面简单介绍十种主要骨料在涂料中的应用常识。

7.4.1 石英粉（SiO_2）

石英粉是资源最丰富、价格最便宜、取材最方便的骨料，熔点1713℃，属于酸性材料，相对密度2.3～2.4，与FeO反应（$2FeO+SiO_2 \longrightarrow 2FeO \cdot SiO_2$）易生成低熔点、低黏度的铁橄榄石，易向涂层深处渗透而发生化学粘砂，且易与碱性金属氧化物（FeO、MnO、Cr_2O_3等）发生反应生成低熔点的化合物，故单独使用时，不宜用于高锰钢及高、中、低合金钢等合金的铸件。桂林5号是偏碱性的添加剂，有利于扩大石英粉的适用范围，且极利于提高涂层的脱壳性。选用石英粉作为涂料的骨料时，并非SiO_2含量越高越好，凡SiO_2含量>90%的含有其他“杂质”的石英粉均可先通过试用验证而选择，不能仅凭其SiO_2含量的高低判定其所配涂料的可剥离脱壳性。

7.4.2 石墨粉（C）

① 鳞片石墨，又称结晶石墨，是高级耐火材料，是铸铁类铸件抗粘砂效果最好的耐火骨料，即使2700℃以上的温度也不熔不软。

② 土状石墨，又称无定型半晶石墨，含碳量较低于鳞片石墨，熔点>2100℃。

石墨相对密度仅2.1～2.3，易悬浮，不与铁液润湿，化学稳定性好，中性，浇注过程产生微弱的还原性气体，有利于防止铁水氧化，激冷能力强，与桂林5号配制使用时不仅能有效避免粘砂，且能成片脱壳避免黑色粉尘污染。

7.4.3 Al_2O_3类（铝矾土、宝珠砂、棕刚玉、白刚玉等）

铝矾土、宝珠砂、刚玉三者是同质异构材料。Al_2O_3中性，呈惰性，可用于多种不同材质的铸件（各类铸铁、碳钢、合金钢、有色铸件）。

铝矾土原矿物含结晶水且收缩率大，经高温煅烧才能用于配制涂料，否则极易产生裂纹。铝矾土的 Al_2O_3 含量按>70%、>80%、>85%分为三级，除含 Al_2O_3 外另含有 SiO_2、TiO_2、Fe_2O_3、黏土等杂质。宝珠砂与棕刚玉（Al_2O_3含量多为83%～93%）虽比铝矾土有更好的抗粘砂脱壳性，但因相对密度过大（4.1～4.3），不宜单独使用（影响涂挂性和悬浮性），在涂料中的配加量一般不应超过骨料粉总量的40%。

白刚玉也称电熔刚玉，以 Al_2O_3>99%的工业 Al_2O_3 粉电熔而成。白刚玉 Al_2O_3 含量为95%～99%，白色结晶，相对密度4.1～4.3，熔点2050℃，即使含少量杂质仍>1850℃的耐火度，化学惰性好，高温隔热作用强，热胀率低，但价格昂贵，一般用于厚大合金钢件，价格较低的“白刚玉”多属品位较低的产品。

7.4.4 蓝晶石（含莫来石、亚铝晶石类）

蓝晶石、莫来石、硅线石、亚铝晶石等可视为同质不同用途的异构结晶态矿物，均含 Al_2O_3、SiO_2 及少量 FeO、TiO_2 或 ZrO_2 等，可视为中性和呈惰性的材料，适用性与铝矾土、宝珠砂等类同，密度适中，但抗粘砂易脱壳效果各有不同。中南铸冶研发的亚铝晶石比进口的蓝晶石或莫来石等更胜一筹。蓝晶石最大特点是：热胀系数小且不可逆，硬度高不易破碎为尘粒，抗金属液侵蚀能力强，1300℃以上转化为莫来石（$Al_2O_3 \cdot SiO_2 \longrightarrow 3Al_2O_3 \cdot 2SiO_2$），达1500℃则莫来石稳定化，故抗粘砂能力极强，能从铸件表面自动脱壳。

7.4.5 橄榄石粉（M_2S）

橄榄石称镁质硅酸盐，我国有两大产地（河南西峡、湖北宜昌）的 M_2S 适用于配制碱性涂料，多用于高锰钢，不适用于碳钢，低合金钢也不理想。宜昌产的 M_2S 含15%以上结晶水，宜高温煅烧后作涂料之骨料。西峡产橄榄石粉不含结晶水，原态可用于涂料，故二者价格相差一倍，严格上说，经高温严格煅烧过的宜昌 M_2S 粉（棕红色）生产铸件的表面粗糙度稍微优于西峡的 M_2S（灰色），其他方面的性能几乎无异。

值得注意的是：不论是何处产的 M_2S，其矿石中如含风化石或铁橄榄石（$FeO \cdot SiO_2$，熔点1220℃）过量，必将导致铸件粘砂，故检验其含 MgO 的化学成分稳定性极为重要，MgO 含量以>40%为宜。

7.4.6 镁砂粉（MgO）

镁砂粉主要成分是 MgO，熔点>1840℃（纯 MgO 为 2800℃，相对密度 3～3.6），强碱性材料，对于高锰钢而言，是抗粘砂能力最强的骨料，但用于水基涂料时［$MgO+H_2O \longrightarrow Mg(OH)_2$］，在钢液高温下 $Mg(OH)_2$ 又分解出水并产生大量强烈沸腾的水蒸气，导致铸件表面相当粗糙有大量的表层微气孔。另外，由于 $MgO+H_2O \longrightarrow Mg(OH)_2$ 是缓慢反应，故配好的水基浆液往往相隔几小时后会明显变稠，甚至结板沉淀，涂挂性恶化，故不宜久置，也不宜单独使用或多用，通常可现配现用于高锰钢件特别易粘砂部位，一般情况下宜少量（5%～10%）与 M_2S 配用，以改善 M_2S 中 MgO 量不足，避免粘砂。

7.4.7 铬铁矿粉

铬铁砂是多种共晶石的混晶 (Mg·Fe)O·$(Cr、Al、Fe)_2O_3$，中性，多从南非进口，以 Cr_2O_3 的含量分为 34%～43%和 43%～50%二个等级，具有较好的热稳定性和激冷性，与金属液不润湿也不发生化学反应，有良好的抗粘砂易脱壳效果，但相对密度大（4.1～4.4），涂料的存放稳定性（悬浮性）及涂挂性较差，宜与其他中性材料如铝矾土、莫来石、蓝晶石粉等搭配使用。

7.4.8 锆英粉

纯锆英即硅酸锆（$ZrO_2 \cdot SiO_2$），偏酸性材料，其中 ZrO_2 理论含量 67.2%，熔点 2420℃，作为涂料用的锆英粉含 ZrO_2 应≥63%，如 ZrO_2<63%则耐火度<1800℃，ZrO_2 含量<60%的锆英粉在有 FeO 或碱性物质存在的条件下其耐火度甚至<1400℃，切莫购用。合格的锆英粉化学惰性高，不易与酸性或碱性材料反应，热膨胀率低，导热性好，是铸钢件特别是大型铸钢件极好的涂料之骨料，但用于合金钢效果不佳。锆英粉抗铁液润湿性不如石墨，相对密度也高（4～4.5），对涂料悬浮体系要求高，涂挂性较差，资源少，价高，有少许放射性。

7.4.9 特殊陶瓷粉

特殊陶瓷粉种类繁多，高压电瓷瓶及各类陶瓷颗粒制成粉料均可视为陶瓷粉，但并非都能耐高温（具高耐火度）。在陶瓷品种中，有烧结陶瓷、电熔制品陶瓷等，主要成分以 Al_2O_3 为主，适用性可视与优质铝矾土、宝珠粉、棕刚玉、白刚玉类同，密度大小不一，故应选择并进行生产验证后选用。高压电瓷瓶类的特殊陶瓷是耐火度、抗粘砂性和适用范围都具优势的上品涂料骨料。

7.4.10 其他类粉料（云母、硅藻土、高岭土等）

（1）云母是硅酸钾铝的水化物 [$K_2O \cdot 3(Al_2O_3) \cdot 6(SiO_2) \cdot 2H_2O$]。云母种类较多，熔点难以判定，但一般是在 1800℃左右，对涂层有较强的覆盖能力和防金属液渗入能力。

配制铸铜或铸铁件涂料时，加入适量的云母有利于防止渗透性粘砂，一般加入量宜为 20%之内。

（2）硅藻土是一种硅质岩石，以无定型的 SiO_2 为载体，含有少量的 Al_2O_3、Fe_2O_3、CaO、MgO 及有机杂质，密度约 1.0g/cm³，分子式可表示为：

SiO_2（Fe_2O_3，CaO，MgO，Al_2O_3）。硅藻土为多孔、轻质、软质耐火材料，由统称为硅藻的单细胞藻类死亡（1 万～2 万年）之后的硅酸盐遗骸形成。优质的硅藻土呈浅白色，其中 SiO_2 含量≥70%。因密度小，故不单独使用，常与其他骨料混合用于铝镁合金铸件涂料，其隔热性和透气性良好，干燥时间也相应较短。硅藻土粉单独使用效果不好，因其密度过低而微孔过多。

耐火熟料粉指经 1100～1300℃焙烧过的硬质黏土。废旧耐火砖粉也可列为耐火熟料粉范畴，其矿物成分有莫来石（$3Al_2O_3 \cdot 2SiO_2$）、黏土、MgO、Al_2O_3 等较为复杂，经焙烧后属多孔性材料，密度仅 1.45～1.6g/cm³。成分波动较大。单一的耐火砖粉可取代铝矾土，但不宜单独使用，因其密度低，致使涂层疏松，涂料浆液在搅拌时稍有膨胀感。请特别注意：这种耐火熟料粉在市场上往往冒充铝矾土或莫来石等。

（3）高岭土熟料可视为莫来石同质异构矿产物，分子式可表示为：$mAl_2O_3 \cdot nSiO_2$，熔点 1800℃，中性，密度 3.1～3.5g/cm³，线胀系数$4.5 \times 10^{-6}℃^{-1}$，热导率 1.60W/(m·K)。煅烧过的高岭土可作为涂料之骨料。

7.5 铸铁、碳钢、合金钢、高锰钢涂料的经典配方

生产实践中常以铝矾土作内层（第一层）涂料之骨料，使瓷化脱壳性良

好，铸件表面仍似乎留有一层很薄的灰白色残余，不是铸件表面的本色，经抛丸易脱落。铸铁件涂料如骨料完全是石墨粉则很难形成片状的壳层脱落，且几乎是粉状，但可清理干净。铸铁件以100%石英粉作骨料的涂料，开箱后往往难以自动脱落干净。普通碳钢件的涂料比较易成片剥壳脱落，而合金钢件往往脱壳程度远不如碳钢件。高锰钢件如骨料匹配合理也易脱落干净。铸铁件之薄小件不易粘砂，厚大件却易粘砂，而铸钢件往往薄小件不易成片脱壳，厚大件反而易成片脱落……所有这些现象都离不开涂料的科学配方和正确使用。

常用铸件原料主要有钢铁、铸钢、有色金属三种。铸铁主要分灰铸铁、球铁、合金铸铁三大类。铸钢主要分为碳钢、合金钢两大类。有色金属主要有铜合金、铝合金、镁合金。合金钢习惯分为低合金钢、中合金钢、高合金钢三类。高锰钢属高合金钢范畴，但人们往往习惯性把高锰钢单独列为一类。

不同材质的铸件在高温下的液体产生不同的氧化物，有不同的化学属性。不同的骨料和添加剂也有不同的化学属性，这就存在一个如何对应匹配使用的问题。下面就铸铁、碳钢、合金钢、高锰钢四大类钢铁铸件简述相应的经典涂料配方。所谓经典乃指经生产验证是实用有效的。所谓实用，是指资源丰富、来源方便、价廉用得起。有效是指抗粘砂易成片脱落清理，铸件表面光洁。

7.5.1 铸铁类涂料经典配方

铸铁铁液因含C和Si量较高，表面不易氧化，生成氧化铁的量甚少，铁液流动性好，渗透性强，所以铸铁件涂料应该选择不易与铁液发生浸润、抗渗透抗粘砂性强而耐火度高的骨料，显然鳞片石墨是首选。但是，没有必要1～3层都使用石墨涂料，要想既节约成本又不粘砂，且易于成片脱壳清理，除第一层涂料配加石墨粉外，第二、三层不必配加石墨粉，采用桂林5号添加剂配加石英粉即可。石英粉为骨料配加桂林5号极易在高温下陶瓷化，而石英粉涂料必与内层的石墨涂料互为渗透结合为一个整体，浇注铸铁液后将是内外层同时陶瓷化而成片脱壳。至于第一层“石墨涂料”也应该区别不同情况调整配比量，配用薄小件可少加石墨，厚大件宜多加石墨，因件制宜。

铸铁件内层涂料经典配方：

① 1kg桂林5号+9～10kg（石墨+蓝晶石）+水搅拌即可。

② 1kg桂林5号+9～10kg（石墨+石英）+水搅拌即可。

配方①比配方②效果更佳，只是成本稍有差别：蓝晶石粉约1500元/吨，石英粉价约600元/吨，除了蓝晶石粉和石英粉外，可否加别的骨料呢？可以用铝矾土取代蓝晶石或石英粉，但效果不如用蓝晶石粉（不论是脱壳效果还是铸件表面质量），而正品铝矾土价格并不低，与蓝晶石相当。

学术界曾有过球铁涂料不宜加石墨粉之说，此说法没有科学依据。石墨涂料对球铁生产没有害处，不要把干砂负压常规生产的球铁强度较低、皱皮缺陷严重与涂料中的石墨混为一谈。合金铸铁的涂料原理类同，碳、硅成分较高，只是合金成分比例不同而已，可用石墨涂料。

石墨粉是选鳞片石墨还是选土状石墨呢？从脱砂效果上讲，鳞片石墨优于土状石墨；从成本上讲，鳞片石墨高于土状石墨。鳞片石墨抗浸润性强，涂料配制搅拌的时间稍长。综合地考虑，可以鳞片石墨与土状石墨搭配使用，比例灵活掌握。至于外层（除第一层外的各层）涂料，则采用桂林 5 号配加石英粉即可。

7.5.2 碳钢类涂料经典配方

碳钢类铸件与铸铁件在化学成分上的差别就在于含碳量低，含硅量也低，所以钢液易氧化，表面易生成较大量的氧化铁。当氧化铁的量达到一定量时，氧化铁与涂料层之间易形成松脆的可剥离层，涂料层也形成烧结层，成片脱离铸件表面，这就是为什么铸钢件的涂料易成片脱落的原理。对于碳钢件而言，石墨涂料同样是不粘砂的，但石墨用于碳钢涂料往往会发生增碳，而且石墨可以阻止钢液表面的氧化铁向涂层渗透，不利于涂层烧结剥壳，所以碳钢及合金钢涂料往往不配加石墨粉。

碳钢内层涂料经典配方：

① 1kg 桂林 5 号＋9～10kg 蓝晶石＋水搅拌。

② 1kg 桂林 5 号＋6kg 蓝晶石＋3kg 宝珠砂＋水搅拌。

③ 1kg 桂林 5 号＋9～10kg 石英粉＋水搅拌。

④ 1kg 桂林 5 号＋9～10kg 铝矾土＋水搅拌。

以上最佳配方是①。

配方②成本高且涂挂性不如①，因为宝珠砂的密度过大。

特别注意： 切勿使用宝珠砂微粉（多属下脚料）。

配方③成本较低，悬浮性和涂挂性同①，但抗粘砂性较差。

配方④在铝矾土质量没有问题的情况下抗粘砂性比③强些，但铸件表面往往有极薄的铝矾土灰膜残余。

如果第一层的涂挂厚度合适并均匀，其余各层可以只配加石英粉骨料。

7.5.3 低、中、高合金钢内层涂料经典配方

合金钢与碳钢的区别是合金的含量不同而已。因合金的含量不同，钢液高温氧化物的成分与量也不同，但几乎都是碱性氧化物，要想获得不粘砂的铸件，显然不宜用酸性的石英粉或锆英粉涂料，选用中性骨料粉为宜。作为中性而抗粘砂性和可脱壳剥离性较理想的骨料有：蓝晶石、莫来石、棕刚玉、宝珠砂、铝矾土等。从综合性能考虑，选蓝晶石和莫来石为佳。从资源考虑，首选蓝晶石。现市场上的莫来石可说100%是人工合成的，有的真假难分，而蓝晶石也分产地不同。据多次反复的科学检测，目前我们认可适用于作铸造涂料的蓝晶石为澳大利亚和印度产的，南非产的蓝晶石含某种元素对皮肤有不良反应，河南省南阳蓝晶石矿藏丰富，但常含某种低熔点矿物成分，用于作涂料骨料易粘砂。这些都是在选材上必须注意的问题。

合金钢铸件内层涂料经典配方：

① 1kg 桂林 5 号＋9～10kg 蓝晶石＋水搅拌。

② 1kg 桂林 5 号＋6kg 蓝晶石＋3kg 宝珠砂＋水搅拌。

配方①为首选。

配方②与蓝晶石搭配使用，蓝晶石占 60%以上则悬浮性基本可以。

除内层外的各层涂料采用桂林 5 号配加石英粉即可。

7.5.4 高锰钢铸件经典涂料配方

全国各地的高锰钢生产多采用资源丰富、价格便宜的镁橄榄石粉做骨料。

首先要了解，我国丰富的橄榄石资源中有三类橄榄石：

① 不含结晶水的镁橄榄石——以河南西峡为代表产地。

② 含结晶水（15%～18%）的镁橄榄石——湖北宜昌为代表产地。

③ 钙镁橄榄石——辽宁大石桥为代表产地。

①和②可作涂料之骨料，③不宜作涂料骨料用，因其含 CaO 过量。

②用作涂料时必须先经 1000℃左右焙烧（消除结晶水），否则铸件表面有微小气孔。

高锰钢铸件涂层经典配方：

1kg 桂林 5 号＋9kg 镁橄榄石粉＋0.5～1kg 镁砂粉＋水搅拌。

具体说明如下。

① 为什么要加 0.5～1kg（即总粉料量的 5%～10%）的镁砂粉？

因为从矿山所采的橄榄石矿所含氧化镁（MgO）量是个不确定数，含量有高有低，高锰钢液是碱性较强的钢种，当橄榄石粉中氧化镁（MgO）含量低于40%时易发生粘砂，尤其是厚大件或有沟、槽、拐弯件，骨料粉中加入适量镁砂粉（MgO）可以补充粉料中MgO量的不足，提高抗粘砂性。

② 为什么桂林5号：(橄榄石粉+镁砂粉）是1∶9而不是1∶(9～10)?

因为橄榄石粉中含有少量的CaO，再加上5%～10%的镁砂粉，会使其干强度有所下降，故宜按1∶9配制，若需较高强度可按1∶(8～9）配制。

③ 为什么镁砂粉不宜多加?

MgO量过大之后会导致涂料浆液的使用性能恶化，浆液易结板，难涂挂。

7.6 一种涂料通用于所有不同材质铸件的经典配方

铸铁、碳钢、合金钢铸件能用同一种涂料而达到极佳效果吗? 能，绝对能。

首先要肯定，这种涂料的骨料必须是中性的化学属性，而且具有对钢铁液极佳的抗浸润性和抗粘砂性，耐火度也相应较高，这样的涂料必定能用于各种不同材质的铸件。

所有铸件通用一种涂料的经典配方：

桂林5号+特种陶瓷粉=桂林6号

用法　① 粉状桂林6号+适量水搅拌均匀即可。

② 各种铸件只第一层（内层）刷桂林6号涂料。

③ 第一层外的各层刷桂林5号石英粉涂料即可。

优势　① 高温陶瓷化效果特佳，抗粘砂性极强，涂层不清自脱。

② 悬浮性及涂挂性良好，涂层烘烤与浇注不开裂。

③ 成本不足锆英粉涂料的1/4，而效果与适用性比锆英粉涂料强得多。

④ 铸件清理工费的节省远超过涂料的成本。

⑤ 一料适用于所有铸件，便于铸造工厂简单化稳定化管理。

7.7 如何使铸铁石墨涂料成片脱壳?

传统配制的铸铁石墨涂料不管有多高的浇注温度也是无法成片脱壳的，只能以粉状清理脱落，因为石墨粉与传统的黏结材料混合的涂料层在高温下无法发生陶瓷化转变，黏结剂炭化为粉状而石墨“还原”为原态（粉态)。涂料层在高温铁液浇注之后成片脱壳有两个缺一不可的条件：一是涂层不粘砂，不粘砂才能“脱”；二是涂层成块状坚硬化才能成“壳”，最佳坚硬化的转变形式就是高温下陶瓷化。所以，自有铸铁生产技术的 2000 多年以来，铸铁石墨涂料都是以粉状形态人工清理的，黑色的粉尘污染严重，铸铁石墨涂料成了清理工“黑脸白牙”的代名词。

土状石墨的耐火度在 2000℃以上，鳞片石墨的耐火度可达 3700℃，常规合金钢最高的浇注温度也不过是 1700℃左右。桂林 5 号粉配制涂料，其自身在 750℃以上可向陶瓷化转变，对耐火骨料粉同样具有很强的促进陶瓷化（催瓷化）作用。其实，自古以来的铸铁石墨涂料并非是以 100％的石墨作骨料，多与一些其他矿物粉或多或少的搭配使用，常见的如石英粉、铝矾土、滑石粉等。科研与生产实践表明，涂料的骨料中以 80％的石墨粉＋20％的蓝晶石粉或耐火陶瓷粉足以使壁厚 200mm 的铸铁件完全无粘砂缺陷，如果把铸铁件壁厚分为四类：薄（＜10mm）、中（10～40mm）、厚（40～100mm）、特厚（＞100mm），配制石墨涂料时以石墨粉量分别为 20％、40％、60％、80％，而优质蓝晶石量分别为 80％、60％、40％、20％，配加桂林 5 号粉 10％就足以使涂层成片脱壳，桂林 5 号掺用脱壳强化剂则脱壳效果更好。

7.8 如何使薄小的钢铁铸件涂料成片脱壳?

薄小钢铁铸件由于热容小，冷却较快，不足以使涂料层实现完全陶瓷化转变，所以铸件开箱后不易脱壳。解决这个问题有以下几点措施。

① 采用抗粘砂性好而易高温陶瓷化的骨料粉配加桂林 5 号调配涂料。

② 提高钢铁液的浇注温度，铸铁件宜 1500℃以上，铸钢件以 1650℃左右为佳，提高浇注温度有利于促进涂料层陶瓷化。

③ 多件组箱组型，在不违背工艺原则和浇注系统设置规则的前提下，多件集中等于增加整体热容量，钢铁液凝固后能维持较长时间的持续高温，有利于涂层陶瓷化转变。

“铸钢件越薄越难清理”，这是一个普遍性的现象，也是中外铸钢史上的难题，铸钢涂料多属烧结型，涂料层烧结脱壳需要满足两个条件：一是钢液表层（铸件表面）产生足量的氧化铁，二是涂层处于一定高的温度且持续一定的时间，也就是前面曾经说过的，任何物化变化过程都需要一定的时间，没有时间就实现不了“变化”。由于铸件小而薄，氧化铁量和时间量两个条件都不具备，显然是很难成片脱壳的，薄小铸钢件往往还不至于粘砂，涂层粉状尚易清理，薄小铸钢件要想涂层易脱壳清理，选择强效陶瓷化的黏结剂和强效抗粘砂的耐火骨料粉十分重要。

桂林 6 号涂料能使各种钢铁铸件浇注后涂料层高效脱壳，极易清理。桂林 6 号涂料是由桂林 5 号（复合添加剂）配加特种陶瓷耐火骨料粉制成，分水基和醇基两种，是粉状具强效脱壳性的成品涂料，水基桂林 6 号加水搅拌 30min 即可使用，醇基桂林 6 号加乙醇搅拌 5～6min 即可。

8

消失模铸造耐磨颗粒渗铸剂的发明与应用

（中国发明专利号：ZL201710838473.2）

8.1 耐磨颗粒层与高强高韧基体复合的消失模铸造技术

对于一些特殊要求的铸件，既要工作面耐磨，又要铸件本体具有高强度、高冲击韧性。这类铸件往往是某一种合金难以实现的，比如粉碎机的锤头、渣浆输送管道、平面磨板等。这类铸件可以在灰铸铁、球铁、碳钢件的表层铸合上一层耐磨颗粒，直观地说是类同于铸件表面有一层厚度均匀、渗透程度均匀的机械粘砂。这样，该铸件就是高强高韧与高耐磨性的双层复合。

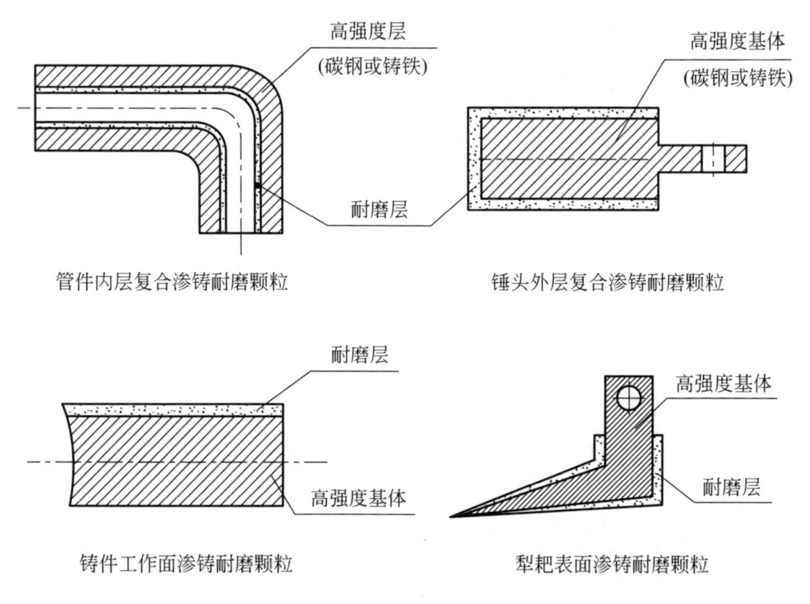

图 8-1 铸件复合渗铸层示意图

这种双层复合铸造方法采用砂型铸造或V法铸造等铸造工艺是难以实现的，唯消失模铸造具有独到的优势，可以说是消失模铸造工艺的特定因素推进了耐磨颗粒层与高强高韧层复合铸造技术的创新和发展。

8.2 渗铸工艺有别于嵌铸或熔铸工艺

这种耐磨颗粒渗铸法与常见的固-液“嵌铸”是两码事，固-液双金属“嵌铸”也称“包铸”，是两种合金嵌包于一体，往往是内部为固态合金，外部为后浇注的合金液，依靠外层合金液凝固收缩把固态合金包住嵌紧，二者非熔合为一体。见图8-2示。

液-液复合铸造是两种金属液熔合为一体，称“熔铸”。见图8-3示。

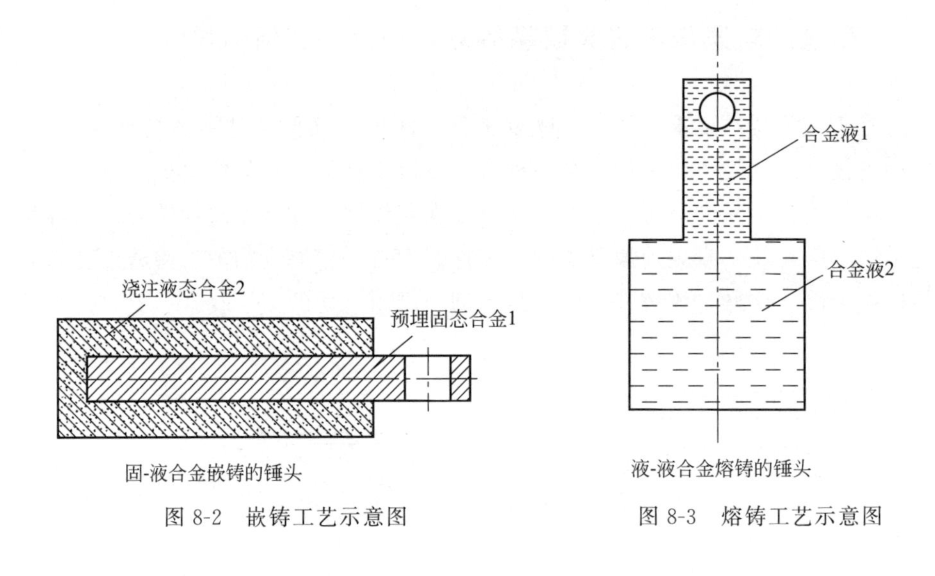

图8-2 嵌铸工艺示意图

图8-3 熔铸工艺示意图

8.3 耐磨颗粒层渗铸机理

耐磨颗粒层渗铸直观结构形式类同于机械粘砂。机械粘砂即金属液无规则地渗透于砂粒的空隙之间，冷却后即把砂粒包住并连成难以用外力分离的一个整体并与铸件本体连结，但机械粘砂层是不可能均匀渗透的。复合耐磨颗粒层渗铸是相对均匀的渗透量和渗透厚度。所以，二者仅是直观的结构形式上类同，而渗入金属液的途径与方式不同，即渗铸机理不同，渗铸是“消失让位”渗透，机械粘砂是“固有间隙”渗透。

高温高流动性的金属液在负压铸型中是无孔不进的，如何给金属液创造渗铸的条件和相对均匀的渗铸缝隙呢？而这些缝隙必须在金属液充型之瞬间形成。方法就是在白模表面涂覆一层除耐磨颗粒之外能迅速挥发而让出位置，耐磨（颗粒）却不发生位移的物质层，这种物质称涂覆剂。

所谓涂覆可理解为涂与覆结合，或叫涂抹，比如往墙上刮腻子可以说是涂抹或涂覆的一种形式。这是涂覆与常言所说的刷涂料（指刷涂、浸涂、流涂、喷涂）有别之处。

泡沫模样表面黏附的高温可挥发气化的渗铸剂与耐磨颗粒混合层，在金属液充型之后，高温热量向混合层传递，混合层中的可挥发性黏结剂发生气化，负压作用强力把气化物抽走，并对金属液产生抽引力，加快了金属液的渗透速度，如同穿透性粘砂，而混合层之外表是一层 0.5mm 左右厚的抗粘砂涂料层，金属液的穿透至此即受阻止步，从而形成光洁的耐磨颗粒层表面，并维持了复合铸件既定的几何形状与外观。如图 8-4。

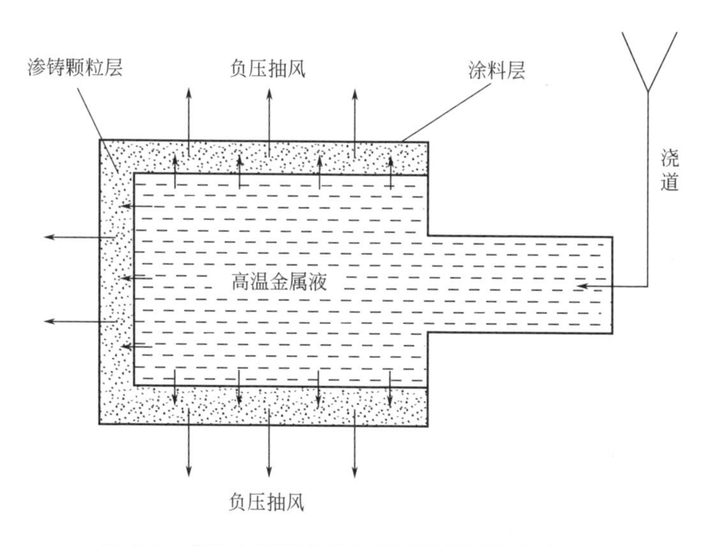

图 8-4　高温金属液充型向耐磨颗粒层渗透示意图

8.4 渗铸剂的基本组元及其性能

本发明的耐磨颗粒层渗铸剂称为“中铸 ZN 型渗铸粉剂”。其组元如下。

Z 型组元　150℃内可由固态转化为液态，并迅速气化的有机物为主要成分，水溶性，有黏结作用，无毒无异味，使用洁净化。

N 型组元　300℃可炭化且有一定的残余强度的有机物为辅助成分，非水溶性，无毒无异味，使用洁净化。

Z+N 型混合　在高温下挥发气化让位给金属液渗透，而留下的耐磨颗粒在 N 组元的作用下不发生位移，而是恰到好处的按既定的位置连成有既定空隙的一片。这是 N 型组元最重要的性能特点，其在涂覆粉剂中占 15%的质量比。

干粉态渗铸剂的密度　$1.6g/cm^3$。

渗铸剂的配比量、挥发温度、挥发速度、挥发残余量及其适宜的残余强度是渗铸工艺成败的关键性因素。

8.5　耐磨颗粒渗铸层的“铁-粒”比例及其厚度的控制

耐磨颗粒渗铸层的铁液与耐磨颗粒的体积比例视不同铸件及铸件所承受的不同工况条件进行调节，由于涂覆剂是低密度物质，体积比相当于铸铁或铸钢的 4 倍左右。所以，耐磨颗粒渗铸层的“铁-粒比例”常以体积比来控制。关于这个问题将在下一项技术发明——消失模铸件渗铸金刚砂的方法中做具体阐述。

不同的金属液和金属液在不同的温度下有不同的流动性和渗透性，在常见的合金铸件中，铜合金液的流动性极佳，渗透性也极强，次之是铸铁液，碳钢或合金钢液的流动性和渗透性不如铸铁液。同是铸铁或碳钢液，因化学成分不同，其流动性和渗透性也有很大差别。因此，搞耐磨颗粒层渗铸对不同的合金要区别对待。另外，耐磨渗铸层涂覆混合剂中铁液体积与耐磨颗粒的体积比例不同（即可挥发的涂覆剂占的体积比不同），其渗铸效果也大有不同。所以，耐磨颗粒渗铸层的厚度通常是在 1～6mm，根据实际情况而定，总的来说，考虑以下几个因素。

① 铁液所占的体积越大，渗铸效果越好，渗铸层的厚度可偏上限，反之偏下限。

② 铁液的流动性和渗透性好，渗铸层的厚度可偏上限，反之宜偏下限。

③ 渗铸层附近及渗铸处的铸件断面越厚大，渗铸效果越好，渗铸层的厚度可偏上限。

④ 耐磨颗粒的粒度越大，则铁液可渗入的空隙越大，渗铸厚度可偏上限。

⑤ 耐磨颗粒的形状越偏圆形，则铁液可渗入的空隙越大，渗入的阻力越小，而多角形的空隙较小，渗入阻力较大，故圆形颗粒比多角形颗粒更有利于

铁液渗入，渗铸层可适当偏厚。

⑥ 实施渗铸工艺以先对泡沫模样实施富氧烧空为佳，烧空过程涂覆层受高温作用可提前气化，为浇注时的铁液渗透提前创造条件。

⑦ 铁液的浇注温度宜高不宜低，充型速度稍快为好。

⑧ 浇注过程的负压宜高不宜低。

9 金刚砂复合耐磨层渗铸技术的发明与应用

（中国发明专利号：ZL201711457063.2X）

9.1 金刚砂（碳化硅）简述

金刚砂学名碳化硅，化学式为 SiC，是一种无机物，采用石英砂、石油焦（或煤焦）、木屑等原料通过电阻炉高温合成（图 9-1）。中国工业生产的碳化硅分为黑色和绿色两种，均为六方晶体，密度为 3.20～3.25g/cm^3，显微硬度为 2840～3320kg/mm^2，莫氏硬度为 9.5 级，仅次于世界上最硬的金刚石（莫氏硬度 10 级）。

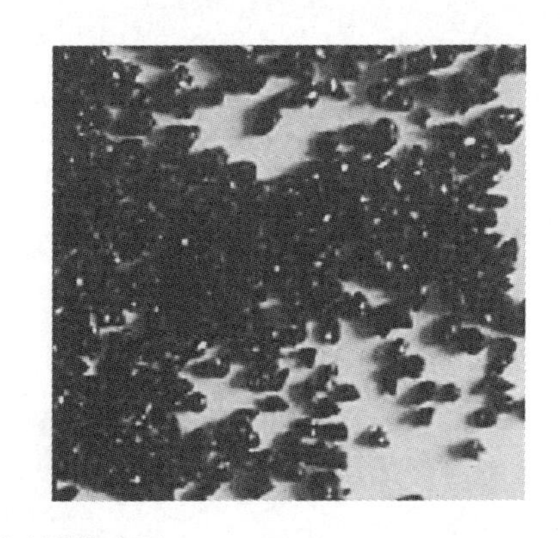

图 9-1　金刚砂颗粒实照

纯碳化硅是无色的，而工业生产的碳化硅呈棕色至黑色是由于含铁，而晶体上有彩虹般的光泽则是因为其表面生成二氧化硅保护层所致，黑碳化硅含 SiC 量为 95%，其韧性高于绿碳化硅。绿碳化硅含 SiC 量为 97%以上，自锐性好，多用于加工硬质合金、钛合金和光学玻璃。

碳化硅化学性能稳定，热导率高，热膨胀系数小，耐磨性能好，多用于磨料，铸冶工业上常用于炼钢脱氧或改善铸件的组织，或以其他特殊的工艺把碳化硅粉涂布于水轮机叶轮或缸体内壁，可提高耐磨性，延长使用寿命1～2倍。碳化硅具有耐磨蚀、耐高温、强度高、冲击性良好等特性。

中国现有碳化硅生产企业约300家（生产块状碳化硅），产能约300万吨/年。加工碳化硅砂粒或碳化硅微粒的企业约400家，年加工金刚砂粉的能力约300万吨。用于钢铁铸件渗铸耐磨层的碳化硅（金刚砂）粒度从0.1～10mm都有。

9.2 涂覆膏（渗铸剂+金刚砂+水）的配制

复合铸造金刚砂耐磨颗粒层之第一道工序就是按比例配制涂覆膏：渗铸剂粉料＋金刚砂＋水。

重要的是如何确定渗铸剂与金刚砂的比例，实际上也就是先确定复合耐磨层的砂与铁的比例。由于各自的密度不同，所以铁砂比以体积比来表述比较直观，即铁和砂在复合耐磨层中各占多少比例的体积。

一般说来，复合耐磨层中，铁的体积比应≥30%，但也不宜>70%，如果铁的体积比<30%则砂粒之间过于致密而使钢铁液难以渗透，影响渗铸质量，砂与铁达不到牢固铸合的效果。如果铁的体积比超过70%，则耐磨层的砂量太少，砂与砂之间充填的铁量过多，则会影响耐磨性能，达不到高耐磨的效果。所以，复合耐磨层的铁砂比是视工件不同的要求和不同的工作条件而定。特殊用途的复合层另当别论。

从我国的金刚砂的丰富资源和综合性能考虑，复合渗铸的金刚砂宜选用黑色碳化硅，粒度以0.5～5mm为宜，密度为3.2g/cm^3。

我们研发的渗铸剂粉料密度是1.6g/cm^3，恰好专门调节为金刚砂密度的1/2，这样方便铸造企业生产一线的操作工人计算配制涂覆膏的粉砂重量比和复合层的铁砂体积比。复合层的使用性能主要是从铁占的体积和砂占的体积来直观考虑，常用的比例是：3∶7、4∶6、5∶5、6∶4、7∶3。

换算举例

取2kg渗铸剂粉料＋3kg金刚砂，配制的涂覆混合料所得到的复合渗铸层中，铁占的体积是40%，金刚砂占的体积是60%。

料状渗铸剂＋金刚砂＋水适量→搅拌20min，即得到所需的涂覆膏。

水的加入量视涂覆工艺需要的黏稠度而定。

9.3 涂覆方法

由于常用的金刚砂粒度多为0.5～5mm，如配成像常规涂料类同的浓度是难以保证悬浮性和涂挂性的，而且不宜采用浸涂或流涂的方式，这样涂挂表面难以光滑，而且难以保证粉砂比例均匀，所以一般不采用浸涂或流涂的浓度与涂覆方式，而是类同于牙膏或刮墙腻子的黏稠度，采用刮涂或抹涂的方法，这样可以相对保证涂刷顺当、涂层厚薄均匀、涂层的粉砂比相对均匀，不方便刮涂的部位（比如拐角处）可用手指抹涂。

根据涂覆层的厚度，1～2mm厚的通常是刮涂一遍到位，如需分二遍或三遍刮涂，则宜烘干一层再刮下一层。如果由于所用的金刚砂粒度较为粗大，为了提高表面的光滑度（也是为了提高铸件耐磨复合层的表面粗糙度），可以用细粒度的金刚砂（0.1～0.5mm粒度）按同样的粉砂比调配细腻的涂覆膏，在粗粒层烘干之后再在其表面涂覆一层薄薄的细砂涂覆膏，而后烘干即可。

如果某些泡沫模样表面质量的特殊原因而涂覆层的黏附力不足或涂覆不良时，在某表面稍刷涂一点8%～10%浓度的松香乙醇溶液即可轻松涂覆。

9.4 涂覆层的厚度与表面光滑度

9.4.1 涂覆层的合理厚度很关键

任何事物都有个“度”。渗铸耐磨层的厚度即涂覆层的厚度，需视以下不同情况综合性地取最佳值。

① 视渗铸层处铸件的厚度和整体铸件的大小，这就是铸件整体与渗铸部位的热容越大，钢铁液在此处液相态的时间越久，可向复合层渗透的机会就越多，越强。反之，薄小件热容小，可渗透时间短，渗透深度则微。

② 视复合层涂覆剂的粉砂比例，粉（可气化挥发成分）量多，钢铁液可渗透的空间体积大，粉量少则钢铁液可渗透的空间体积小，金刚砂粒之间的缝隙小，钢铁液渗透受阻，渗透困难，渗而不透则铸合不良。

③ 视钢铁液不同的化学成分，一般说来，铸铁液在同等温度和同等流量下，其流动性和渗透性比铸钢液强，凝固温度低，即在铸型内液相态时间长。同是铸铁液则视化学成分不同而异，高C、高Si、高P铁液流动性和渗透性更好。

9.4.2 涂覆层表面粗糙度可调整

如果涂覆层选择的金刚砂粒度较粗且粉砂比较小的情况下，往往涂覆层表面刮涂的程度不是很光整平滑，这样对铸件的外观质量和使用性能可能有所影响，比如泵壳的流道，表面过于粗糙会影响扬程，管道内壁过于粗糙会给流体增大阻力，影响流速与流量。所以，对于有必要提高耐磨层表面粗糙度的铸件，在其白模刮涂复合层膏料时，可以在粗粒层烘干之后再在表面涂刷薄薄一层细粒度金刚砂（0.1～0.5mm 粒度）配制的膏料，此层的粉砂比原则上与前刷覆的粗粒层粉砂比相同，涂刷厚度 0.3～0.5mm 即可。

9.5 整体模样涂料的涂刷与烘干

操作要领

① 渗铸涂覆膏复合层的烘干温度≤35℃。

② 整体模样刷涂料后的烘干温度 40～45℃。

③ 整体模样刷涂料。

模样上的渗铸涂覆膏复合层烘干后，整个模样可浸涂、流涂或刷涂第一层涂料。第一层涂料烘干后，涂覆膏复合层处不再加刷涂料，即复合渗铸层只刷一层涂料就可以了，复合层外的其他部位照常规刷第 2、3 层涂料，并逐层烘干。

涂覆膏复合层处只刷一层涂料且限其厚度≤0.5mm，意在防止铁液以毛细孔形式继续渗透于填充砂中，铁液渗至复合层外表后，其渗透力已很弱，0.3～0.5mm 薄层涂料（骨料粉 200 目）即可阻隔其继续渗透，故不需再刷第 2 层。如此处涂料层过厚，势必影响真空负压对铁液的“抽吸力”，易导致复合层之外表铁液渗透程度不良。

在未对模样整体刷涂料之前，复合层内可气化挥发的成分在 35℃以上有软化之趋势，所以复合层单独烘干的温度限≤35℃。而模样整体刷了涂料之后，复合层外表有一层涂料保护，在 40～45℃范围内复合层已被外表的涂料层固定形状，不会发生蠕变。这样既考虑了涂料烘干的周期，又达到了保护复合层的目的。

模样整体刷涂料按常规调节浓度，浸涂或刷涂均可。

9.6 装箱造型与烧空浇注

9.6.1 装箱造型注意要点（图 9-2）

① 复合渗铸耐磨层铸造的模样按常规装箱填砂造型。

② 内浇口不要远离复合渗透部位，铁液尽可能近程渗透。

③ 内浇口不宜直接地对接复合层开设，因其耐冲刷性有限。

④ 复合渗铸部位尽量摆放在铸件的底部或下部，可利用铁液的压力作用加速渗铸。

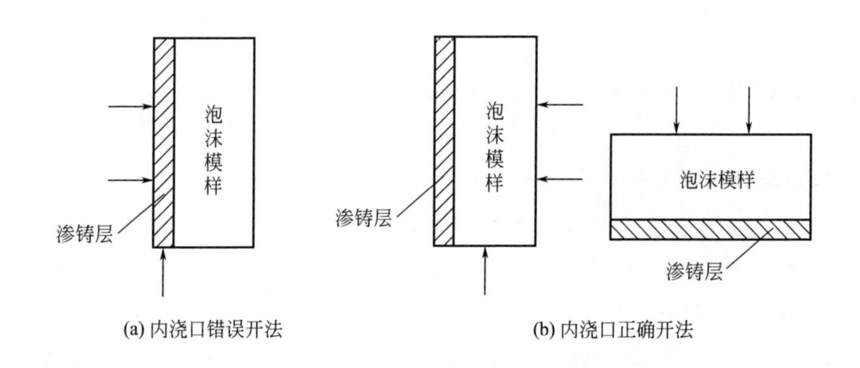

图 9-2 复合渗铸内浇口开设正误示意图

9.6.2 复合渗铸宜先烧空后浇注

① 烧空好处　先把铸型内泡沫烧空后浇注可减少铁液充型前沿降温程度：烧空时复合层相当部分可挥发物得以提前气化而留下空隙，利于铁液渗透，同时，烧空后复合层透气性大增，有利提高真空负压的“抽吸力”。

② 浇注负压　复合渗铸宜高负压浇注，特别是复合层的外侧，装箱时宜增设独立外抽的负压管或负压框架，以增强此处对铁液的“抽吸力”。

③ 浇注温度与流量　复合层渗铸宜高温大流量快速浇注，以利高温铁水尽快充型加速渗透。

④ 高频振动浇注　高频振动能强化铸型内铁液的热力自由能引发的强力运动，提高铁液的渗透力。操作程序：先启动高频振动台→实施富氧烧空铸型内泡沫→大流量浇注→铸件趋于凝固即可停振。见图 9-3。

(a) 复合双层管件(内层金刚砂，耐磨颗粒层厚度3mm)渗铸

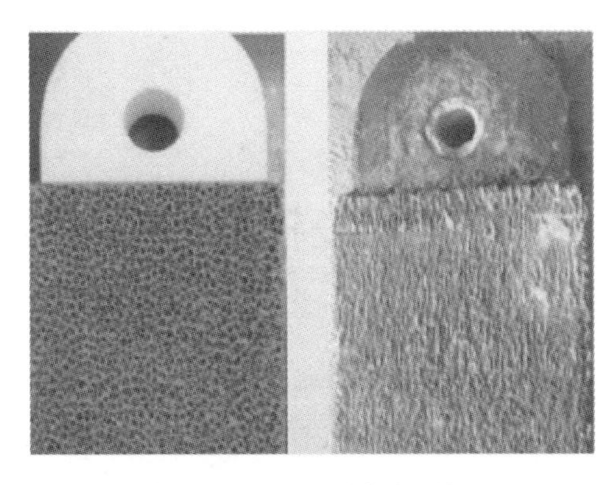

(b) 发泡型多微孔耐磨陶瓷块(厚度35mm)与钢铁液复合渗铸

(c) 大型复合双层[金刚砂(厚3mm)+耐磨合金]螺杆渗铸

图 9-3　中南铸冶示范基地生产的三种复合耐磨层铸件

9.7　复合渗铸双层铸件的热处理

① 金刚砂有良好的化学稳定性和 2000℃以上的耐高温性，所以，随同铸件基体进行热处理不会影响其力学性能和物化性能。

② 应视不同的工况条件和承受负荷的情况选择适宜的基体成分，如复合层处承受高硬度冲击，则基体也应具有高硬度。如果是导轨、滑动耐磨板等无高硬度强力冲击的工件，则不必选择高硬度基体。

10

消失模铸造苯类废气净化技术的发明与应用

（中国发明专利号：ZL201201920257004.6）

10.1 消失模铸造废气中苯类致癌物排放浓度惊人：超标上千倍

消失模铸造析放的废气中，苯类致癌物的浓度常在 20000mg/m^3 以上，看之无影，闻之刺鼻，想之生畏，何谈“代表 21 世纪洁净化技术”？只有重视科学，才能认识污染，治理污染。治理污染是使命，更是责任。

科学的真谛是凭事实和数据说话。国内外消失模铸造界自 20 世纪 90 年代至 2005 年间，通过对消失模铸造中小型铸件实型浇注生产现场检测（注：2005 年前国内外干砂负压消失模铸造绝大多数只能生产中小型铸件，多属件重 300kg 以下的），公布的文献资料和综合数据表明，中小件消失模铸造实型浇注从真空泵排气管中采集气样测出苯系芳香烃类致癌物浓度最高可达 20000mg/m^3 以上，多在 10000～20000mg/m^3，中小件生产条件下，每分钟排气量多在 20～30m^3，相当于每台真空泵每小时排出苯类致癌物的速率可达 2～3kg，这是何等的惊人！中大型铸件生产就更不用说了。

10.2 消失模铸造析放的苯类物的成分及其危害性

消失模铸造析放的苯类物主要有：苯、甲苯、二甲苯、乙苯、苯乙烯及其他芳香族化合物，其中以苯为最多，中小件消失模实型浇注苯排放可高达 8000mg/m^3 以上，中大件实型浇注的浓度就更高了，尤其是高密度泡沫模样的实型浇注。排放浓度仅次于苯的是苯乙烯，常在 3000mg/m^3 以上，再次是甲苯多为 1000mg/m^3 以上。

世界卫生组织国际癌症研究机构于2017年10月已把苯类物列入致癌物清单并公布于世，在120种致癌物清单中，消失模铸造废气中的致癌物就占了多种。

致癌有多种因素，但都离不开空气、水、食物三大要素，而三大要素中的空气是分分秒秒不能少的，显然是三大要素中的要中之要，更何况水与食物也无不与空气污染密切相关。铸造职业，尤其是消失模和树脂砂、覆膜砂铸造行业当属中国癌症新增的高发群体，特别是肝癌和肺癌危险性极大，这是触目惊心的现实。

10.3 消失模铸造先烧后浇技术是有效遏制苯类物析出的环保工艺

干砂负压消失模铸造在浇注金属液的过程中，铸型内泡沫模样物化反应的主要形式是热解，而EPS热解反应有三种形式：气化、燃烧、裂解。EPS燃烧的生成物是H_2O+CO_2，裂解的生成物则是含C和H的小分子的C_6H_6、C_8H_{10}、C_8H_8等苯系致癌物。

消失模铸造先烧后浇关键之处是一个“烧”字，供氧正常才能烧，富氧状态才能充分燃烧（俗称旺烧），EPS在富氧氛围中燃烧，基本上避免了裂解反应的发生，没有裂解反应则不可能产生C_6H_6等苯系致癌有害气体，在铸型内的EPS泡沫即使局部有裂解反应也必然是轻微的现象，析放的苯类物浓度甚低，在正常的富氧烧空过程中，苯类物的排放浓度可以低至或接近于环保排放限制标准。为此，我们完全有理由、有足够的理论依据负责任地指出：正常状态的消失模富氧烧空浇注工艺是真正环保化的先进工艺。

当然，在工业化生产实际中，富氧燃烧先烧后浇工艺的实施也不可能做到件件、时时都能达到“正常状态”，总会有局部的部位处于非正常燃烧状态，这就说明在实施富氧烧空浇注的同时+废气净化处理才能万无一失。

关于这个问题，还是要用科学检测的数据说话，因为事实（实实在在的科学检测数据）胜于雄辩，一切争辩都必须服从科学。

根据具国家资质的环境监测法定机构（桂林金桂环境监测有限公司）历时两年多在中南铸冶消失模铸造科研示范基地生产现场多次检测提供的数据表明：

消失模实型浇注的铸件单重1500～2000kg（中大型）的碳钢件，浇注过程排出的烟气中，仅苯、甲苯、乙苯、苯乙烯4种有害物的总浓度在13000～

15000mg/m³ 范围，其他芳香烃多为10000mg/m³ 以上，即有害物总浓度多在25000mg/m³ 左右。

实施富氧烧空浇注的同类碳钢铸件单重1500～2000kg，常规富氧烧空度90%左右，其苯、甲苯、乙苯、苯乙烯4种有害物排放总浓度降至30～40mg/m³，相当于实型浇注排放浓度的1/500，其他芳香烃降至约350mg/m³，相当于实型浇注的4%左右。如果中国消失模铸造企业全面推行富氧烧空浇注，那么对其苯类废气的净化处理就会有利得多。

消失模富氧烧空浇注技术发明于2018年，至今推广应用已有1000多个厂家，推广速度之快为中国铸造史上少见，然而就中国3000多家消失模铸造厂而言，至2020年仍然处于实型浇注状态的却还有近2000家，仍占行业的多数。

10.4 消失模实型铸造大量致癌废气的危害迫使我们对其宣战

消失模实型铸造大量（超过国家环保排放限值上千倍）析放苯类致癌废气在整个国际铸造界已是无争的事实。有危害就必须除害，有污染就必须治理污染，这是我们义不容辞的使命和历史责任。

对苯类致癌废气的科研攻关应从何处着手？毫无疑问是从富氧烧空灭其碳源入手。既然EPS在富氧氛围中燃烧可以最大限度地避免裂解反应，最大限度地消除苯类小分子气体的析出，这就是可行可靠的科学之路。笔者在中南铸冶材料研究所2008年攻克了消失模富氧烧空浇注大关，随后又攻克了为富氧烧空浇注提供可靠技术保障的特耐烧耐冲刷的高温陶瓷化少无粉尘涂料大关。但是，正如前面所述，消失模铸件工业化大生产不可能件件或时时都能做到“正常烧空”，总还有局部或少数难以“正常烧空”或无法烧空的地方，因为铸件结构不同或生产条件不同。遵循科学的规律和生产的实际情况，难以做到的或根本无法做到的就不要勉强为之，不可能或不便烧空的模样就不要硬着头皮勉强烧之，这才是从实际出发治理污染和发展中国消失模铸造工业的科学观。所以，我们的攻关思维和攻关目标是：突破阻力推广应用富氧烧空工艺与苯类废气高温富氧净化处理相结合，双管齐下治理消失模铸造优质环保化大关。

为此，中南铸冶消失模铸造科研团队于2018年投入了消失模铸造苯类废气高温富氧超常压净化项目的研发，历经挫折，终在2020年3月获国家发明专利授权，至 2020 年 12 月得以全面的技术完善。

10.5 消失模铸造苯类废气净化装置（中铸 1 号）发明成功三部曲

笔者的攻关方向是以高温富氧氛围超常压迫使苯类物充分氧化反应生成 H_2O+CO_2 而得以净化排放。高温的来源需要能源，当代工业三大能源是煤、天然气、电。电能是可再生能源（水电、风电、核电、太阳能发电），也是真正洁净化能源。因此，笔者的研究必须是煤、气、电三大基本能源都能在净化装置中得到充分、合理、科学和安全的应用。攻关分三步进行。

10.5.1 “中铸 1 号”航空涡喷燃煤高温富氧超常压苯类净化装置

本装置是充分利用我们科技团队于 2007 年荣获国家科技发明奖和国家科技创新奖的航空涡喷炉的燃烧原理（火箭涡喷燃烧原理），在超常压的高温强化燃烧室内最大限度地延长燃烧路线（1m 距离的炉膛内燃烧物微粒涡喷旋转 20 圈的运动轨迹相当于延长了数十米的燃烧路线），强力的涡喷气流使无烟煤块一层层被气化剥离，并沿着涡喷路线得以充分的强化燃烧，由此达到最高的热效率，而又无重尘排放，在高温富氧超常压状态下，苯类可燃物充分氧化燃烧生成 H_2O+CO_2，得以高效净化排放。此装置于 2019 年 2 月获得成功，商标注册：中铸 1 号。见图 10-1 和图 10-2。

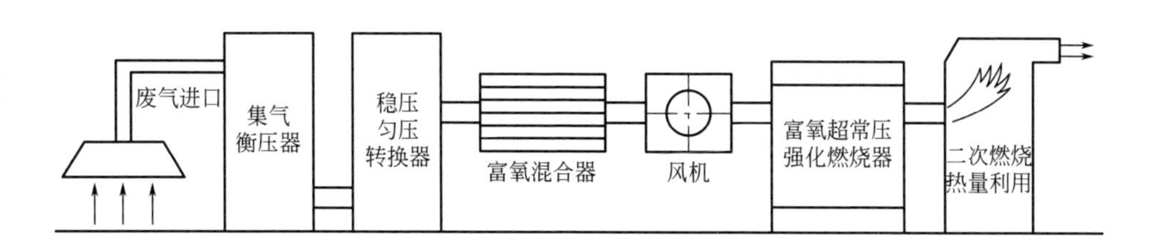

图 10-1 “中铸 1 号”工艺流程示意图

性能指标如下。

燃烧室内温度 1350～1400℃，无黑烟重尘排放，苯、甲苯、乙苯、苯乙烯等净化率均稳定＞99%，出口火焰温度 800～1000℃（加热、烤包等综合利用），连续高温强化燃烧状态下每小时耗煤 20kg 左右（单做净化处理时可间断性运行，耗煤量减少），相当于 175～200kW 热功率。

图 10-2 “中铸 1 号”燃煤净化消失模铸造废气运行实照

10.5.2 “中铸 1 号”航空涡喷式燃气高温富氧超常压苯类净化装置

以天然气为燃料的苯类净化装置同样是应用火箭涡喷燃烧的原理，使天然气在燃烧室内得以充分燃烧，而苯类可燃物沿着其涡喷路线强化燃烧，充分氧化反应生成 H_2O+CO_2，但煤是块状固体，燃烧过程毕竟与天然气大为不同，故关键技术是燃烧室的结构不一样，涉及鼓风气流、天然气输入方式、燃烧温度及燃气量和使用安全性等一系列新问题。经过为期 8 个月的反复试验和多次的改进，于 2019 年 10 月获得理想的成功应用。见图 10-3。

性能指标如下。

燃烧室内温度 1100～1200℃，苯、甲苯、乙苯、苯乙烯等净化率达 99%（可烤包加热等综合利用），连续高温强化燃烧状态下每小时耗天然气 16kg 左右（单作净化处理时可间断性运行，耗气量减少），相当于 170kW 热功率。

10.5.3 “中铸 1 号”电热航空涡喷式高温富氧超常压苯类及 SO_2 净化装置

电能是资源较丰富的洁净化能源，在中国，水电、风电、太阳能发电的资源丰富且可再生，全国所有铸造厂都有电力供应，为此，本项技术发明的第三步是攻克电能对苯类废气净化的科学利用。见图 10-4。

图 10-3 “中铸 1 号”燃气净化消失模铸造废气装置实照

图 10-4 “中铸 1 号”电热净化装置实照

技术指标

① 反应区段温度稳定于 1000℃左右。

② 运行电功率 50～250kW 范围高频调档。

③ 对几种苯类及 SO_2 物净化率可达 99%。

④ 废气净化浓度符合环保限值标准。

10.6 “中铸1号”净化装置的技术关键

① 电热材料（由电能转移为热能的载体）为合金器件，有一定的高温熔点和高温蠕变点，超过某一温度极限时必发生变形或熔断，而净化处理是高温氧化反应过程，整个处理空间和处理流程必须保证既定的相对稳定的高温范围，以1000℃（±50℃）为佳，这就对电热材料的性能提出了很高要求。

② 电热转换载体的工作环境不仅仅是1050℃的高温，而且其工作介质（废气流）含有多种苯类物及CO、CO_2、SO_2和大量的水蒸气，可以说是相当恶劣的介质环境，这与燃煤或燃气的燃烧过程及废气在高温富氧下助燃是完全不同的工作状态，而介质对电热材料的破坏性不可忽视。

③ 电热处理氧化反应的热能变化是强气流运动散热，依照能量守恒定律，电热器件的发热供热量必须大于或等于气流带走（损失）的热量才能维持反应空间1000℃±50℃高温的相对稳定，而且是在既定对等的时限内快速供热，供热滞后则整个净化处理流程失去平衡，无法获得稳定的净化效果。

④ 以上涉及系统的电功率、电热元件高温性能、反应空间体积、反应气流量（真空泵气流量+鼓风机风量）、净化后排放方式与速度、反应空间的压力等科学匹配才能达到既稳定、高效、安全，又能最大限度省电降成本的预期效果。

⑤ 防爆消爆是安全运行的关键与要害，苯类气体（对消失模铸造而言主要是苯、甲苯、乙苯、苯乙烯等）均属易燃易爆物，爆炸极限浓度几乎都在1%～8%之间，根据国内外文献的数据和我们两年多反复的实测结果，消失模实型浇注的苯类气体析出浓度恰恰处于或接近于这一危险的浓度区段，难以预测闪爆现象有随时发生的危险，而爆炸往往对设备有某种程度胀裂性的破坏。在生产实际中，增加苯类废气的浓度以超过8%的上限是不可能、不现实的，普遍的做法是加入不可燃气体降低其浓度，至少要降至0.5%以下，考虑苯类多成分混合气体的复杂性，苯类气体总浓度以降至0.2%以下为相对安全，此外还与气流的压力、流速、排放路径、距离及方式等有关。

⑥ 消失模苯类废气处理最大限度降低浓度的有效手段是实施先烧后浇

消失模铸造实型浇注的苯、甲苯、乙苯、苯乙烯等总浓度常在10000～30000mg/m^3，而且是随浇注过程的变化而变化。10000～30000mg/m^{3}的苯类物浓度，换算成体积百分比已接近或超过1%爆炸极限浓度的下限，靠近或接触高温热源必有爆炸危险。

对于实型铸造而言，往往是钢铁液浇注 20～50s 内即发生爆炸，因为此时段型内泡沫在高度缺氧氛围中热解反应最为激烈，废气中的苯类物浓度达到了高峰期，也就是爆炸危险期，要避免爆炸的发生就必须将其浓度冲淡之后再输入到高温净化系统内。无数次的现场检测表明，用于中小件生产的 50kW 的真空泵（理论气流量 30～35m^3/min）在实型浇注过程的实际气流量常在 15～20m^3/min 范围，如果净化系统附加鼓风量是 60m^3/min，则输入净化系统的气流中的苯类物浓度可降低约 80%，方可提高净化运行的安全性。

对于先富氧烧空后浇注的消失模铸造，正常情况下的苯类物析放浓度本来就比实型浇注低上百倍，其浓度范围是安全的。但是，由于生产因素变化的复杂性和一些不可预测性，也难免在某些情况下偶尔出现不正常或不完全正常的现象，因此，同样也应该将苯类物的浓度以最大限度地冲淡，这才符合安全第一的原则。中铸 1 号装置可靠地解决了这一难题。

苯类气体均属于易燃易爆物，在单一的标准状态下各自有不同的爆炸极限浓度。参见表 10-1。

表 10-1 几种可燃气体的爆炸极限浓度表

物类名称	自燃温度	爆炸极限浓度	闪点
苯	498℃	1.2%～8.0%	−11℃
甲苯	530℃	1.2%～7.0%	4℃
二甲苯	525℃	1.09%～7.0%	30℃
乙苯	430℃	1.4%～7.1%	15℃
苯乙烯	490℃	1.1%～6.1%	31℃
一氧化碳	610℃	12.5%～74.2%	−50℃

注：1. 燃点（自燃温度）：在规定的试验条件下，外部热源使物质表面起火并持续燃烧一定时间所需的最低温度称为燃点，也称自燃温度。

2. 闪点：在规定的试验条件下，液体挥发的蒸气与空气形成混合物，遇火源能够闪燃的最低温度。当闪燃的空间过小而阻碍气体突然膨胀时就会爆炸。

从以上最基本的科学常识中，我们就可以认识到消失模铸造为什么应该提倡和推行富氧烧空浇注，而不应该继续固守半个世纪前的实型铸造工艺。

10.7 “中铸 1 号”净化装置余热的综合利用

三种“中铸 1 号”消失模苯类废气净化装置排放口的温度可控制在 500～

1000℃。燃煤式或燃气式装置因为燃料（煤或天然气）是在燃烧室内燃烧，而苯类物也是在燃烧室内发生燃烧（氧化反应）而得以净化，所以排放口（即燃烧室出口）温度常达800～1000℃。电热净化处理装置的排放气流温度一般控制在500℃左右，因为苯类物在600℃内仍可发生氧化（燃烧）反应，应把热量充分用于净化反应过程，尽量减少散失和浪费。为此，燃煤或燃气的净化装置从燃烧室出口强力喷出的800～1000℃，长达0.8～1.3m的火焰可以综合利用烘烤钢铁（液）包、加热金属炉料、烘干、加热生活或生产用水等。电热净化装置的最终排放气流温度为500℃左右，可综合利用其延续净化SO_2或转换输入烘干房，也可用于生活或生产用水的加热等。见图10-5和图10-6。

图10-5 “中铸1号”燃气燃煤净化装置涡喷余热烤包实照

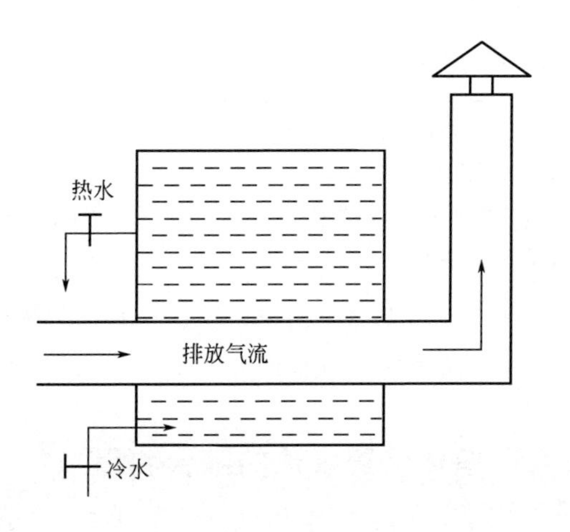

图10-6 “中铸1号”排放余热用于水加热示意图

消失模铸造废气中还含有超标数百倍乃至上千倍的 SO_2 有害气体，SO_2 在以上三种净化装置的高温反应区生成物是 SO_3，在环境标准中，有些国家对 SO_3 的排放已制订了严格的限制，因某些现实状况的局限性，一部分国家目前尚未制订对 SO_3 明确的限制标准，但同样需严格的限制和治理，或许迟早会有法规性的限值排放标准出台。不管已订标准或未订标准，SO_3 是有害气体，污染环境，对其净化和治理是不容置疑的。充分利用苯类废气净化装置的高温排放气流，延续用于净化 SO_3 是一举两得，一套系统两用是科研攻关的方向，也是消失模铸造节能减排多方位环保化的必然方向，此项独特的成果在第 10 项技术发明中另做专题介绍。

10.8 RCO 催化燃烧装置简介

RCO 催化净化装置是十多年来最热门的一种“工业废气净化装置”。

RCO 是指以蓄热方式催化燃烧处理工业废气（VOC）的净化方法。

工业废气（VOC）蓄热催化燃烧 RCO 净化系统如图 10-7 所示。可以从图 10-7 判断其对处理消失模铸造废气的实用性。

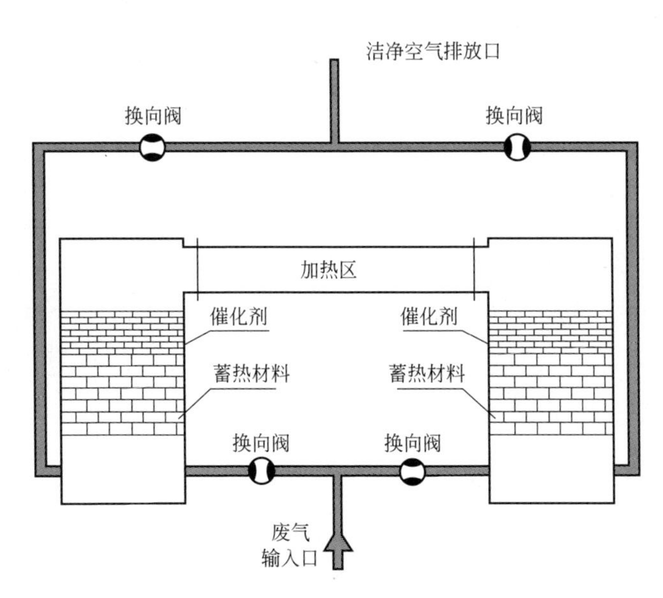

图 10-7 工业废气 RCO 催化燃烧净化系统示意图

从图 10-6 可看出，工业废气（VOC）首先通过陶瓷蓄热材料填充层（底层），经预热后上升到催化层，再持续经过加热区（上层，电能或天然气加热），升温至设定的温度，而后再进入另一端的催化层，在催化层发生催化氧化反应，生成 H_2O+CO_2，反应过程产生的热量由下层（陶瓷材料层）接收蓄热再利用。图中所示左端和右端都有陶瓷材料层和催化层，实际上是废气（VOC）通过换向阀使其反应在左、右两端交替进行，废气的输入与处理后的排放都是由换向阀控制。

这种净化方法与装置在科学原理上是行得通的，但是否适用于消失模铸造废气（苯类$+SO_2$）净化处理呢？先看看这类装置的总体安装的现场实照（图10-8）。

图 10-8 某几个非铸造业的工厂安装的“RCO 净化装置”实拍现场一角

RCO 装置被称为“宏伟而不实用的环保形象工程”，这个庞然大物堪比一栋楼房。

11

钢铁液包内高频振动精炼技术的发明与应用

（中国发明专利受理登记号：201811618120.2）

11.1 传统的钢铁液包内精炼方法常见的三种形式

钢铁液炉前包内精炼是为钢铁液在铸型内形核-结晶创造“先天”的优势，传统的炉前包内精炼主要目的和作用是排气、浮杂、化学成分均匀化及促进起伏相的“短程有序”的原子集团弥散化。如果钢铁液本身“先天不足”（如溶解的气体多、悬浮的杂质多、化学成分不均、可形核的短程有序的起伏相原子集团弥散度差等），其后天（形核结晶）也不可能是“优良品种”，所以自有铸造史以来，古今中外的铸造都十分重视钢铁液在浇注之前的精炼，多为以下三种形式。

① 往包内加入具有除气、除杂或有合金化作用的精炼剂并加以搅拌。

② 往包内通入惰性气体（如氩气等），气泡由钢铁液的底部往上浮动并随压力减小而长大，带走钢铁液中的气体和悬浮的细小杂质。

③ 盛好钢铁液的浇包在炉前静置约 2～3min，包内铁液凭其热力自由能翻腾而把溶解于其中的气体和悬浮杂质往上排于铁液表面溢出或集结扒除。

以上传统精炼方法各自有不同的局限性。

① 成本高，降温幅度大，操作麻烦。

② 铁液包结构要求严格，氩气资源有限，安全可靠性也较差。

③ 精炼效果相当差。

三者的共同点是精炼效果不理想，达不到高要求精炼的目的。

11.2 钢铁液包内高频振动精炼有独特优势

高频脉冲振动浇注技术发明于2010年获得成功应用后，为钢铁液炉前包内精炼的创新开启了全新的思维和发展方向。高频振动浇注的波能在型腔内的钢铁液中发挥作用，但受时间的极大限制，某些不同结构的铸件或在不同的生产条件下，脉冲波能的作用往往只有几十秒甚至只有十几秒或几秒的时限，这种时限往往是不以人们的愿望而改变的。但是，我们可以把高频脉冲波能对过热钢铁液的作用转移到炉前包内，充分利用钢铁液传统静置的时间和空间位置去发挥作用，也就是说，这种根本性的优化转折（传统与创新之间）只有静与动一字之差，静态放置与振动处置可谓天地之别，在物态反应的时间上是把“瞬时”变成了“延时”。

所谓瞬时，也就是说金属液浇注于铸型中之后，由于不同冷却速度（过冷度）、不同结构、不同厚薄，金属液接受高频振动波作用的有效时间往往是很短暂的，对于金属型铸造或薄壁件铸造更是如此，某些情况下也就几秒的有效时限，几秒能排多少气？能浮多少杂？排向何方？浮向何处？金属液在铸型内的热力自由能翻腾能维持多久？起伏相中的短程有序原子集团能有多大改变？在科学领域离开物化反应的时间去谈矛盾的转化是不切实际的。

所谓延时，就是高频振动波对过热金属液作用的有效时间相应延长，甚至由几秒延长为100多秒，作为物化反应，时间是量变和质变的必要条件，否则也是理论化的空谈。

钢铁液炉前包内实施高频脉冲振动精炼与上述三种传统的精炼方法最大的区别和独到之处是有足够的物化反应时间，不仅有效地排气除杂，而且从根本上强效驱散起伏相中的短程有序的原子集团，使之弥散，即均匀、细小的质点分布于过热金属液之中，为浇注于铸型后的金属液提供了更多的可形核质点，这是提高形核率和细化结晶的基础条件。

11.3 钢铁液包内高频振动精炼的条件

（1）钢铁液过热出炉的要求

钢铁液过热出炉是铸造生产的常规，不需多言，至于出炉过热温度的高低也不可教条式的一概而定。因为不同材质的金属液固有的流动性不同、浇注温度不同、钢铁液包本身的保温效果不同、包内所盛的金属液的量不同、还有人为操作的因素不同等，在一般的常规条件下，过热钢铁液的出炉温度比浇注温度高 60～100℃是比较合理和可行的。

（2）包衬的要求

包衬（也称包壁耐火材料层）的作用是保温和保护包内的金属液，既要有适宜的厚度，又要有较好的耐高温抗裂抗垮强度，表面结实、坚固、光滑，不要有浮泥松砂，在此基础上最好涂刷大约 1mm 厚的“桂林 5 号”涂料就更为可靠。

（3）高频振动平台的要求

高频振动平台的性能指标：频率在 250Hz 内可变频调控，脉冲式的效果更佳。其振幅 0.5～1mm，以 0.5～0.8mm 为最佳。振动平台的安装应水平无跳动，安装位置于炉前至浇注工部方便操作处。

11.4 钢铁液包内高频振动精炼操作

（1）启动振动台的时间

钢铁液包盛好铁液后从容吊置于振动平台上，而后启动高频振动台，频率由低缓调至 160～200Hz 左右，视不同情况灵活控制施振时间，通常情况下以 60～90s 为佳，以不影响既定的浇注温度为原则。

（2）钢铁液覆盖保温

钢铁液表面覆盖除为了保温作用外就是聚渣和防止氧化，相当多的单位是撒一层珍珠砂，此举既谈不上节约成本，也没有独到的效果。一是薄薄一层砂膜保温效果有限；二是其化学成分决定其有回流现象，因为珍珠岩是一种火山喷发的酸性熔岩，因具有珍珠裂隙结构而得名，主要成分是 SiO_2，其余是 H_2O、Fe_2O_3 等，不少人只知珍珠岩高温膨胀可保温性，对其化学成分并不了解就盲目使用，从因 SiO_2 而易回流角度来说，珍珠岩砂并不是良好的覆盖材料；三是珍珠岩砂在钢铁液表面不一定能 100%烧结成膜而牢固连为一体，松散的砂粒浇注时易流入或掉进浇口杯，随铁液冲入铸型而形成砂眼缺陷；四是其高温结膜后易与包壁粘连，浇注过程粘挂于包壁上，难以完整地随铁液下降浮盖，对铁液表面起不到自始至终的保护作用，浇注完毕也不易清理干净。这四点不足是使用珍珠岩覆盖钢铁液必须注意的，否则适得其反。

可靠而低成本的理想材料是软化温度适宜的硅铝酸盐纤维保温棉，硅铝酸盐不存在游离的 SiO_2 成分，质软如棉，洁白也如棉，可厚可薄，有如将一块棉布或薄棉垫完整无损地覆盖于铁水表面，保温、隔热、遮光效果是珍珠岩砂根本无法相比的，而且非常安全、方便，浇注时不与包壁粘连，而是随铁液浮动至浇注完毕，自始至终把钢铁液与空气隔遮，并有效地把浮渣或稀渣集结于其下方，浇注完毕清理时仅有所软化而根本不可能与包底粘连，轻扒即掉。但硅铝酸盐纤维保温棉在市场上品种繁多，不一定都适应于铸铁、铸钢的浇注温度和浇注条件。“桂林 4 号”硅铝酸盐保温棉及其应用见图 11-1 和图 11-2。

（3）按常规浇注

钢铁液在高频振动平台上实施振动精炼的时间长短取决于既定的浇注温度，即一切服从浇注温度的需要，再按常规及时、精准、安全地进行浇注。

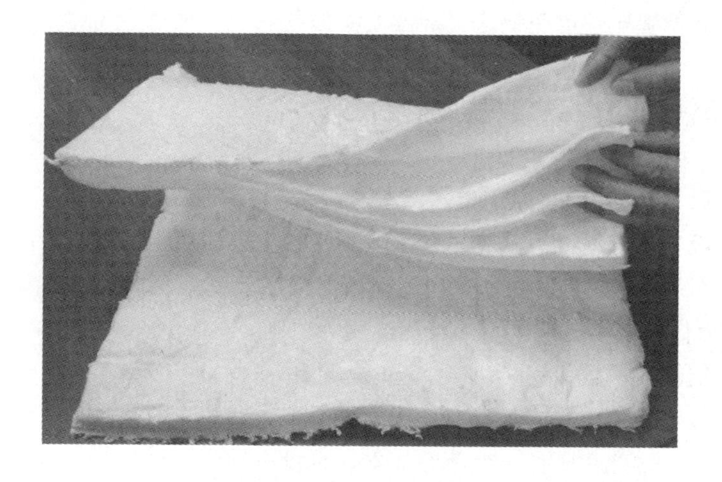

图 11-1　用于覆盖钢铁水表面的“桂林 4 号”保温棉

(a) 高频振动精炼前覆盖保温棉于钢铁液表面

(b) 覆盖保温聚渣棉的铁液包吊放在高频振动平台上

(c) 高频振动精炼后浇注

图 11-2 中南铸冶示范基地钢铁液包内高频振动精炼现场实照

12

铸造涂料成片脱壳剂的发明与应用

（中国发明专利受理登记号：202011614378.2）

12.1　铸造涂料发展的根本方向是无毒、少无粉尘、易脱壳清理

铸造涂料性能主要有工作性能、工艺性能、剥离性能、环保性能 4 大方面。企业管理者和一线工人最关注、最直观的愿望与要求就是不粘砂、自动脱壳而少无粉尘和易清理。

不粘砂、少无粉尘、自动脱壳实际上就是涂料工作性能、工艺性能、剥离性能、环保性能最直观的综合体现。不粘砂是第一要素，如粘砂缺陷严重则无法脱壳，清理过程不仅累死人、高成本，且粉尘弥漫，所以，涂料抗粘砂性能差也就谈不上自动脱壳，一线工人对涂料的要求既直观，也很科学，很实际，而且很迫切，这是铸造涂料革命的根本方向。

12.2　涂料的主要作用

铸造生产离不开抗粘砂涂料，尤其是消失模铸造，涂料是必不可少的，而且比其它任何形式的铸造的涂料都显得更为重要，涂层相应更厚，涂料的性能要求更高，涂料成片脱壳性也特别受到关注。涂料这一综合性能不仅影响铸件质量，更影响铸件清理的成本、生产效率和环保性，这也是国内外铸造工作者多少年来重点研究攻关的课题。

铸造涂料的作用主要是防止铸件与型壁之间（对消失模而言就是铸件与涂层之间）发生化学反应而生成低熔点物质，通过涂料层形成一个热化学稳定性高而致密，可防止金属液向铸型发生机械渗透的屏障。所以，铸件清理时涂层成片脱壳性十分重要。但是，抗粘砂性能好、热化学稳定性高的涂料只能说是

铸件无粘砂缺陷的基本条件，并不等于涂层能成片自动脱壳剥离清理。比如以石墨粉配制的铸铁涂料，抗粘砂性和热化学稳定性优良，但传统的配制方法往往是不可能形成硬片状的涂层自行脱壳的，需要在外力作用下才能以粉末状态清理干净。常用的清理方法是用钢丝刷人工刷落，或抛丸机清理，毫无疑问整个清理工部是粉尘弥漫，劳动强度大，环境恶劣，生产效率低。然而，在全国数万个铸造厂中，传统或现行的铸铁涂料多以石墨为基本耐火骨料的还原型涂料。

12.3 涂料两大类型——还原型和烧结型

所谓还原型涂料是指在高温铁液作用下产生还原气氛，即铸件与型壁之间的涂料层因缺氧（或称供氧不足）产生的是 CO 还原性气体，而不是 CO_2 气体，CO 具有还原性，CO_2 不具还原性。CO 和 C 都具有还原性是因为 C 元素的化合价升高，在反应中，CO 转化为 CO_2，C 元素的化合价升高；C 转化为 CO_2 时，C 元素的化合价升高，也就是说把石墨涂料列为还原型涂料的原因是其与高温铁液作用的过程中 C 元素的化合价升高。还原性是指在化学反应中，原子、分子或离子失去中子的能力，物质含有的粒子失去电子能力越强，物质本身的还原性就越强；反之越弱，而其还原性也就越弱。在涂料常用的多种耐火骨料中，石墨（鳞片石墨或土状石墨）的还原性可以说是最强的。

石墨为基本骨料的涂料，不仅还原性强，而且在钢铁液浇注温度下是不可能烧结成块（片）状的，因为土状石墨的耐火度通常在 2000℃以上，鳞片石墨可达 3670℃。铸钢生产为了防止增碳，所以不采用石墨作耐火骨料，多采用石英、铝矾土、刚玉、锆英、蓝晶石、铬铁矿砂等矿物粉，这些无机矿物粉的耐火度多在 1700～1800℃，在钢液浇注温度下由于钢液易氧化，在液面上产生一定量的氧化铁而促使这些矿物粉发生烧结，但钢铁液的浇注温度尚未达到这些矿物粉的熔点，所以只是产生“适度烧结”的可剥离壳层。但是，“可剥离”不一定是“自动脱壳剥离”，不同成分的矿物粉其“适度烧结”的“度”是大为不同的，是个“变数”，钢液氧化程度也是个变数，所以这类烧结型涂料的“适度烧结”往往不易控制、不以生产者的意志为转移。

本发明研究的涂料成片脱壳剂就是基于还原型和烧结型不同类型涂料的不同特性，配加一种既能克制还原型涂料粉状化，又能利于烧结型涂料实现适度烧结的粉剂材料，促使铸铁和铸钢涂料都能在铸件冷却过程中以硬片状自行脱壳而易于清理，既消除粘砂现象，提高清理效率，节约清理成本，又降低清理劳动强度和改善清理工作环境，消除和减少粉尘的污染。

提高涂料层抗粘砂自动脱壳性的因素和方法有多种多样，很多有效的方法已在生产中得到广泛有效的应用，我们从矿物资源和生产实际出发而研究的“脱壳剂”新型材料仅仅是多种方法中的一种。下面介绍研究的设计思路（涂层自动脱壳的机理）、技术要点和作用效果。

12.4　科研设计思路——涂层自动脱壳的机理

涂层自动脱壳的首要条件是既无热化学粘砂，也无机械粘砂。对于消失模铸造而言，热化学粘砂现象很易理解，对机械粘砂也要有科学的认识。高温金属液，尤其是流动性好的高温金属液在铸型中可以说是无孔不入的，对于真空负压条件下的铸型（干砂层和涂料层）则具有砂型铸造不可相比的渗透性，流动性好的钢铁液在负压作用下可以通过涂料层的透气微孔（毛细孔）像抽丝一样的向与型壁（涂层）垂直的方向抽吸，当涂料层的耐火骨料粉的粒度过粗、涂层透气性过高、真空负压度过大、涂层烧灼量过大、涂层过薄时，势必为钢铁液向涂料层穿透或渗透创造有利条件，即使在完全没有热化学粘砂的情况下，钢铁液渗入涂层的毛细孔中，冷却后就如同猪毛长在猪皮上，毛、皮、肉连为一体，根本无法自行脱落剥离。所以，即使涂料在高温下能形成硬片状甚至陶瓷化，而且热化学稳定性再好的涂料，如忽视了钢铁液渗透穿透的可能性，同样也是不可能自行脱壳剥离的。这就是在分析和使用“脱壳剂”中必须注意的问题。

12.5　涂料脱壳剂的主要组元

涂料脱壳剂自身在800℃以上的高温条件下能烧结成硬片，但不能直接作为涂料使用，需配加相应适宜的耐火骨料，或加入常用的涂料中使用，加入量范围较广，需视不同的涂料性能和清理脱壳的需要而灵活调节。

涂料脱壳剂中的矿物粉均为中性材料，其中“桂林5号特型”为微碱性黏结材料，故适合与各种铸铁、铸钢的普通涂料或常用耐火骨料配用，但不允许与乳白胶（白乳胶）、水玻璃及甲醛溶液之类的化工原料配用。

在常用的石墨涂料中加入脱壳剂可显著提高涂料层的成片脱壳性，但石墨作为基本骨料的涂料还原性很强，石墨在钢铁液常规浇注温度下本身不可能出现烧结现象，对于石墨为基本骨料的涂料，除配加脱壳剂外，最好在其外覆涂一层极易烧结陶瓷化的“90%石英粉+10%桂林5号”的“便宜涂料”，这样形成的涂料层较易成片自动脱壳。

脱壳剂的矿物粉组元中含有云母［$KAl_2(Si_3O_{10})(OH)_2$］、氯化镁［$MgCl_2$］、活化碳酸钙［$CaCO_3$］、叶蜡石［$Al_2(Si_4O_{10})(OH)_2$］、硅线石［$AlSiO_5$］等成分，是可高温硬化或促硬化并脆性脱落的组元，桂林5号则是陶瓷化型黏结组元，这些组元的优化组合对涂料层经高温钢铁液作用后的自动脱壳性起到了强化作用。桂林5号作为黏结剂的加入，是为了保证涂料层的强度和耐烧性。

12.6 涂料脱壳剂应用实例

涂料脱壳剂编号：桂林10号涂料脱壳剂

(1) 脱壳剂（A型）与石墨粉配用

石墨粉70kg+脱壳剂（A）30kg+水——搅拌均匀

用于铸铁件成片脱壳效果良好，配用土状石墨比鳞片石墨脱壳效果更佳。

(2) 脱壳剂（B型）与非石墨的耐火骨料配用

即：80kg非石墨矿物粉+20kg脱壳剂（B）+水——搅拌均匀

非石墨矿物粉指除石墨以外其他适用作涂料耐火骨料的矿物粉，化学属性有中性、酸性、碱性之分，按不同的化学属性适用于相应不同材质的铸件，配加脱壳剂后其适应性和用途不变。

(3) 脱壳剂与常规涂料配用

常规涂料是指已配好可以直接使用的不粘砂涂料，其配方五花八门，成分多种多样，只要不含乳白胶、水玻璃等有害组元是可以与脱壳剂混合配用的，但脱壳剂的加入量需视不同的情况进行调节，前提是“常规涂料”不粘砂，前文已述，粘砂的涂料配加什么都是照样粘砂而无法成片脱壳的。

(4) 相关说明

以上（1）、(2）是中南铸冶科研示范基地铸造厂使用与推荐的配用比例与方法，在不同的生产条件下，脱壳剂的配用量可略增减调节。

在多数铸造厂中，单纯用石墨粉配制涂料的并不多，多数是石墨粉与相关矿物粉复合使用，这种情况脱壳的效果往往更显著。

上述的（1）配用法只是说明，单纯以石墨粉作骨料的典型还原型涂料能成片脱壳，混配有其他矿物粉作骨料的涂料脱壳性会更加理想。

12.7 涂料层自动脱壳的优势

① 提高涂料的抗粘砂性能，从而提高铸件的表面粗糙度和几何外观质量。

② 提高铸件清理工作效率，节约铸件清理成本。

③ 减少铸件清理的粉尘污染，降低劳动强度，改善劳动环境。

铸铁件和铸钢件一样，涂料层完全可以成片自行脱壳。参见图 12-1～图 12-3。

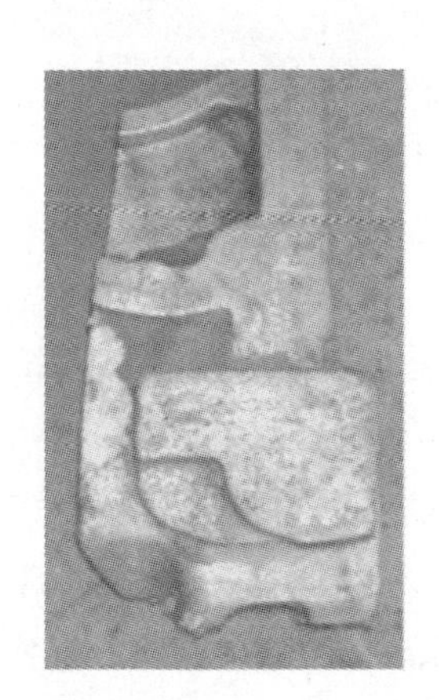

图 12-1 灰铁件涂料层（石英粉＋少量石墨＋脱壳剂＋桂林 5 号）
冷至 400℃左右成片自脱
铸件表面珠粒印痕清晰可见——表明未做任何人工或机械清理

图 12-2 球铁件涂料层（蓝晶石粉＋脱壳剂＋桂林 5 号）
冷至 400℃左右成片自脱
铸件表面珠粒印痕清晰可见——表明未做任何人工或机械清理

(a) 灰铁件白色涂料成片脱壳
(石英粉+脱壳剂+桂林5号)

(b) 球铁件白色涂料成片脱壳
(亚铝晶石+脱壳剂+桂林5号)

(c) 耐热铸铁件白色涂料成片脱壳
(蓝晶石+脱壳剂+桂林5号)

(d) 高铬铸铁件白色涂料成片脱壳

图 12-3 灰铁、球铁、合金铸铁件的涂层（蓝晶石＋脱壳剂）冷至 400℃左右成片自脱

13

消失模铸造SO_2废气净化技术的发明与应用

（中国发明专利申请受理号：202110320631.1）

13.1 消失模铸造废气中的SO_2浓度超标上千倍

中南铸冶研究所于2019～2020年与具有国家环保监测资质的桂林金桂环境监测有限公司合作，经反复检测作出了“消失模铸造废气中的SO_2浓度超出国家环境限值上千倍”的结论，属国内外铸造界首次公开发布。

国际消失模铸造工业应用已60多年，中国至今已有约3000家消失模铸造工厂，而且在第14个五年计划期间必将持续增加。值得注意的是：为什么国内外的铸造领域的学术机构、科研技术机构、行业管理机构从来没有揭示过消失模铸造析放SO_2严重污染环境的事实和文字数据？

SO_2看不见却测得出，更闻得着，任何一个深入于消失模铸造生产一线的消失模铸造工作者，都必定能在浇注工部现场闻到有浓烈刺激性的SO_2气味。既闻到则应重视，而且应该把废气中的SO_2危害告知民众，积极治理，保护环境。

中南铸冶消失模铸造技术示范基地自2018年起对消失模铸造废气中的苯、甲苯、二甲苯、乙苯、苯乙烯、氮氧化物及SO_2等进行了反复的检测验证，环境监测机构慎重而负责任地签发了盖有MA国际环保监测标志印章的检测报告，我们于2020年4月以文件的形式向中国铸造协会呈交了关于净化消失模铸造废气中的苯类和SO_2的报告，并公布。

中南铸冶消失模铸造技术示范基地在历时两年多的攻关中，对浇注件重1.5～2t的铸钢件生产现场反复采样检测结果表明，SO_2析出浓度多在3000～5000mg/m^3。

不少人认为，消失模铸造 SO_2 污染数据的公示是“石破天惊”，也有人觉得是“小题大做”而无所谓。消失模铸造废气中的 SO_2 有没有必要公开揭示，有没有必要做净化处理，相信国家的环保法规、特别是针对铸造工业的环保法规迟早会做出定论。

13.2 工业生产中对 SO_2 净化的传统方法与理念

本书没有必要去专述 SO_2 的危害性，因为这已是众所周知的事情，国家环保法规对 SO_2 的排放是有限值的，有人居环境的 SO_2 浓度的限值，也有工业排放浓度的限值。对于任何 SO_2 排放源，环境监测的“检出限值”是 $3mg/m^3$，可见消失模铸造析出 SO_2 的“检测值”竟多达 $3000\sim5000mg/m^3$ 是什么概念！相关文献上介绍的 SO_2 净化所尝试的方法多有以下几种。

（1）SO_2 可溶于水生成亚硫酸。

$$SO_2+H_2O \rightleftharpoons H_2SO_3$$

（2）活性炭吸收 SO_2 的报道很多，但明显的问题是：活性炭吸附区需要多长的路段才能把真空泵排出的 SO_2 吸附达标？使用多长时间必须清洗或更换活性炭？消失模铸造废气中含大量的水蒸气的混合气体，而且含有大量的苯类废气，活性炭是否都能吸附干净？

（3）把 SO_2 先氧化成 SO_3，用水吸收 SO_3，生成硫酸 H_2SO_4，反应的原理没有错，但反应过程受阻，因 $H_2O+SO_3 \longrightarrow H_2SO_4$ 是放热反应，且温度相当高，反应快速激烈，生成的 H_2SO_4 形成浓烈的酸雾停滞在吸收塔内，致使后续反应受阻，吸收速度和吸收率急剧下降。

结论：用水“静态”吸收 SO_3 不可取，不理想。

（4）把 SO_2 先氧化成 SO_3，用 98%浓度的硫酸吸收 SO_3，原理还是 98%浓度的硫酸中的水与 SO_3 反应生成 H_2SO_4，使所用硫酸原液的浓度不断增加，至一定高浓度后再以更换，SO_3 与硫酸液中的水发生反应一般无酸雾，即使产生酸雾也甚微，不影响反应的连续进行。

结论：在有条件的工业生产中可行，不足是吸收装置复杂，安全性差，对绝大多数消失模铸造厂而言难以具备以 98%浓度的硫酸吸收 SO_3 的条件，勉强而为或许适得其反。

（5）光氧等离子净化工业废气的报道也很多，此法真能同时净化消失模铸造废气中的苯类物和 SO_2 吗？“一法净百气”在科学原理上就行不通，更何况消失模铸造废气中的 SO_2 不可能是单一排放，而是与苯类气体混为一体同时排放，苯类气体在所谓“光氧”装置中难以净化且爆炸隐患严重。

结论：光氧等离子净化装置处理消失模铸造中苯类+SO_2有害气体效果不佳，也不安全。

(6) RCO催化燃烧净化装置能有效同时净化SO_2和苯类物吗？不能。各种有害气体的净化机理是大不相同的，SO_2可氧化而不可燃烧。所谓的RCO催化燃烧装置对中国的消失模铸造厂有以下四大不可行性：

① 庞然大物的“宏伟结构”用不起。

② 运行成本超高而用不起。

③ 混合废气中的苯类物爆炸隐患解决不了。

④ SO_2可催化（生成SO_3），但不可燃烧，燃烧流程对SO_2和SO_3无效。

13.3 本发明对消失模铸造苯类及SO_2废气“一体化”处理的独特性

消失模铸造废气中的主要有害物是苯类可燃气体+SO_2，显然是两类气体，有两种不同的净化机理和两种不同的净化手段。

在前面已做介绍的第7项发明专利（第10章）中，SO_2在高温富氧的氛围中得以充分地生成了SO_3排出，也就是说SO_2的氧化反应和苯类气体的燃烧氧化净化反应是在同一装置、同一流程中实现，并从固定的排放管道中以强力气流集中排出，没有向环境空间扩散，我们完全可以利用这一独特的同步流程和独特的气流优势对SO_3进行后续净化处理。净化处理的方法可简单为一句话：水对SO_3的吸收由“静态”变为“动态”，由水变气。

科学的发明创新，有时候往往就在身边触手可及之处，这里水对SO_3的吸收也仅仅是“一字之差”，即静与动之差。

我们可以从图13-1直观地了解和认识$SO_2+O_2 \rightarrow SO_3+H_2O \rightarrow H_2SO_4 \rightarrow$无酸雾产生的回收处理的流程。

特别注意：SO_3+H_2O吸收段的气流强度相当于真空泵排气的气流强度+鼓风机气流强度，一般情况下的气流量（气流速度）多在$30m^3/min$以上，而排放管道的直径多为160～200mm，如此强力的气流将迫使SO_3+H_2O放热反应产生的酸雾根本无法停滞，而是随气流而向前推动，并在其往前流动过程中受冷却而沉积。再者，不论是水蒸气还是酸雾化气，其密度（比重）是空气（净化排放的气体）密度的多倍，其自身流动过程的阻尼作用也将使其被迫沉降而流入稀硫酸回收池内。

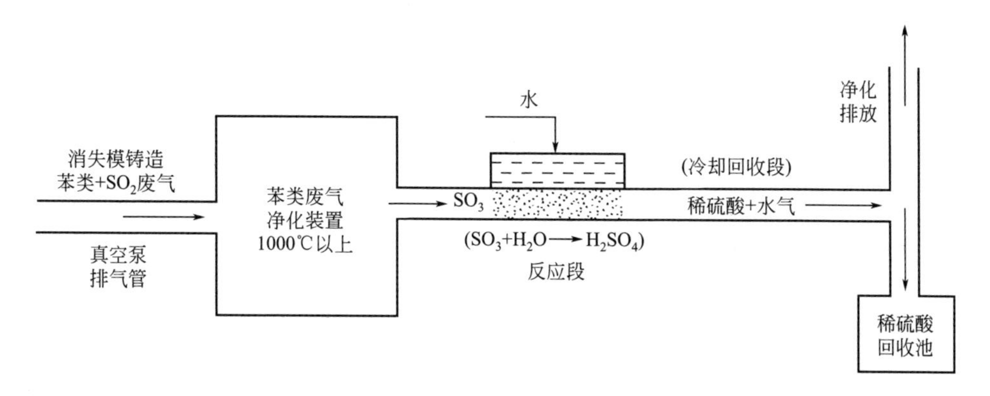

图 13-1　$SO_2 \rightarrow SO_3$＋水吸收净化流程示意图

13.4　本发明对 SO_2 的净化效果

桂林金桂环境监测有限公司 2019 年 12 月 9 日盖以(MA)国际环保监测有效印章的检测报告表明，本发明的装置在中南铸冶技术示范基地生产现场检测的 SO_2 净化效果达到了令人满意的国际先进水平。

SO_2 从真空泵排气管采样浓度为 3330mg/m^3，SO_2 由真空泵排气管直接输入苯类废气净化装置内，最后在净化排放管内采集气样，检测结论为“ND”——即检测不出数据，SO_2 浓度趋于 0，也就是说，SO_2 的净化率达 99.9%以上。

检测报告表明，以水吸收 SO_3 由“静”变为“动”是可行而高效的。

这里介绍的“水吸收”实际上是水雾吸收，少量的水可以雾化成高浓度的水雾，实际上是水蒸气，因为从高温装置中喷流而出的气流到了水雾吸收段的温度尚有 400℃左右，足以把少量喷洒而来的水瞬间变成 100℃的水蒸气，而由水变成水蒸气所吸收大量热，所以流入排放管道的气流会急剧降温至 100℃以下，并经一定的冷却流程凝为液态沉降回收。

1kg 水从 0℃升温至 100℃的水吸收热量是 420000J，而 100℃的水变成水蒸气的气化热是 2260000J/kg，即其气化热相当于 100℃升温吸收热量的 5 倍多。常温水变成水蒸气吸收 SO_3 显然吸收速度更快，吸收效率更高，净化效果也更好。正因为这一原理和状态，最终在排放管内采样检测的结果是 SO_2 浓度为“ND”。

13.5 本发明的工业化应用前景

（1）本发明打破了“不宜用水吸收的 SO_3”传统理论与现状，以“静”变“动”的气流运动完全改变了吸收过程酸雾停滞阻碍后续反应的现象，而且更快，更好，更安全可靠。

（2）本发明只是在苯类废气净化装置的基础上附加了一段水雾吸收管，是对原装置固有排放管稍作水雾化改造即可，没有新增投资，是对ZL20191015344.2 苯类净化装置的余热综合再利用，一套装置得以两用，一举两得，而且水雾还可净化管道气体中的微小尘粒，同时还可回收稀硫酸，可谓一举四得，实现了苯类＋SO_2＋有害烟尘混合废气净化处理一体化。

（3）本发明装置运行操作简易，吸收 SO_3 过程能耗 0，运行成本低，安全可靠，无可燃物闪爆隐患，对人体和设备无腐蚀，所有大、中、小消失模铸造厂都普遍具备应用的条件。

13.6 本发明对消失模铸造 SO_2 废气检测数据的真实性与法律效力

鉴于国际消失模铸造自 20 世纪 60 年代问世并应用于工业化生产至今，无论是国内还是国外，尚无任何科研机构、环境监测机构、行业主管部门或任何国家的铸造协会（学会）公开揭示发布过消失模铸造废气有 SO_2 污染的事实，为了对科研检测结果负责任，也为了实事求是，特将广西桂林金桂环境监测有限公司在桂林中南铸冶研究所的科研示范基地的监测的报告原文附后。具体内容见附录。

第三篇

消失模铸造思维决定方向·细节决定成败

14

浇注系统设计14忌

消失模铸造的浇注系统设置十分重要，不合理的浇注系统往往导致铸件缺陷或造成无法补救现象的发生。归结为 14 忌。

① 忌铸件串联浇注。

② 忌金属液流程过长浇注。

③ 忌金属液充型对流浇注。

④ 忌垂直近距离冲刷浇注。

⑤ 忌内浇口过于集中浇注。

⑥ 忌内浇口开设于要害处。

⑦ 忌内浇口开设于厚壁处。

⑧ 忌内浇口开设于热节处。

⑨ 忌直横内浇道全程开放。

⑩ 忌金属液浮渣流入型腔。

⑪ 忌高大件直浇道近模样。

⑫ 忌直浇道超高垂直下冲。

⑬ 忌浇道使用不耐烧涂料。

⑭ 忌一浇道连件过量过近。

14.1 忌铸件串联浇注

串联浇注是消失模铸造工艺设计领域中最常见也最低级的错误。见图 14-1～图 14-4。

串联主要弊病：

① 浮渣杂质往后堆，最后一件质量很差。

② 首件过热时间长结晶粗大易疏松。

③ 看似省工节约金属液，实则得不偿失。

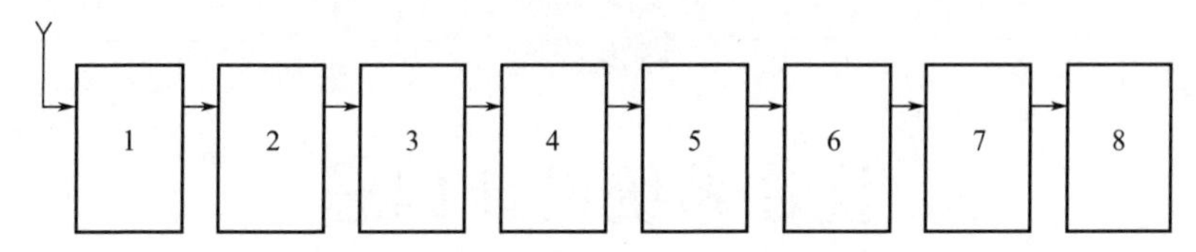

图 14-1 多米诺骨牌式所谓“以型腔作浇道”串浇示意图

始于 20 世纪 90 年代的陈旧工艺方案

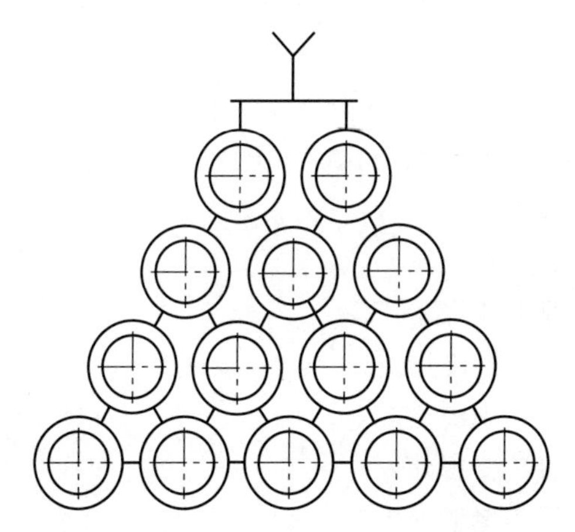

图 14-2 塔式“以型腔作浇道”串浇示意图

始于 20 世纪 90 年代的陈旧工艺方案

图 14-3 某厂串浇组模实照

始于 20 世纪 90 年代的陈旧落后工艺

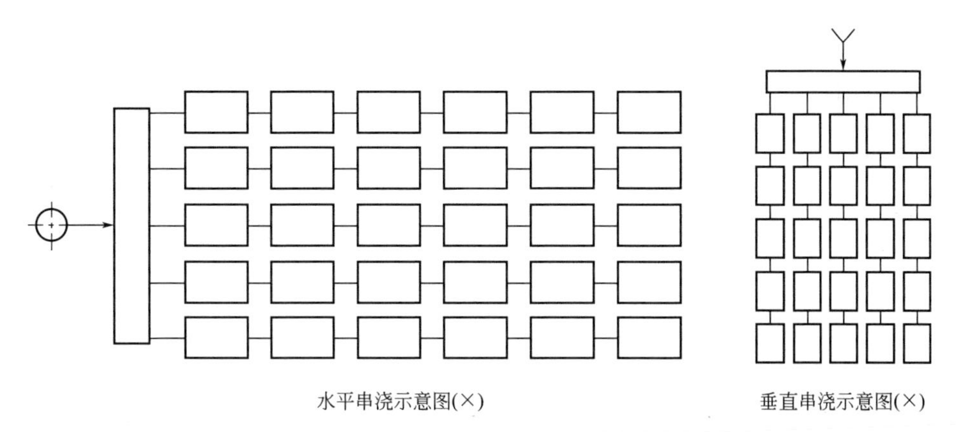

图 14-4 麻辣串式“以型腔作浇道”浇注示意图

始于 20 世纪 90 年代的陈旧工艺方案

结论：这是错误的浇注系统，实不可取。如此浇注系统只能铸出低品位“铸件”，如配重铁、排水沟槽（管）、无质量要求的等外品。

14.2 忌充型流程过长

主要弊病：

消失模铸造浇注前沿的金属液温度下降较大，远程浇注的末端与进水始端温度相差甚大，末端渣、气、杂、冷隔或充型不良之缺陷难免，铸件应力变形量大。如图 14-5 左图整个铸件是从右到左按顺序凝固，不同断面的组织均匀性较差，对于球墨铸铁来说，远端（右端）的皱皮缺陷分布极为突出。

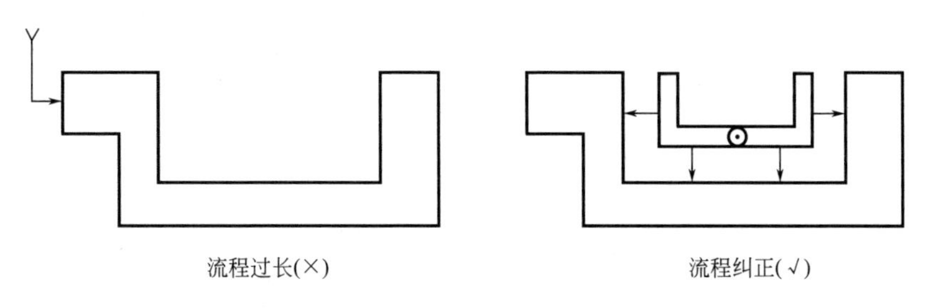

图 14-5 金属液浇注流程示意图

14.3 忌充型对流浇注

常见对流浇注流程见图 14-6 和图 14-7。

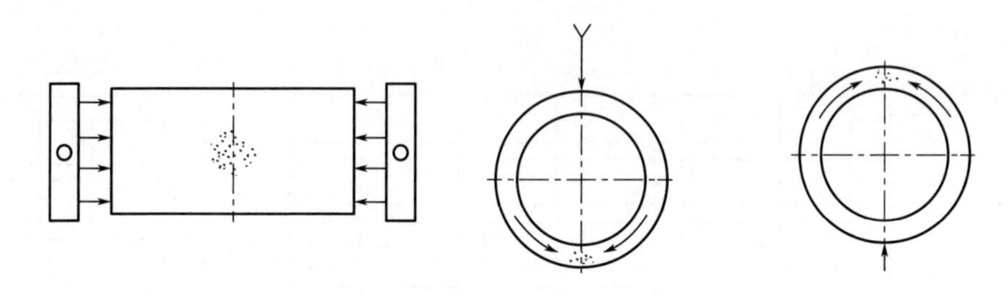

图 14-6　金属液充型对流示意图（×）

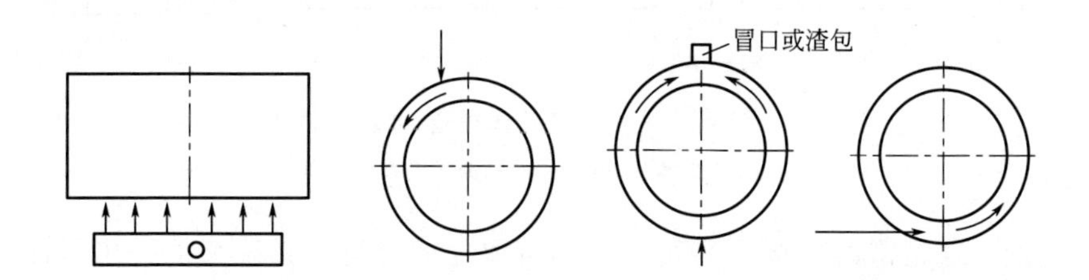

图 14-7　金属液充型避免对流示意图（√）

主要弊病：

① 金属液对流接头处可用“冤家对头”作比喻，渣、气、杂、冷隔缺陷难免。

② 管件立放侧浇铸件缺陷往往集中于纵向直开内浇口对应圆周壁面。

③ 大长板类件由于热场分布不均，应力变形严重。

14.4　忌垂直近距离冲刷浇注

垂直近距离冲刷示意见图 14-8 和图 14-9。

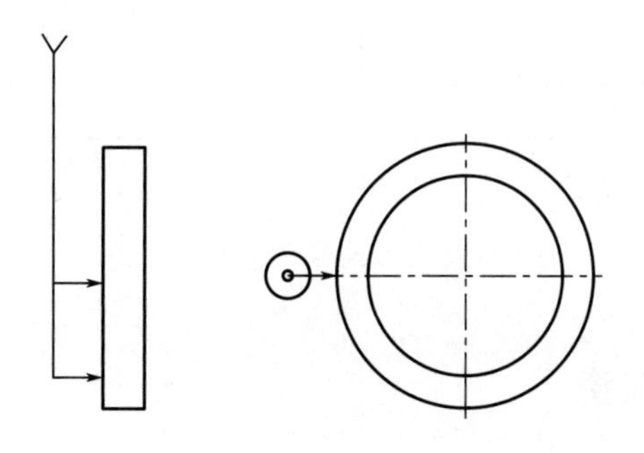

图 14-8　内浇口近距离冲刷垂直示意图（×）

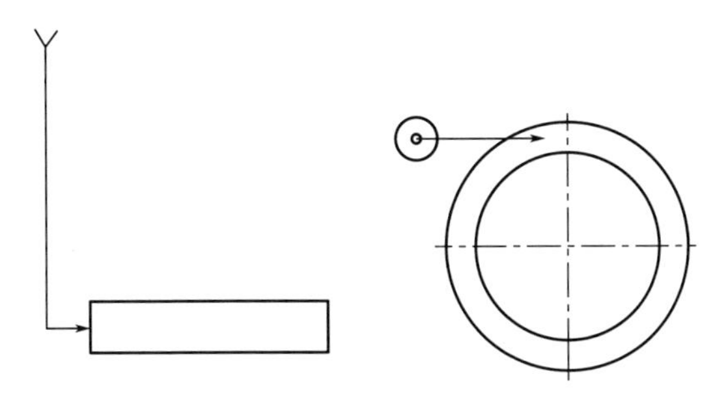

图 14-9 内浇口避免近距离垂直冲刷示意图（√）

主要弊病：

① 金属液充型过程流道不畅，浇注速度减慢。

② 被正面近距离冲刷处的涂层易冲蚀脱落形成铸件灰渣缺陷。

③ 被正面近距离冲刷处有形成穿透性铁包砂缺陷的可能。

14.5 忌内浇口过于集中开设

内浇口过于集中开设示意见图 14-10 和图 14-11。

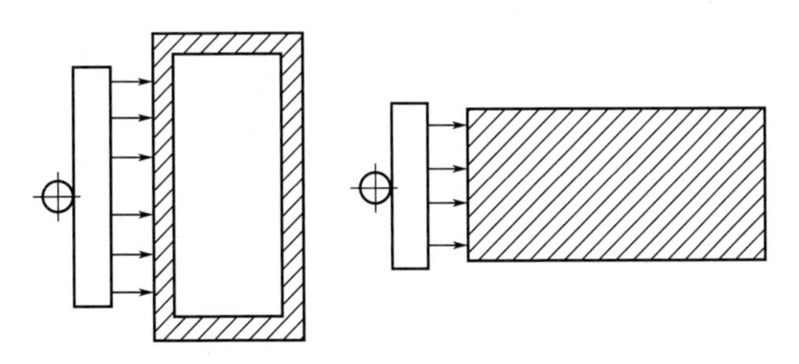

图 14-10 内浇口开设过于集中示意图（×）

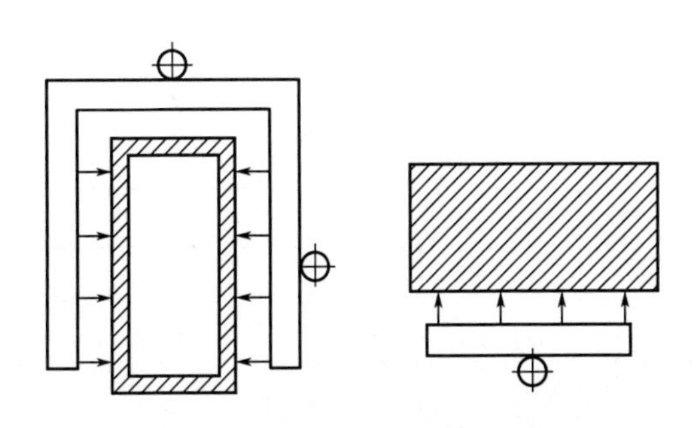

图 14-11 内浇口分散开设示意图（√）

主要弊病：

① 过分布不均匀，铸造应力变形大，末端铸造缺陷较多，易有裂纹。

② 薄壁件易产生浇不足或冷隔缺陷，远近处壁面晶粒大小差异大。

③ 球铁件远处易冷却而皱皮缺陷严重。

14.6 忌内浇口开在铸件要害处

内浇口开在铸件要害处示意见图 14-12 和图 14-13。

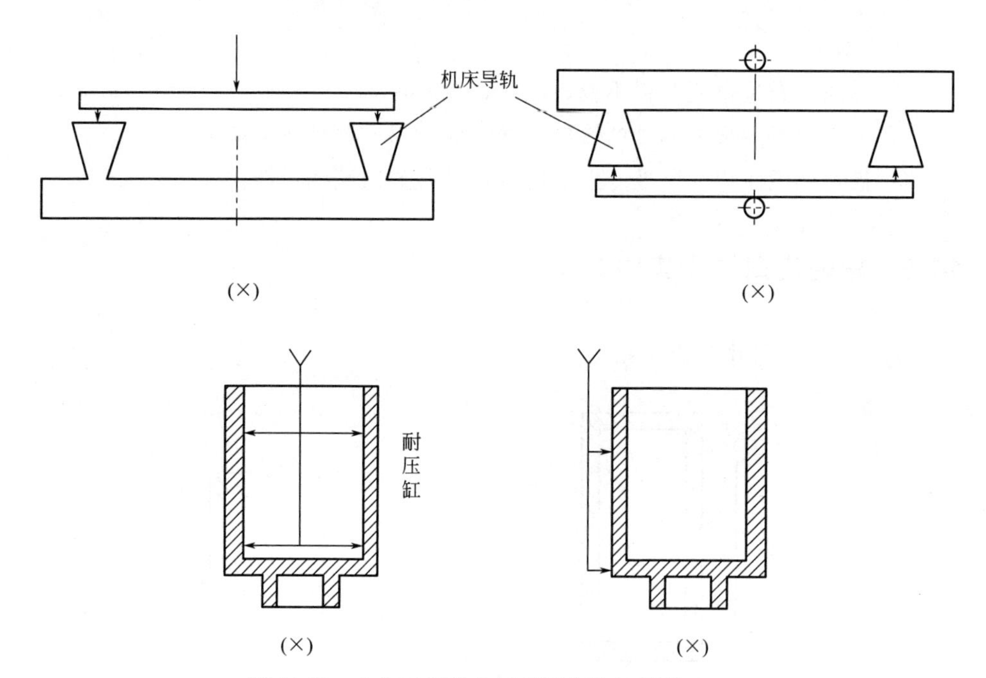

图 14-12 内浇口开设在铸件要害处示意图（×）

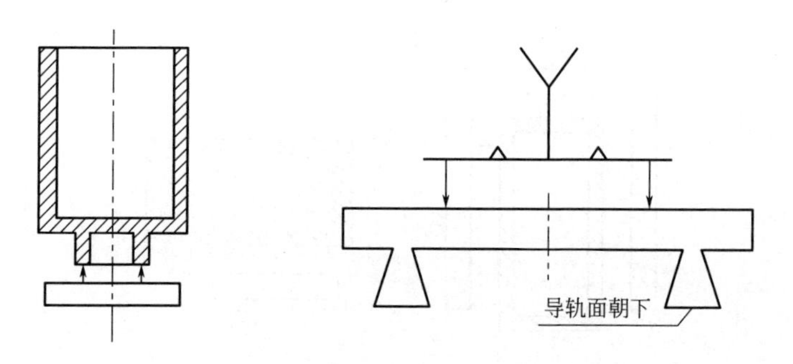

图 14-13 内浇口开设避开铸件要害处示意图（√）

主要弊病：

内浇口近热节处补缩困难，高温叠加易产生缩孔和气孔（不论是浸入性气孔还是析出气孔都易产生在金属液高温最后凝固处）。

内浇口处受热时间长，组织疏松，结晶粗大，易渗漏，不耐磨，导轨面是铸件工作要害之处，浇注充型不宜朝上，内浇口不宜开在导轨面上。

14.7 忌内浇口开在厚壁处

内浇口开在厚壁处示意见图 14-14 和图 14-15。

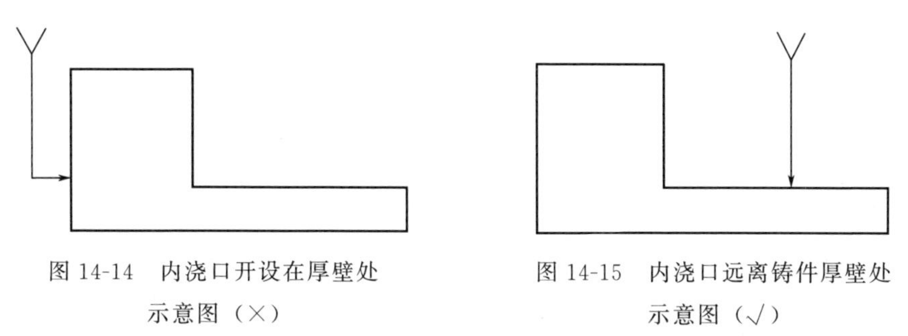

图 14-14　内浇口开设在厚壁处示意图（×）

图 14-15　内浇口远离铸件厚壁处示意图（√）

主要弊病：

① 形成顺序厚薄处凝固时间差异大，薄处易翘曲变形，厚薄交界处易产生缩裂。

② 厚处高温叠加，补缩不利，最后凝固处之中心易产生缩孔。

③ 由于冷却速度差异过大，不同断面处组织均匀性差。

14.8 忌内浇口开在热节处

内浇口开在热节处示意见图 14-16。

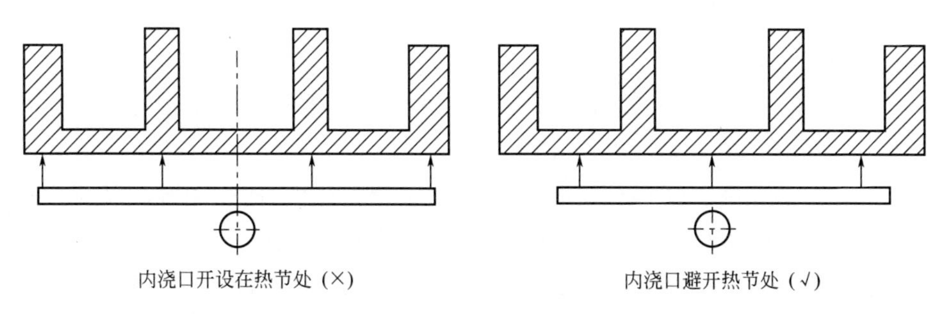

图 14-16　内浇口开设位置与热节关系示意图

主要弊病：

① 内浇口开设处硬度低，性能下降不耐磨。

② 内浇口开设处晶粒粗大，组织疏松，易渗漏。

③ 热节（转角）处易产生缩孔和气孔或缩裂。

14.9 忌直横内浇道全程开放

直横内浇道全程开放示意见图 14-17。

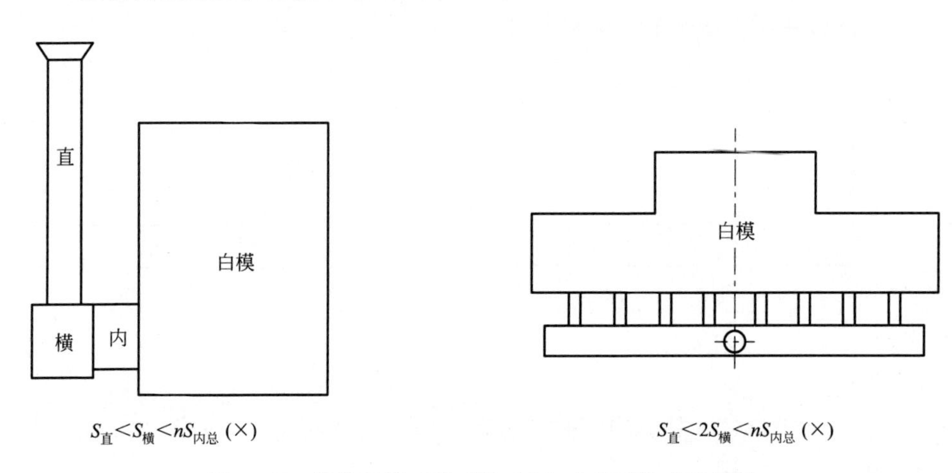

图 14-17 浇注系统（直<横<内）全程开放式示意图

全程开放式即直浇道截面积（$S_{直}$）<横浇道截面积（$S_{横}$）<n 个内浇道的总截面积（$nS_{内总}$）。

主要弊病：

① 浇口杯不能稳定充满金属液，各级浇道无挡渣能力，铸件易有夹渣缺陷。

② 浇注过程如流量控制不稳定而浇道时空时实极易导致负压波动，易发生塌型垮箱现象。

③ 浇注过程易吸入气体，导致钢铁液高温氧化加剧，铸件易产生气孔缺陷。

纠正：避免内浇口流量>横浇道流量>直浇道流量>浇口杯卡口流量。改变直、横、内浇道截面积参数，并注意稳定浇口杯卡口流量≥直浇道流量，即浇注自始至终确保金属液充满浇口杯一半高度（与铁液包浇注过程流速流量的控制有关）。

14.10 忌金属液浮渣流入型腔

金属液浮渣流入型腔示意见图 14-18 和图 14-19。

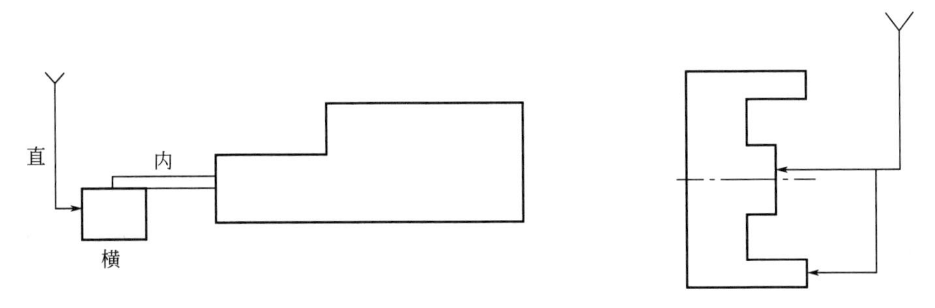

图 14-18 金属液浮渣流入型腔的浇注系统示意图（×）

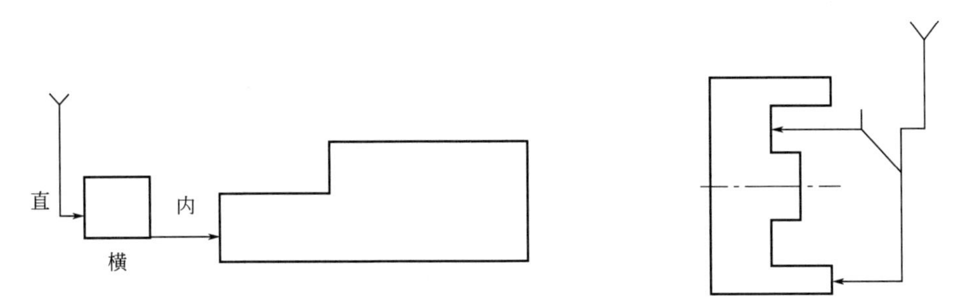

图 14-19 符合挡渣原理的浇注系统示意图（√）

主要弊病：

浇注系统的主要和重要作用是接收金属液、分配金属液、导流金属液和过滤（挡渣除杂）金属液，没有挡渣能力的浇注系统极易导致夹渣和气体易注入型腔形成渣眼和气孔缺陷。

14.11 忌高大件直浇道上部靠近模样

高大件直浇道上部靠近模样示意见图 14-20。

主要弊病：

浇注充型的时间较长，直浇道离泡沫模样太近时，往往充型未及一半即发生塌型垮箱现象，原因是注满了钢铁液的直浇道其热量从近距离的干砂层传递至靠得最近的泡沫模样，当模样较大面积玻璃化萎缩时即发生“不可救药”的塌型垮箱。

纠正方法（图 14-21）：

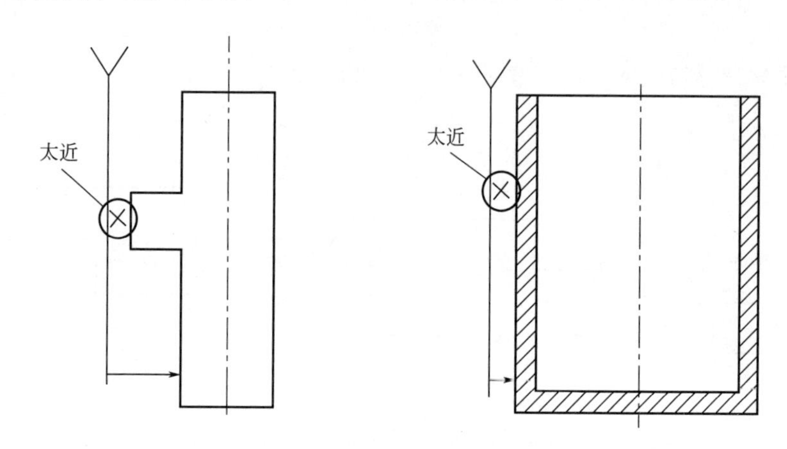

图 14-20　大型铸件直浇道离模样太近示意图（×）

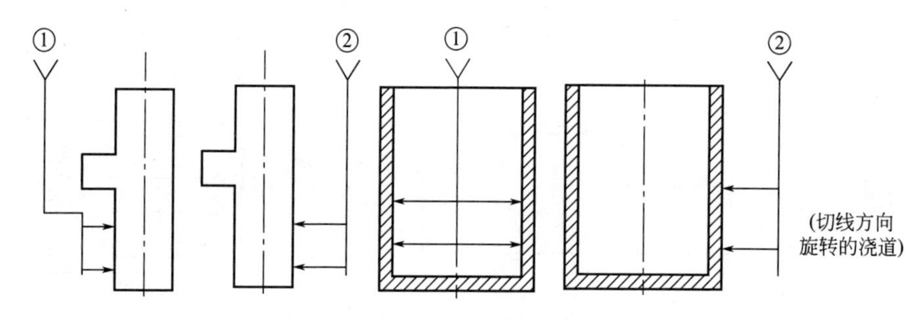

图 14-21　大型铸件浇注系统开设纠正示意图（√）

① 直浇道与泡沫模样的距离拉开，使浇注充型未到铸型上部之前的热传递不至于使近距离的模样达到玻璃化萎缩温度。

②如砂箱尺寸与形状受限制不能把直浇道拉开其与泡沫模样间的距离时在直浇道与模样之间垫绝热板或隔热板（如石棉板、耐火砖等）。

14.12　忌直浇道过高垂直下冲

浇道过高垂直下冲示意见图 14-22 和图 14-23。

主要弊病：

铁液与铁固态的密度相当，当金属液从浇口杯往下垂直下落时，除浇注铁液流的动力速度外，还有自由落体的加速度（$9.8m/s^2$）形成合力，铁液到达终点（直浇道底部）的冲力过大，导致塌型。

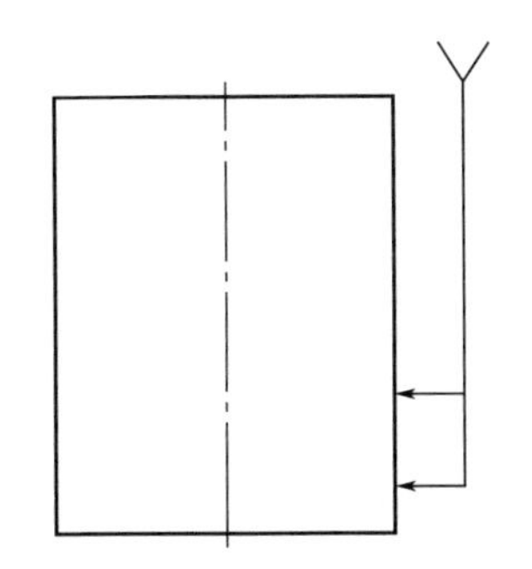

图 14-22 直浇道超高垂直下冲错误示意图（×）

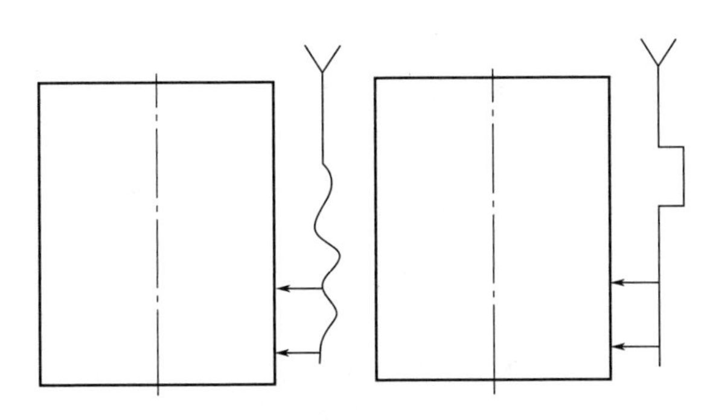

图 14-23 直浇道超高垂直缓冲示意图（√）

14.13 忌浇道刷涂不耐高温不耐烧的涂料

较大型消失模铸造的浇道很多是使用陶瓷浇道，但横浇道和内浇道使用陶瓷管就极麻烦，许多不同结构的铸件之横浇道和内浇道根本不可能采用陶瓷管，这样说来陶瓷管浇道多数只能用于直浇道，横浇道和内浇道照样受冲刷而引发种种冲蚀冲砂缺陷。像暴雨天戴安全帽，顾得了头却顾不了脚，照样是灾难。

在生产实际中，不少情况是直浇道用陶瓷管，横浇道和内浇道刷涂一般性涂料（不耐高温不耐烧），不可能从根本上解决高温钢铁液对浇注系统的冲刷侵蚀问题，铸件内部照样是砂眼及涂料灰渣（包括所谓的白点、灰点）缺陷一大堆。

要从根本上解决高温钢铁液对浇注系统的冲刷侵蚀问题，浇注系统必须采用耐烧耐冲刷的涂料，对于浇注时间超 30s 的铸件，应采用高温陶瓷化涂料，这是稳定质量的基本条件。

14.14 忌一浇道连件过多过近

主要弊病：

① 一浇道连接的铸件数量过多，势必导致浇注的流程和时间增长，不利于正常充型，各件流量分配不可能理想化，铸件质量各有差异。

② 铸件数量过多，势必充型快慢不一，因为各流道的流量与流速不是想当然的均匀化、一致化，有的浇满了，有的可能还未及一半，特别是明冒口浇注，充型快的过早从冒口溢出大量金属液，充型慢的可能因浇不足而报废，此现象极普遍。

③ 一型多件，势必缩小件与件之间距离，充型后散热性差，铸件相近处（特别是厚壁铸件）易出现侵入气孔或析出气孔缺陷，有的还会出现缩孔缺陷。

纠正：装箱连接模样数量适可而止，件间距离勿太近，浇道流量分配要合理。

件间距离过近时（见图 14-24 示的“H”），两件之间温度过高，冷却缓慢，补缩困难，不论侵入气体还是析出气体都必然是往高温处集结，易使铸件高温壁面处产生气孔缺陷，件与件之间必须有适当的距离。

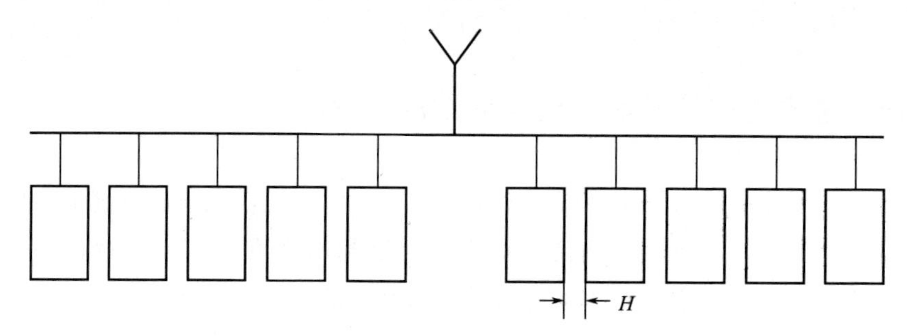

图 14-24 件间距过近示意图

15

小小错误引发大问题

在生产实际中，一些似乎微不足道、看似十分简单的小小错误，往往引发出安全生产和铸件质量的大问题，应引起足够的重视。

15.1 浇口杯的流水口忌大于直浇道对接口

浇口杯的流水口与直浇道口对接处如同咽喉，是所有铁液注入型腔必经的关口，此处铁液温度最高，冲刷时间最长，而且浇包口冲刷距离最近，很容易冲刷出缺口，而泡沫刷涂料的直浇道接口一旦有了缺口则周边的砂子迅速垮塌，缺口越冲刷越大，大量的砂粒随着铁液通过浇道流入型腔，铸件内将遍布砂眼缺陷，而直浇道上部将如同长了大瘤子的“粗脖子”，即使是陶瓷管浇道

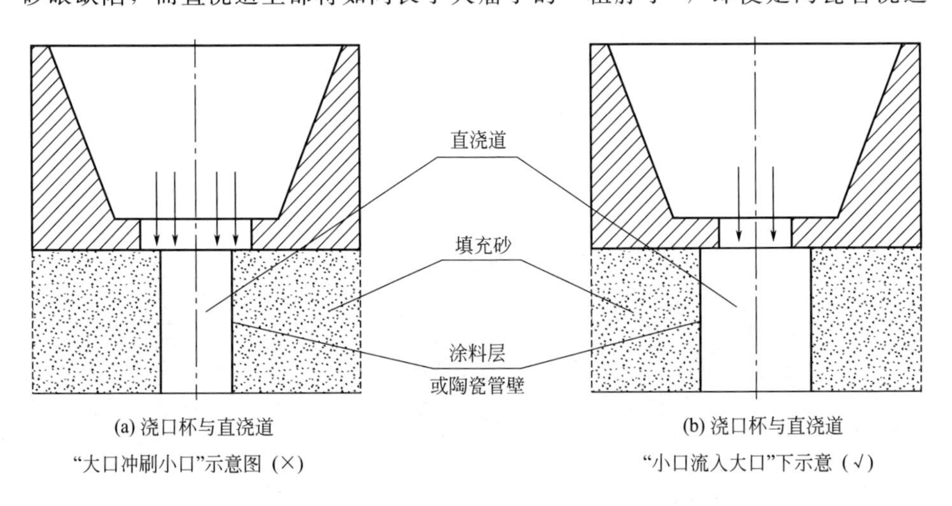

(a) 浇口杯与直浇道
“大口冲刷小口”示意图（×）

(b) 浇口杯与直浇道
“小口流入大口”下示意（√）

图 15-1 浇口杯与直浇道对接错对示意图

也难以幸免，这似乎“微不足道”的错误恰恰就是“大口”对接“小口”的大错（图 15-1）。上方浇口杯的流水口大，而下方直浇道的接水口小，势必随着浇注冲刷时间的延长先把浇杯下方流水口边缘的水玻璃垫砂冲蚀掉，并冲毁直浇道，乃至把填充干砂冲蚀流入型腔之中。

15.2 浇口杯下方忌喷酒精或压放酒精泥条

在干砂的上方直接放置浇口杯是不可能的？通常铺垫一层 2～3cm 厚的水玻璃砂，平坦坚固。水玻璃砂正常快速固化方法是吹二氧化碳。在生产实际操作中，不少单位往往是图方便省事，往水玻璃砂表面喷洒酒精。其实，如此“省事”却会引出大麻烦，浇注 100 件必反喷 100 件，而且是强烈反喷，极易伤人。同时，水玻璃砂口被炸破碎随铁流进入型腔，铸件砂眼缺陷难免，有的单位被砂眼折腾了一两年才醒悟过来，以喷酒精来固化浇口杯下方水玻璃砂的操作法实不可取。

在浇口杯下方与水玻璃砂平面之间垫泥条也是常事，目的是防止铁液从缝隙泄漏，一旦泄漏不仅烧穿封闭的塑膜，而且铁液的浮力把浇口杯抬起，越漏越猛而无法补救，所以垫泥条是必要的，而且必须垫好。但就这么一点“小事”却往往惹出许多大麻烦，错误的操作主要表现为两点：一是泥条摆放不规范，浇注时接触着铁液，二是误用酒精来调制泥条。后者反喷原理同前所述，不多述。前者是水基泥条与铁液接触时引起水蒸气爆发，铁水反喷，泥条自炸裂碎并随铁液流入型腔。正确的方法是在泥条的内沿围一圈高温纤维棉（又称保温棉）或石棉绳，将铁液与泥条隔开，既可避免漏泄，又可消除反喷，确保

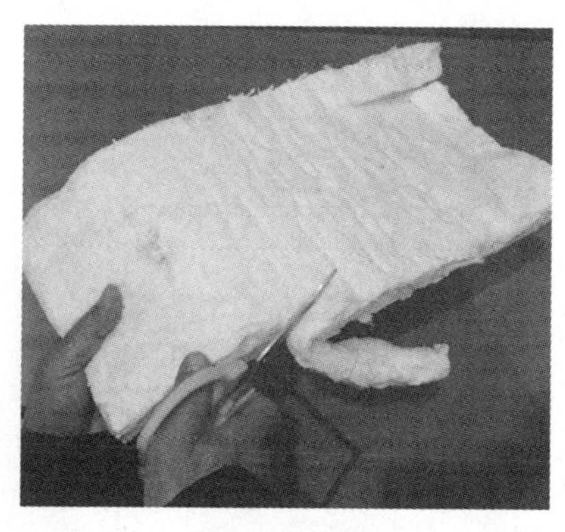

耐高温纤维棉

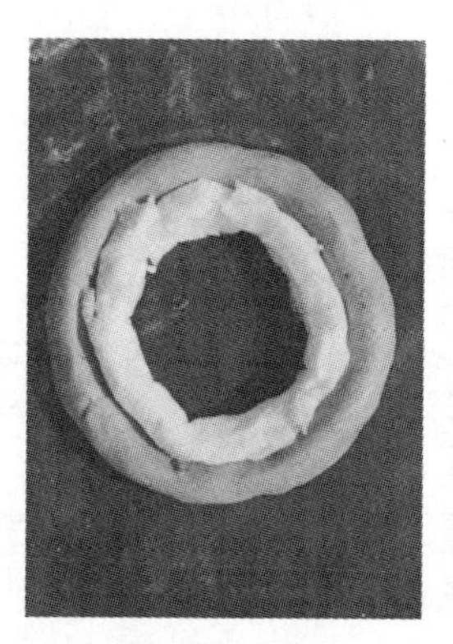

浇口杯下方垫泥条

酒精喷水玻璃砂

图 15-2 浇口杯垫砂压泥条要则与禁忌示意

浇注顺利、平稳、安全进行。见图 15-2。

15.3 涂料开裂忌用稀浆补裂缝

一般情况下，涂料开裂多出现在模样转角处，其原理与铸件凝固转角易缩裂类同：涂层两侧面先干固，转角涂料堆积而最后凝固，凝固必有收缩，在周边涂料已干固的情况下，转角积厚的涂层无法自我补缩势必开裂，这是涂料干固的基本规律。所谓“有的涂料转角或凹槽堆积再厚（再稀）也不会开裂”的说法是不科学的。开裂是收缩应力作用所致，而收缩应力的大小与多种因素有关：涂料的稀稠度、涂料流积的厚薄度、涂料骨料的种类及粒度、涂料配制搅拌的时间与均匀度、涂层烘干的环境条件与烘干温度、白模二次变形消除的程度、白模上涂料后放置的方位与角度……这些都会对涂层干固过程的收缩应力有所影响，当收缩应力大于涂层的抗裂强度时，将发生开裂。弄懂了开裂的原理，看清开裂的表现形式和状态，再分析和寻找开裂的原因就必可解决开裂问题。

正因为涂料开裂是常见现象，不补必发生穿透性机械粘砂，一旦粘砂缺陷严重，清理粘砂的工料费有时要比涂料购用成本高多倍。涂料开裂的补缝要点重在两句话：

勿用涂料稀浆补裂缝，宜用涂料泥膏抹涂之。

涂料泥膏抹裂缝，抹涂一遍可现用。

如果涂层不是开裂，而是脱落露白一片，同样也是用涂料泥膏抹补，水基泥膏或醇基泥膏均可。如果修补面积大，一定要干燥后才能装箱使用，否则高温下水蒸气爆发不仅是出现反喷，更重要的补疤炸脱造成砂（气）孔缺陷。抹涂修补后如急于使用，用电吹风机吹干即可，但风温切不可超过 55℃，否则补疤下方泡沫表皮会萎缩变形。

15.4 忌用劣质或生料铝矾土配涂料

劣质铝矾土不仅 Al_2O_3 含量低，且成分复杂，含有超量的低熔点矿物成分，收缩率大，易开裂，易粘砂。

生料铝矾土就更糟，往往含结晶水 13%～20%，不仅高温下散发大量水蒸气，而且收缩率超大，只要配用于涂料必 100%使涂层干裂，当涂层厚度超 1mm 时，裂缝往往有 2～3mm 宽，有一定方向性但无规则，此类现象无法补救，补了也得不偿失。

消失模铸造企业误用生料铝矾土作骨料的现象并非少见，而且都损失惨重。图 15-3 就是某厂误用生料铝矾土造成的“裂缝奇观”，分析其操作过程是：内层浸涂了约 1mm 厚的生料铝矾土涂料之后，尚未干燥就急于刷涂用石英粉配制的第二层，用石英粉配的第二层涂料骨料由于黏结剂量较多，浓度较稠，烘温也较高，外层先结膜干固，几乎没有裂纹，而内层严重开裂却看不见，结果浇出来的铸件浑身都是宽约 1.5mm、凸起约 1mm 的铁质纹路。

结论：劣质或生料铝矾土千万别用于配制涂料。

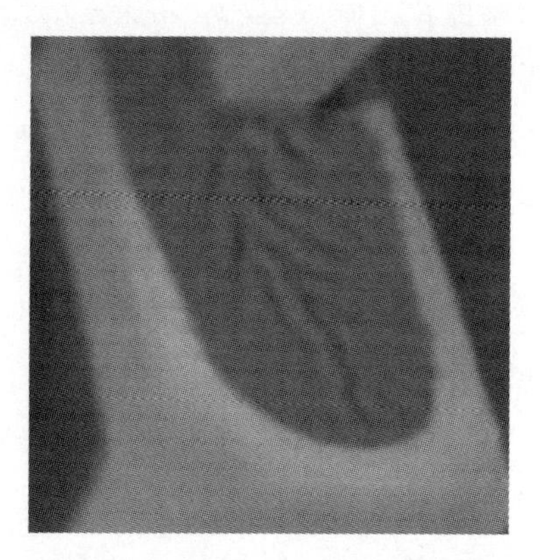
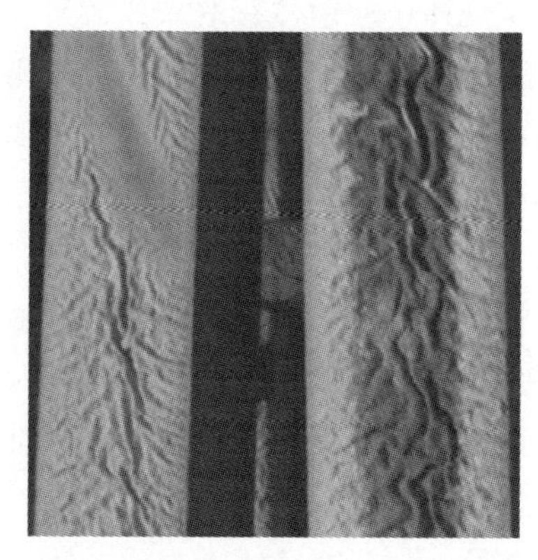

(a) 涂料开裂后继续浸涂外层（未干状态）

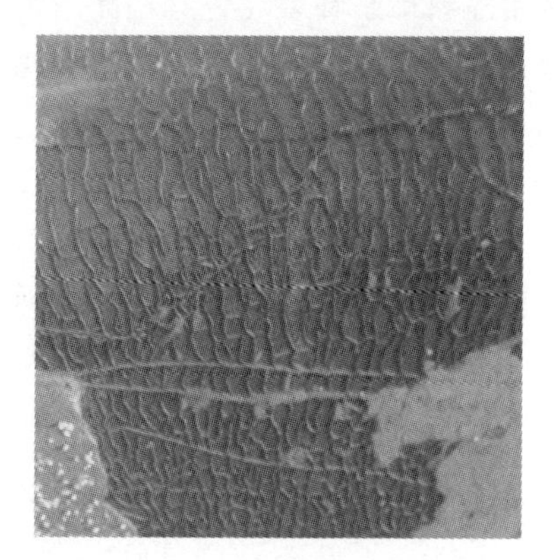

(b) 铸件表面凸起的纹路

图 15-3　某厂以铝矾土生料配用的涂料开裂及铸件表面的凸纹实照

15.5　泡沫模样熟化不良忌使用

任何泡沫模样，包括泡沫板材，都有二次变形和消除内应力的过程，这个过程与环境温度及时间有关，在 43～55℃下放置，其过程可以缩短，自然放置则过程较长，这个过程称熟化。如未经良好熟化就急于使用，往往出现以下不利的现象。

① 刷了涂料烘干过程发生变形，使白模尺寸失真，几何形状微变。

② 湿态涂料重量大，加上在 43～55℃烘干温度下，重力加热力作用，对于不同结构的泡沫超过了一定的变形极限后会产生裂纹。

③ 在连同涂料烘干的条件下，泡沫本身所含的水分无法挥发出来，甚至还会增加其珠粒内的水含量，极易造成铸件气孔缺陷，对铸钢件引发气孔缺陷就更多。

泡沫模样熟化所需的时间很难统一，不同工艺生产的模样或板材熟化时间不同，同一泡沫而不同结构、不同大小、不同厚薄的其熟化时间也不同。一般结构新发泡成型的模样最好在 43～55℃烘房内存放 3～7 天。外购的厚大泡沫板材整体自然熟化最好放置一个月以上。总之，视不同情况而变，多点时间熟化处理总比草率处理好。

在许多消失模铸造厂的生产实际中，常见到一些较大型的铸件表面有一条条不规则的往铸件里面凹的沟纹，宽度和深度多在 1～2mm，是什么东西能在铸件表面形成沟纹呢？无非就是涂料！是白模连同涂料烘干过程变形开裂，涂料浆液往泡沫模样裂缝里渗移，烘干浇注后就“嵌”在铸件表层，清理干净就是一条条不规则的沟缝。见图 15-4 和图 15-5。

图 15-4 平板件泡沫模样（厚 40mm）开裂引起的铸件凹沟缺陷纹路

铸件凹沟纹路见提示线框内

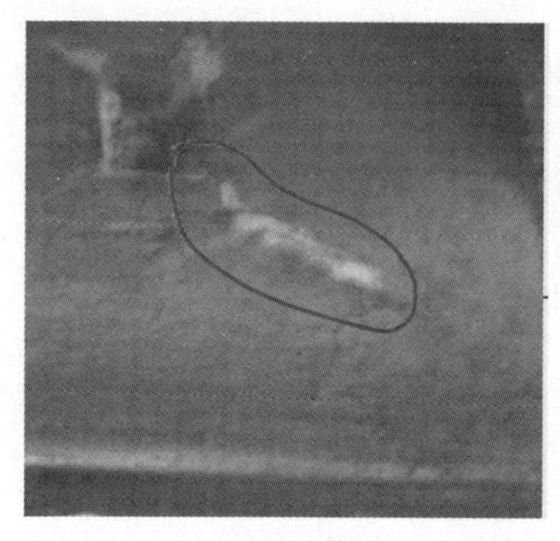
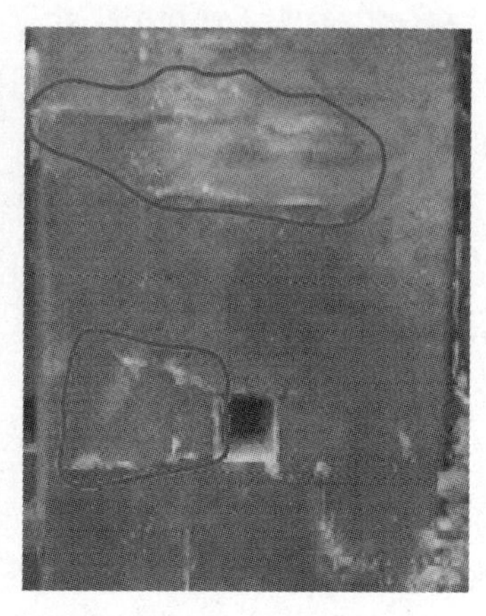

图 15-5　某厂泡沫模样刷涂料后二次变形开裂导致铸件表面沟凹纹实照

衬板（厚 60mm）泡沫模样开裂引起的铸件表面沟纹（见提示线框内）

15.6　深槽深孔切忌乱填砂

图 15-6 是 400 多千克重、厚度 60mm、120 个铸出孔（ϕ14mm 穿孔）铸钢件实照。120 个 ϕ14mm×60mm 穿孔无一粘砂烧结，用小木棍即可清理干净，可称一流水平。

图 15-6　中南铸冶技术示范基地生产的多孔碳钢铸件（多孔罩）实照

图 15-7 是巨型铸铁齿轮件，直径 4200mm，因平放浇注无巨型砂箱，竖立浇注行吊高度不足，采用分边浇注再合桥方法生产，中间各半边铸出 ϕ36mm 深 220mm 的穿孔 4 个。4 孔之处恰为厚壁并位于大热节处，极易把孔

洞内的涂料与填充砂烧结堵死。结果是连续生产 6 件，每件穿孔内的填充砂不需清理而自动流出，孔壁涂料用木棍即可轻松清理干净。

ϕ4200mm 齿轮直接铸出无缺陷，两半边组合毛坯尺寸误差仅 3～5mm，堪称精品。

中南铸冶生产这种高难度深孔铸件，关键在于选择填充材料和科学填充方法。

图 15-7　中南铸冶示范基地生产的巨型铸铁齿轮（半边）实照

齐肩高中轴处 4 个 ϕ36mm×220mm 穿孔完美铸出，半圆 100 多个齿沟无一处有粘砂缺陷

深槽孔洞必填砂，填砂不慎必报废。华中某规模不小的配件厂专业化批量生产一种 HT250 牌号、要害处有火柴盒般大的盲孔，苦干一年几乎无一件能把孔洞中烧结的涂层与砂粒顺利清理干净。其实，就那么一个不大不小的孔洞，真正搞懂了就是“举手之劳”便可轻松解决。这个问题就在于对孔洞的涂料和填砂选择与处理不当。

要想轻松有效解决深槽和孔洞涂料与填充砂烧结难题，必须注意以下三个要点。

① 涂于孔洞或深槽的涂料必须耐高温并具有强抗粘砂性能，而且必须烘干透，不允许有丝毫裂纹，否则非发生热粘砂和穿透性粘砂综合征不可。

② 填于孔洞的砂子可用高溃散性黏结剂混合湿填烘干，也可填干砂，所用之砂子必须具有高耐火度，在高温铁液长时间包围下不发生烧结，比如石墨砂或便宜易得的石灰石砂。

③ 孔洞填砂若使用黏结剂与砂子复合湿法填实，必须视此块砂为常规的砂芯一样，插有导气通道，否则浇注时必“气炸”而被铁液渗入粘砂。

15.7 涂料烘干切忌忽视湿度控制

涂料烘干需要一定的温度，对于 EPS 模样而言，最佳烘温是 43～50℃，允许达 55℃，温度是烘干的必要条件，烘房内的空气湿度同样也是十分重要和必要的条件。实践经验表明，烘房内的空气湿度＞50％的情况下，任由烘多久都难保证涂层里外干透，在烘房内恒温条件下以手触摸涂层表面似手摸感硬、敲得响，但内层水分甚高，用针端式湿度仪插入涂层深处即可显示其干燥度。

在烘房温度高而湿度也高的情况下，模样拿出烘房外数分钟即明显回潮，表面强度明显下降，此时回潮主要不是表层吸收空气中的水分，而是未干透的内层水分向降温的外层迅速迁移，即使及时装箱也难保涂层和铸件的质量。在很多情况下，不少人往往是只要涂料一回潮就误认为是“涂料吸湿性太大”。涂料有回潮现象，不排除涂料中有易吸水亲水的成分，也不排除与生产环境的空气湿度有关，但忽视了涂料在烘房内的湿度就有可能永远实现不了涂层抗潮的预期目的。

涂料烘干房正常情况下的空气湿度应控制在＜30％，可用工业除湿机降低烘房湿度。中南铸冶技术示范基地的烘干房没有采用工业除湿机降湿，而是采用航空涡喷式空气流热循环烘干，烘房内的空气湿度常稳定在≤20％，涂料内外层干透效果良好。

15.8 液-液复合浇注忌 4 误

（1）一防涂料误用，勿顾此失彼，应一料通用

液-液复合浇注通常是指两种不同材质的合金液在同一铸型中浇注，可以设置两组浇注系统，也可同用一组浇注系统，而模样在刷涂料时除非常特殊的

铸件外，通常是两种材质的涂料没有分界线，整体涂刷，为此，同一种涂料必须适用于两种不同的材质，不可顾此失彼。

（2）二防两种密度差异大的合金上下颠倒浇注

不同材质的合金液-液复合浇注，应该是上下分层，不可能是左右分层。如果两种合金的密度差异甚大，应该是先浇密度大的合金液（下层），后浇密度小的合金液，以免混合不清。

（3）三防合金液注入混乱，内浇口位置必须合理

下层合金液不管怎么浇入铸型，只需控制充型高度即可。上层合金液之内浇口位置必须注意既不要冲入下层，也不要从上往下冲击下层，通常宜在分层面上方 10mm 左右的高度平向且平稳地注入上层合金液。

（4）四防下层合金液充型高度过低或过高，宜采用光电定位

复合浇注的模样是封闭于铸型中，浇注时的充型高度看不见，摸不着，最简单而准确的办法就是采用光电定位，当充型到既定高度时，合金液连通电路，浇注工前面的指示灯闪亮即可收包停浇。如图 15-8 所示。

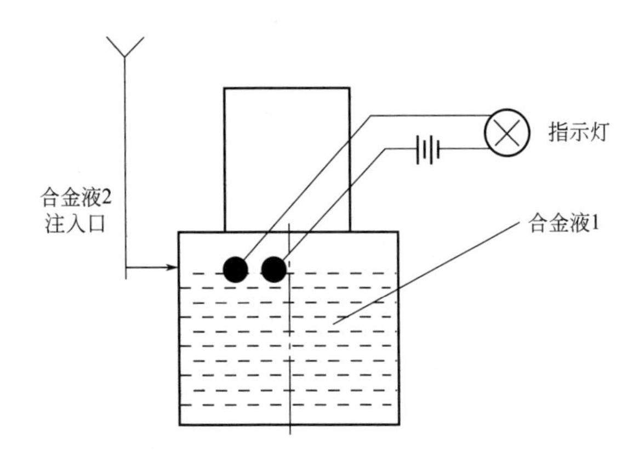

图 15-8　液-液复合浇注充型高度定位及上层合金液注入示意图

15.9　密度差异大的多成分金属液静态浇注易偏析

多成分而密度差异大的合金液铸造并不少见，比如高铝耐热铸铁、锡铝铜合金等。铁相对密度 7.4～7.8，铝相对密度仅 2.7，锡相对密度 7.31，铅相对密度 11.34，铜相对密度 8.96……这类合金复合铸造不仅熔炼困难，充型均匀性也难控制，往往是铁下沉而铝上浮，铅则沉于锡和铜之下，靠搅拌可以稍减轻偏析程度，在浇包中往往也是在浇包内边搅拌边浇注，但合金液注入型腔

之后就既看不见也搅不着了，生产实际中要解决铸件成分严重偏析问题是既辛苦又难达预期效果，相当头痛。

对消失模铸造而言，有个得天独厚的优势，就是合金液可以实施高频脉冲振荡浇注，进入铸型内的合金液仍然受到高频振动波的强力作用，高温液相态的金属原子在自身固有的热力自由能加外来高频脉冲波能的合力作用下以强烈翻滚的形式运动，最终实现有序的原子排列，达到最大限度消除成分偏析的良好效果。关于金属液原子热力运动的原理在前文中有专述。强化金属液中原子热力运动对于消除合金成分偏析的良好效果远胜于人工或机械强力搅拌。自高频振动浇注技术发明与成功应用以来，不少从事生产高铝铸铁或锡铅铜合金生产的企业在消除铝、铅偏析方面取得了令人可喜的效果，多年来头痛的难题得以解决，至于一般工程结构件基体金相和化学成分的均匀化显然不言而喻了。

15.10 球铁无冒口铸造忌无视必要条件

球铁无冒口铸造工艺不能在未搞懂原理之前就乱搬照套。其主要理论依据是一定化学成分范围的液态球铁在1340～1130℃变化区段之体积膨胀量大于体积收缩量，这一机理叫球铁石墨化膨胀过程。因此，要实施球铁无冒口铸造是有条件的：

① 球铁液的碳硅当量CE＝4.2%左右，且Mn含量偏低（≤0.3%为佳），此成分范围对其在1340～1130℃温度区间的石墨化膨胀有利，使其凝固过程所产生的体积及其空间位置足以能弥补液态收缩时留下的体积及空间位置。

② 既然有石墨化体积膨胀和液态收缩同步进行，铸型的刚度必须足以抵抗其膨胀力的作用，避免型腔发生位移而改变（增大）型腔固有的体积。

③ 为防止球铁液石墨化体膨胀过程发生外溢，内浇口必须在其发生石墨化膨胀之前先凝固，以对刚态型腔封闭。为此，内浇口特点是三个字：扁、平、长。一般说来，内浇口的宽度大约是厚度的4倍，其长度稍大于其宽度，具体尺寸视实际情况灵活确定，但原则不可改变。

④ 浇注温度不宜过分高，砂型铸造（空腔浇注）的浇注温度1360～1380℃可行，消失模铸造考虑泡沫必须充分气化，浇注温度宜1420～1450℃。

违背了以上条件是不可能达到预期理想效果的，特别是内浇口的设置切不可乱来，为了保证铸型的刚度则风压不能偏低，碳硅当量不能误差太远，只有实施严格的工艺措施才能铸出球铁精品。

生产球铁，常检测其C含量作为熔炼和炉前处理的主要参数依据，而理化检测其C含量往往是把试块置于钻床上钻孔，常见的现象是铸件C检测量远小于预定配料计算的原铁液含C量，不少人对此疑惑不解。其实原因极简单，根本原因在于钻孔取屑方式。球墨铸铁之球中石墨不是化合碳，是自由碳，钻头角度不对或钻速过快，则卷起的铁屑中飞散损失的碳粉就越多，理化检测时其含C量必然低于实际含C量，不认识这个问题就会导致盲目配料。正确的取样方法是钻孔取屑时加一护罩，取完样后要把黏附在罩上的碳粉取下集中于铁屑中。即使是这样严格操作也不可能做到“万无一失”，多少总有点误差，但误差过大就会误导生产了。

15.11 泡沫浇道切割接搭操作五忌

许多中、大、特大型铸件的泡沫模样在不便于先粘接连体浇道涂覆涂料的情况下，常在装箱造型过程再把备好的（按既定规格烘干的）泡沫浇道灵活切割搭接。这本是很简单的操作，但往往因一些细节的失误而造成铸件产生严重的砂眼缺陷。浇道切割接搭之忌切莫忽视。

一忌　备接的浇道是高温铁液最高温、最长时间流经冲刷最厉害之咽喉之道，切忌使用不耐烧不耐高温长时间冲刷的涂料，否则非冲砂不可。

二忌　浇道接搭口必须切割平整，切口周边涂料层完好无损，有涂层缺口严重或明显开裂的泡沫浇道切忌使用，此为高温冲刷危险区。

三忌　两对接浇道用热胶粘接后，切忌直接用涂料泥膏涂覆接口，被免高温钢铁液接触未干涂层而发生炸裂炸碎，必须扎粘2～3层纸质单面胶带方可抹涂料，如抹水基涂料必须用电吹风以60℃以下的风吹干，如抹醇基快干涂料也稍吹干为佳。

四忌　在单面胶纸表面及其周边抹涂桂林5号醇基高温陶瓷化耐烧涂料泥膏时，忌涂抹过厚，0.8～1mm为佳，以免在其未完全挥发的情况下而急于浇注时会引发过量的酒精激烈发气而炸裂周边涂料层。

五忌　泡沫浇道接搭，切忌在接口处包筑水玻璃砂“加固”，一是水玻璃砂含较大水分，很快润湿接口周边的涂料层；二是固化后的水玻璃砂块在后续振动填充砂时其下方易出现空洞，浇注时在钢铁液动、静压力下可能塌毁。见图15-9。

大平面铸件生产，通常是不得已才水平摆放，在工艺条件允许的情况下，如果仅从塌垮危险性考虑，宜斜放或侧放，斜45°则重力的垂直作用减半，侧放则重力作用大为减少。活动式负压框架摆放示意见图15-10。

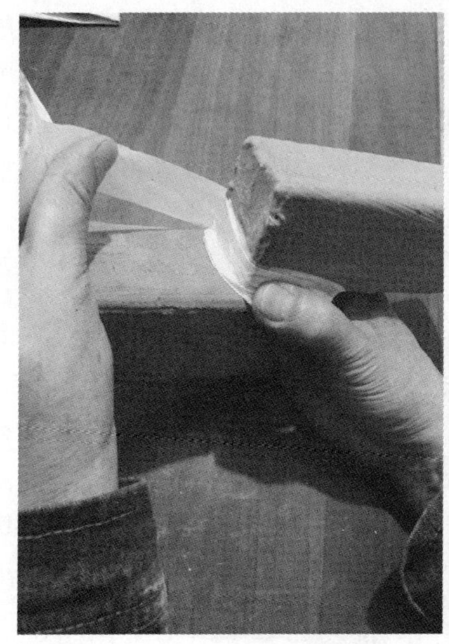

(a) 泡沫横浇道与横浇道接搭

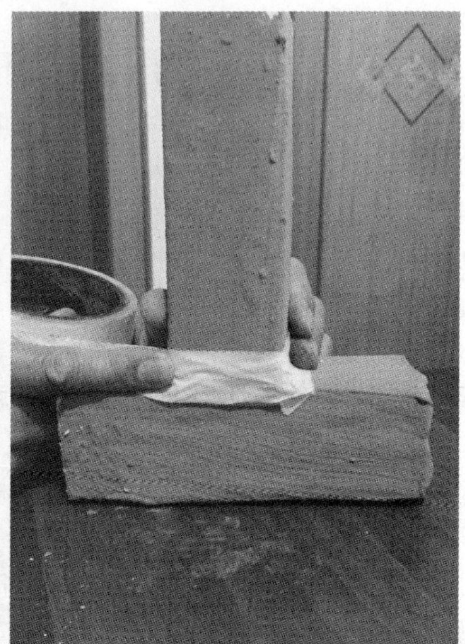

(b) 泡沫直浇道与横浇道接搭

图 15-9　泡沫浇道接搭扎贴纸质单面胶带

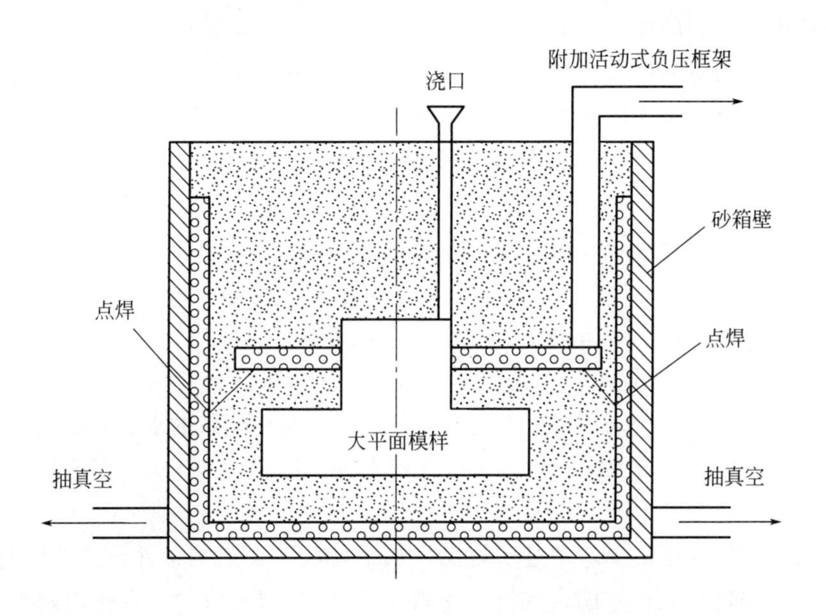

图 15-10　活动式负压框架摆放示意图

平放、斜放、侧放承受上方砂子压力状况见图 15-11。

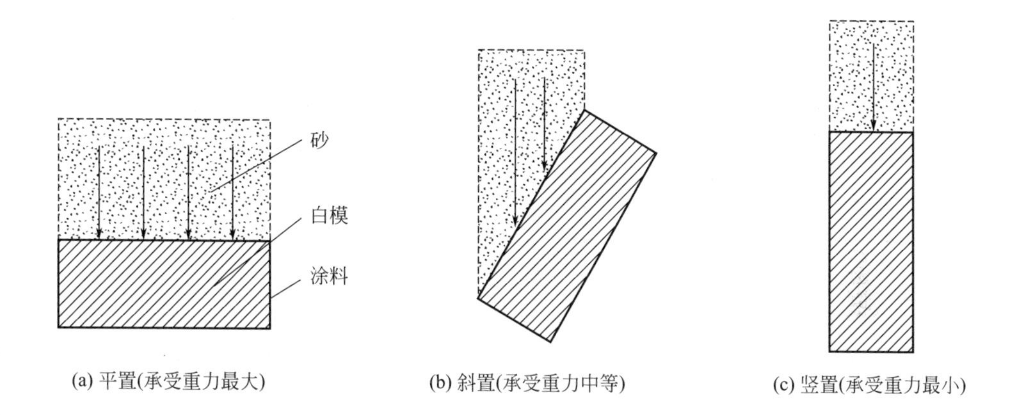

图 15-11　大平面铸件不同装箱方法所受重力示意图

承受力＝压强×面积

另一种浮力超极限的现象往往被人们忽视，如图 15-12 是一种缸类铸件。

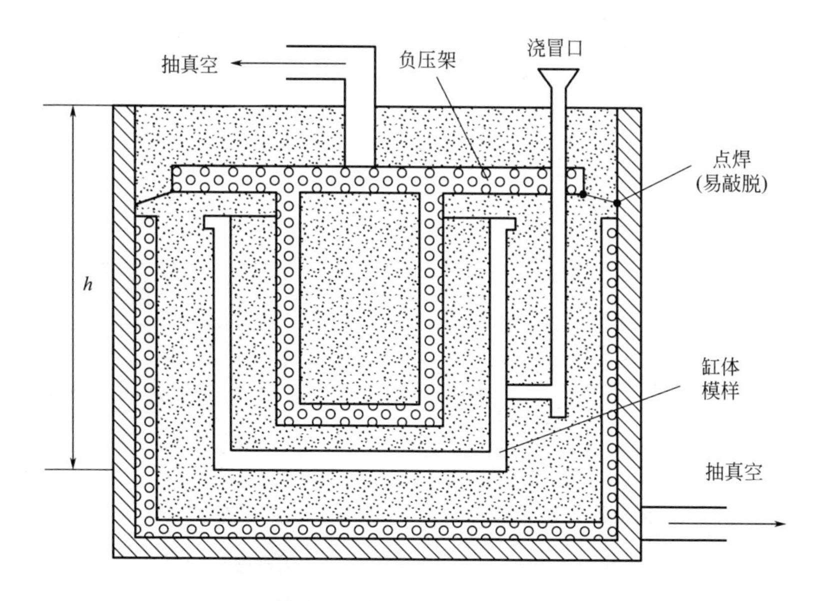

图 15-12　以活动式负压框架克制浮力示意图

多种常见造成塌型的失误见图 15-13～图 15-15。

部分填砂不到位失误示意见图 15-16。

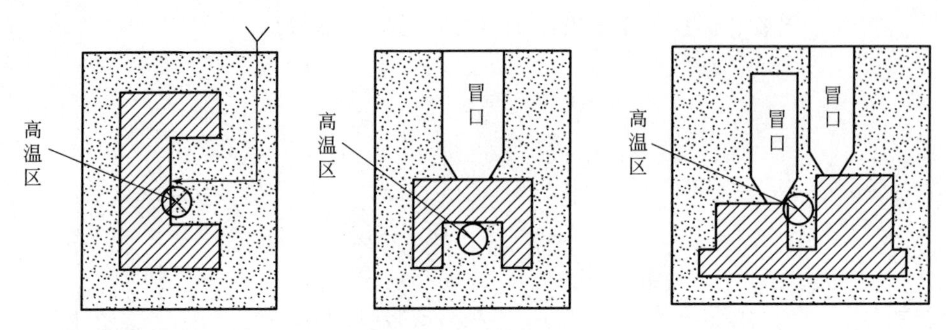

图 15-13 局部高温区铁液未凝固而过早撤压存在塌型垮箱危险示意图

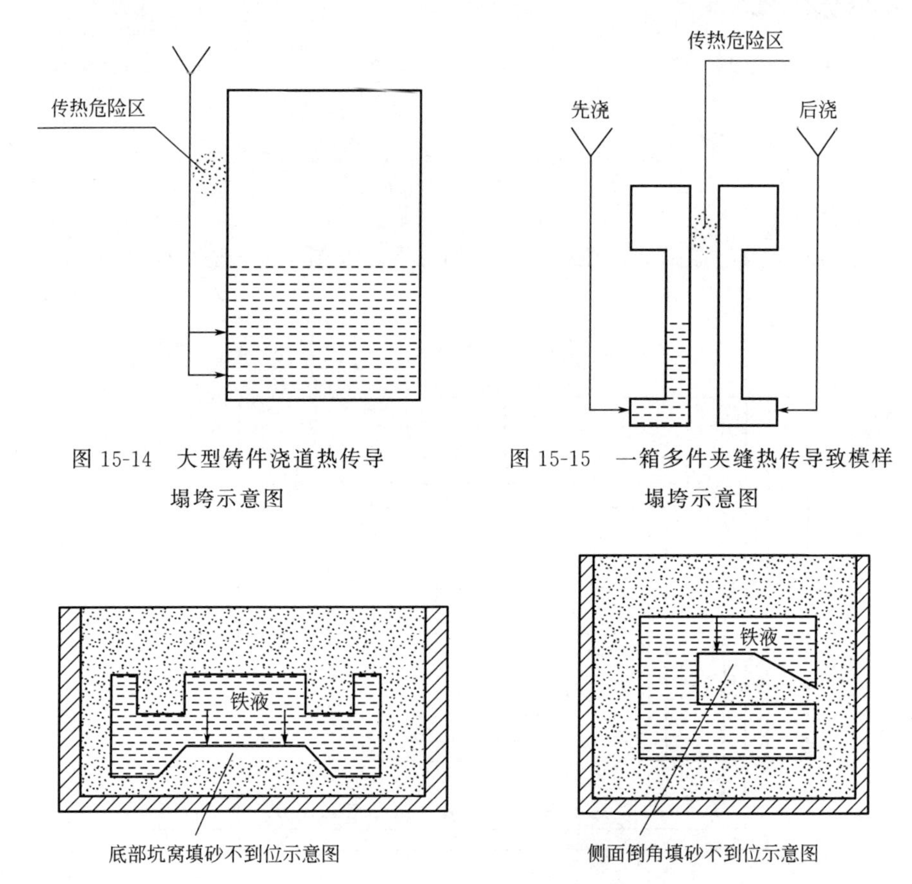

图 15-14 大型铸件浇道热传导塌垮示意图

图 15-15 一箱多件夹缝热传导致模样塌垮示意图

图 15-16 底部坑窝填砂不到位、侧面倒角填砂不到位示意图

16

预防塌箱塌型十要则

浇注过程塌型垮箱、浇注过程强烈反喷、浇注系统设置不当，忽视“细小”的操作问题，这些现象是经常性和普遍性的，也可以说主要是人为的，同时也是要害性的。

浇注塌型的原因有浇注初始、中期、后期三部分，原因与塌垮的起点弄清楚就必能避免，实际上即使是非定型常变换的“杂件”生产，塌型垮箱率不足千分之一的单位也确实不少，因为他们掌握了塌型垮箱的原理与规律，故能迎刃而解之。

浇注过程强烈反喷无非是事出有因，反喷易伤人，同时也往往导致铸件有气孔缺陷。处理反喷需要对症下药，症明药对就能使浇注过程平平稳稳，顺顺当当。

浇注系统设置的误区可以说是相当普遍，盲目性与误导性共存，实际上是“只求铸得出”和力求铸精品两种理念的反差太大，解决这个问题重在加强学习，似乎是“微不足道”的浇注系统差异却往往导致铸件质量与品位等级的千差万别。

以上三大要害问题，有普遍性，也有特殊性，既含技术性，更有人为性，既然是人为性，就完全可以和应该做好，做到位。

16.1 小真空泵配用大铸型易塌箱

钢铁液注入铸型之瞬间，泡沫模样猛然快速热解气化加上型腔空间从型壁向外强抽风，负压系统骤然发生变化，这是必然性的突变，在气流量较小的真空系统中，可以看见负压表发生瞬时强烈的跳动而负压度急剧下降，多年来曾有不少人以图研制一种“浇注初期稳压器”来应对这种负压突变现象，但作用甚微。生产实践证明，浇注初期塌型垮箱现象的发生多属小真空泵配用大砂箱而气流量不足所致，现实而有效的办法是真空泵气流量的科学匹配，小马拉大车，不死也累瘫。在生产实际中，不少人把气流量的概念理解很抽象，这里举个很直观也很简单的例子：小孩玩的气球如足球般大，充气很足似乎“气压”很大，但稍漏一点气就软扁了。而一个直径1m大的气球，放掉一两升的气却安然无事，形态几乎没有改变。真空泵的气流量是指抽气能力，也可以理解为供气能力，供气能力够大，则瞬间损失一点就不影响大局，不至于发生塌型垮箱而“不可救药”的程度。

消失模铸造浇注初期防塌型垮箱要特别注意两个要点。

① 平稳浇注。初始以细小流量从浇口杯注入钢铁液，而后缓缓加大流量，使泡沫模样热解气化与负压变化“和平过渡”，切莫倾盆而注，浇注中期流速流量以维持浇口杯的铁液高度为1/2合适，浇注后期适当减少流速流量，但浇口杯不能流空。

② 真空泵的功率及气流量要与砂箱及铸件（模样）体积相匹配，负压分配阀上的负压度表的高低不能代表气流量的大小，如气流量过小，浇注之初始塌型垮箱的危险性极大。

16.2 大平面铸件水平浇注易塌箱

大平面铸件水平装箱时，中部远离砂箱壁面的负压管，负压作用力薄弱，而大平面水平放置的上方所堆积的填充砂的重力垂直作用于平面上：

上方堆砂重量＝大平面的面积×堆砂的高度×堆砂的密度

假设大平面的面积是$3m^2$，上方堆砂高度是1m，石英砂堆密度按$2.3\times 70\%=1.61t/m^3$计，宝珠砂堆密度按$4.1\times 70\%=2.87t/m^3$。堆砂的体积是$3m^3$。

该平面上方填充砂的重量是：石英砂$=1.61t/m^3\times 3m^3=4.83t$

宝珠砂$=2.87t/m^3\times 3m^3=8.61t$

可想而知这4.83t或8.61t重的砂子在平面的泡沫模样被热解气化而未被铁液填充之时，靠什么力量来固定于该平面之上？显然是负压给砂粒的紧固力（摩擦力），抱住则不垮塌，抱不住则必垮塌。因此，必须对上部的负压“强化”加固，比较实用有效的方法是平面上方附加抽真空的负压框架（图16-1），而且这个负压框架必须前后左右4个方位与砂箱壁焊牢（点焊），与砂箱结合成一个牢固的整体，在负压作用下把平面上方数吨的砂子架住而不下沉。每个铸造厂的真空泵都是定了型使用的，碰到这种特殊铸件去更换“大气流量”大功率真空泵是不现实的。

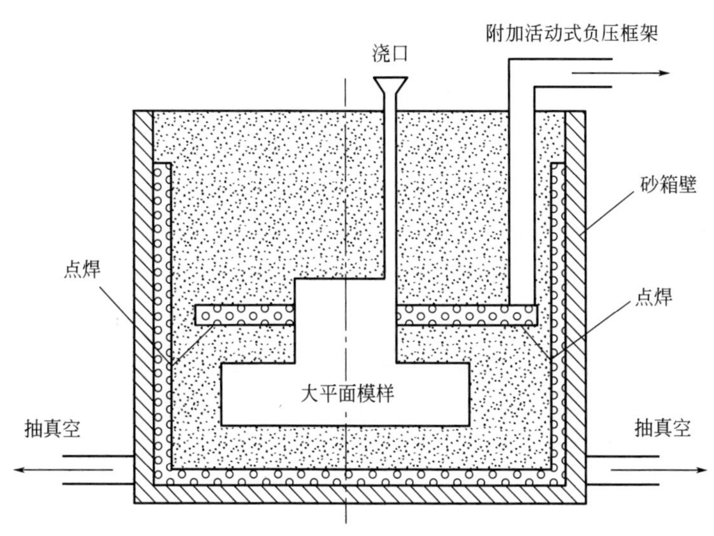

图 16-1　活动式负压框架摆放示意图

大平面铸件生产，通常是不得已才水平摆放，在工艺条件允许的情况下，如果仅从塌垮危险性而考虑，宜斜放或侧放，斜 45°则重力的垂直作用减半，侧放则重力作用大为减少。

平放、斜放、侧放承受上方砂子压力状况见图 16-2 所示。

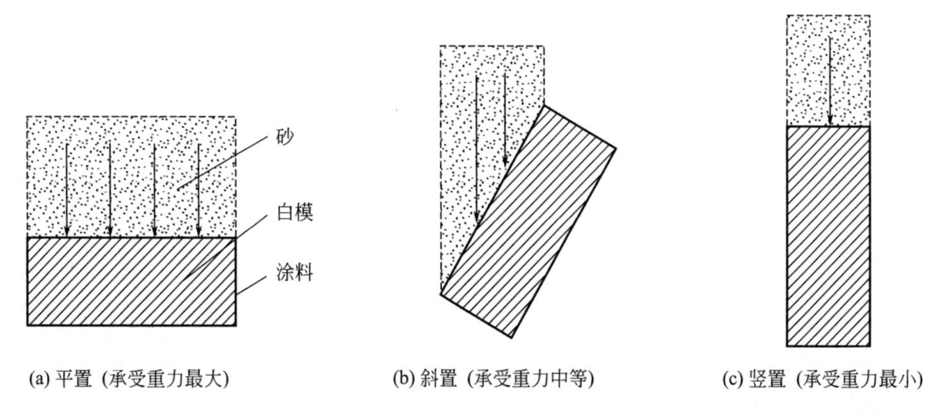

图 16-2　大平面铸件不同装箱方法所受重力示意图（承受力＝压强×面积）

大平面铸件除平面的空腔承受重力有可能导致塌型垮箱外，铁液充型产生的浮力也是造成塌型垮箱的巨大威胁。下面介绍浮力塌型垮箱现象与防范。

16.3 大浮力铸件防范不当易塌箱

如 16.2 所述就是大浮力的一个典型铸件：底面积 $3m^2$，上堆砂 1m 高，浇口杯液面高度以 0.15m 计，浇仓流水口离浇口杯液面 0.35m 计，不计动压头（浇仓口到浇口杯液面高度），$3m^2$，高度 1.15m 铁液柱的重力计算：

$$3m^2 \times 1.15m \times 7.4t/m^3 = 25t$$

25t 的浮（重）力（未计动压头），如果靠压铁是压不住的。砂型铸造为什么砂箱的横挡不是活的，而是与砂箱铸为一体呢？就是克服浮力，以砂箱的横挡分担浮力，减少压铁重量。同样，平面上方附加独立外抽真空并与砂箱壁面焊连的负压框架也是这个目的。同理，大平面斜放和侧放既是减少平面处的空腔承受过大重力，也是为了减少浮力。重力超过极限，负压的坚固摩擦力“抱”不住下沉的几吨砂，而浮力超过极限，照样顶不住浮力把铸型顶破顶垮。重力和浮力都是塌型垮箱的致命威胁。

另一种浮力超极限的现象往往被人们忽视，如图 16-3 是一种缸类铸件。

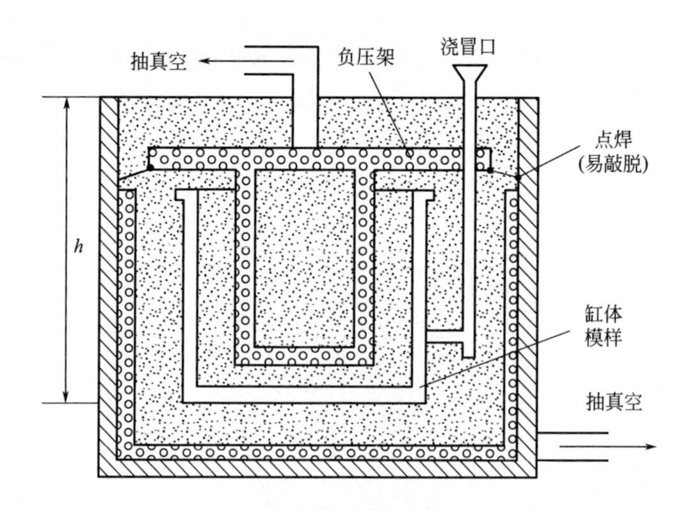

图 16-3 以活动式负压框架克制浮力示意图

缸式铸件：假设内径 ϕ1000mm，铁液静压头高 1.5m，仅铁液静压头产生的浮力＝底面积 S × 静压头高度 h × 铁液密度 $= 3.14 \times 0.5^2 \times 1.5 \times 7.4 \approx 8.7t$。如果加上动压头，缸内砂子的浮力约达 10t。

此类铸件必须强化加固缸内和缸顶的负压（做好独立外抽真空附加负压

架），否则，必然塌型垮箱（浮力抬箱必塌）。

特别注意：

凡大浮力的铸件，除强化加固负压设置外，浇注过程一定要平稳匀速，浇注后期减速减流量，当充型液面接近或到达铸件顶面后，要细流量缓浇，浇注温度越高越要注意，流动性越好的铁液越要注意，不论是静压头还是动压头，能低勿高，往往增加一点高度就增加很大的浮力，当浮力超过紧固力时，塌垮就在一瞬间。

16.4 大面积涂料垮落易塌箱

在浇注充型过程，泡沫模样热解气化形成空腔的速度总是远远超前于充型液面的上升速度，即在铁液面上方很快形成空腔。所谓空腔即型壁无泡沫模样也无铁液支撑，靠能耐高温的涂料层保护，而涂料层仅 1～2mm 厚度，如果高温下涂层粉化或者大面积开裂垮落，型内负压首先从涂层垮落处发生突变。正常状态下，负压的抽风力总是垂直于型壁向外的，而型壁是由涂料层保护的，当铁液充型来不及填充到大面积涂层脱落处时，塌型垮箱的危险性极大。

解决这个问题需注意以下 6 点。

① 忌使用不耐高温的涂料。涂料应具有高温不粉化、不开裂、不降低强度的性能。

② 忌使用涂层未完全烘干的模样，如涂层含水量大则浇注过程易裂易垮塌。

③ 涂料性能不佳的铸型不宜实施先烧空后浇注，也不宜边振动边浇注。应待型腔充型到顶面或接近冒口颈时方可启动振动台。

④ 浇注过程平稳充型不断流，负压宜高不宜低。

⑤ 涂料层不宜过薄，但也不宜过厚，一般以 2～3mm 为宜。

⑥ 内浇口开设要避开易使涂料冲裂、冲垮、冲脱处。

16.5 大型铸件局部高温区域过早撤压易塌型

一些不同结构的大型铸件往往有局部“超长时间”高温区，散热冷却不均衡，似乎整体表层趋于凝固，却有局部区域尚处于铁液状态，如过早撤消负压，轻者局部“塌型”，铁液流向干砂层，形成较大面积的“铁包砂”，而离此“漏水”不远处的铸件内部必有较大的缩孔和大片疏松；稍重者则“漏水口”

附近的铸件壁面形成空壳；更严重者（即铸件表层大部分未趋凝固）则整体塌型垮箱，见图 16-4。这里所言之“区”，显然不是钻牛角尖的小面积，有一定的范围方可称为“区”。

局部“超时间”高温区往往是在厚大热节处、厚大弯角、坑槽或夹缝处，两面或多面大容量被高温铁液包围，浇注结束一段时间后，大部分趋于表层凝固，而局部仍处高温液态。

注意点：

① 内浇口尽量远离易形成局部高温区。

② 易形成高温区设置冒口要慎重，勿造成高温叠加，高上加高。

③ 在易形成高温区能设置内冷铁或外冷铁者应尽可能设置，使此处铁液快速凝固。

④ 正确判断铸件外层整体凝固的时间与凝固程度，满足安全系数方可撤消负压。

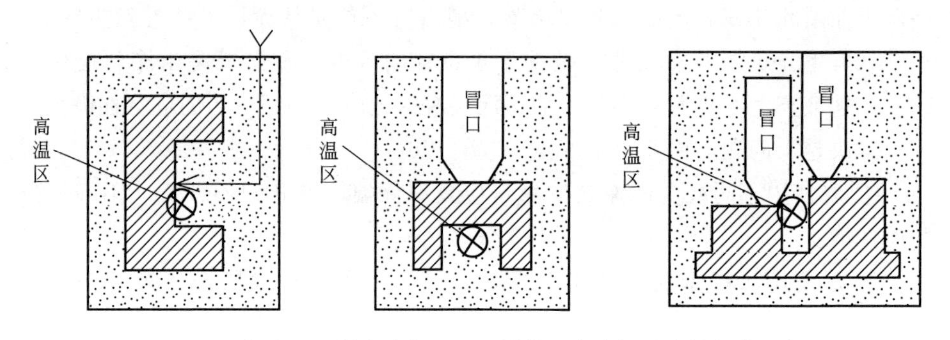

图 16-4　局部高温区铁液未凝固而过早撤压存在塌型垮箱危险示意图

16.6　浇注大反喷过程易塌箱

负压浇注，有喷必有吸，气流一喷一吸必造成威胁性的隐患。

消失模铸造浇注过程大反喷必有其因，一般性的“缓冲式”小反喷说是与涂料透气性差、负压气流量小、填充砂过细或粉尘过多有关并不为过，但强烈的突发性大反喷就不一定是那么回事了，一旦发生突发性大反喷，即使涂料有再好的透气性，真空系统再大的气流量也无济于事。突发性大反喷常有以下几种比较危险的情况。

① 大面积内冷铁设置而未实施先烧空后浇注。大面积内冷铁在涂料层烘干过程将凝聚大量的水膜在冷铁表面，当高温铁液突然将其覆盖时，必然有超

高温水蒸气大爆发，以不可阻挡之势从浇道强力喷出，平时趋于平衡的负压发生突变，而且是一喷一吸（短时间断性从型内高速强力喷出，又在负压作用下从喷空的浇道强力吸入空气），此间极易造成塌型垮箱。

② 浇注系统使用大量的醇基涂膏中醇未完全挥发干净，或浇道接口、浇口杯下方大量使用以醇（甲醇或乙醇）液喷洒固化的水玻璃砂，当高温铁液注入与之接触时，瞬间产生爆发性燃烧发气，严重时可把浇口杯中的铁液喷溅数米之高，数米之外都可以伤人，所幸不是在型腔内爆发，而是在铁液尚未进入型腔之前爆发，此瞬间的塌型垮箱可能性还不很大，但如果边反喷边不停猛浇，铸型内泡沫热解气化形成较大空腔之后，强烈反喷仍在持续（与乙醇或甲醇喷洒量有关）则极易造成塌型垮箱。

③ 模样整体使用醇基涂料未完全挥发干净而装箱浇注，同样会发生爆发性发气反喷，而这种反喷是在型腔内发生，且持续时间相对较长，当反喷过于强烈时必塌垮无疑。

针对以上三种情况，应采取相应的防范措施：

① 凡有内冷铁的铸型，不论冷铁大小，必须实施先烧后浇，烧掉冷铁表面水膜，并使冷铁变“无水热铁”，防反喷也防固液接触处有气孔。

② 浇注系统装箱对接时使用酒精涂膏忌过多过厚，对接浇道用单面胶纸捆扎后，在其胶纸外表稍抹上不足 0.5mm 厚的酒精涂膏即可，忌用水玻璃砂喷洒乙醇的方法固定。

③ 大型铸件浇口杯下方垫水玻璃砂时，勿用乙醇喷洒固化，宜用 CO_2 吹固之。

④ 消失模铸造的模样，一般不使用乙醇涂料整体涂刷，如为了快干急用而使用乙醇涂料时，要确保完全烘干，为保险起见应实施先烧空后浇注，涂层中残余的乙醇与泡沫模样同步烧尽。

16.7 浇注系统不当导致局部模样提前萎缩易塌箱

较大型、垂直装箱高度较大的铸件，如浇注系统设置不当，特别是直浇道如靠离模样太近时，由于浇注时间较长，往往充型未达一半高度就可能发生塌型垮箱。原因极简单，充满高温铁液的直浇道如果离主体模样或主体模样突出部位距离太近，不足半分钟即可通过热量传递使最近处模样表面填充砂粒升温超过泡沫的萎缩甚至气化热解温度，铸型塌垮即从此处开始，这种极危险的塌垮现象在多个单位中常有发生，且往往都是较为大型铸件一旦塌垮则损失很大，小小直浇道，毁掉一大件。见图 16-5。

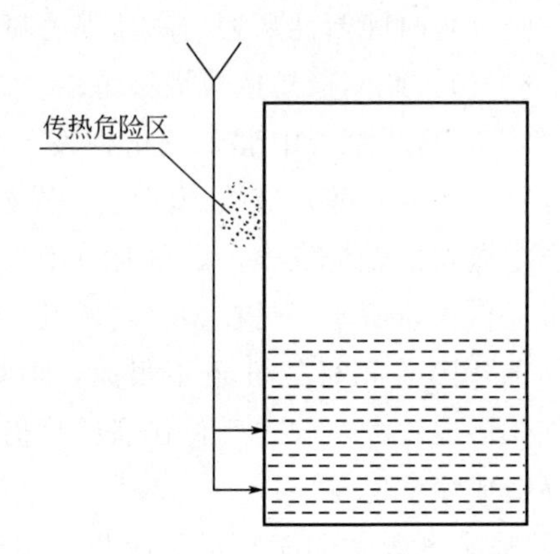

图 16-5 大型铸件浇道热传导塌垮示意图

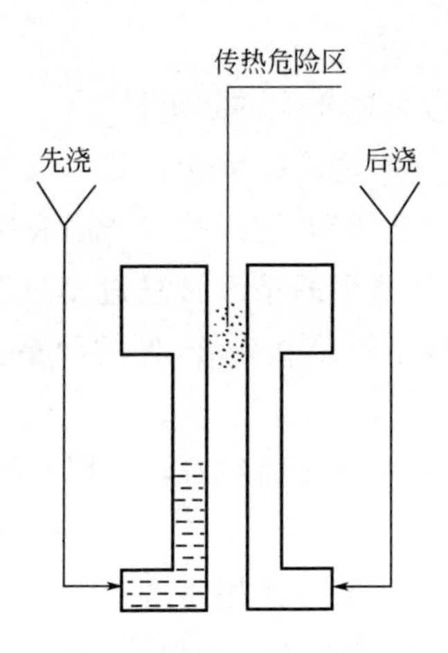

图 16-6 一箱多件夹缝热传导致模样塌垮示意图

中小件以一箱多件多直浇道浇注时，同样也会出现由于件与件之间距离太近而发生热传导塌型垮箱的现象（图 16-6）。实型浇注如此，先烧空后浇注如距离太近也难免，所以装箱布局一定要合理，如果砂箱尺寸有限而无法拉开距离时，可考虑在其之间隔一块耐火砖或石棉板，以减缓传热速度。

16.8 大空间填砂不到位易塌箱

消失模铸型是一个负压与紧实度相对均匀的整体，如有某处较大体积空间填充干砂不到位，浇注前实施负压时不会塌垮（视空腔大小），这部分空腔往往是出现在模样的下方，或振动时无法振到位也无法用手触摸之处，浇注充型之后在铁液的重力作用下就有可能塌垮。究其铸型填砂出现较大空腔的原因，无非是以下两种情况：

① 振动台的填充能力不佳，斜角、倒角、倒坑处无法通过振动填充到位。

② 该用人工辅助填砂或需要装箱前预填砂的部位操作不到位，或者根本没有用手填实或装箱前预填（一般可用水玻璃砂预填）。

凡填砂不到位多属铁液充型后压垮涂料层所至，小面积压垮涂料层导致“铁包砂”缺陷，大面积较大空腔压垮则导致塌型垮箱。两种现象均属人为操作造成。见图 16-7。

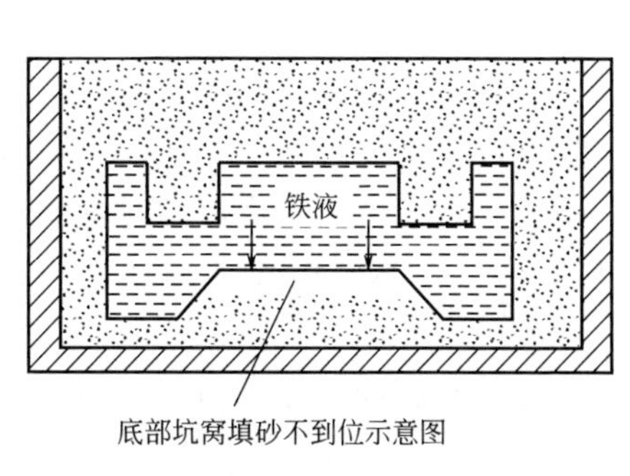

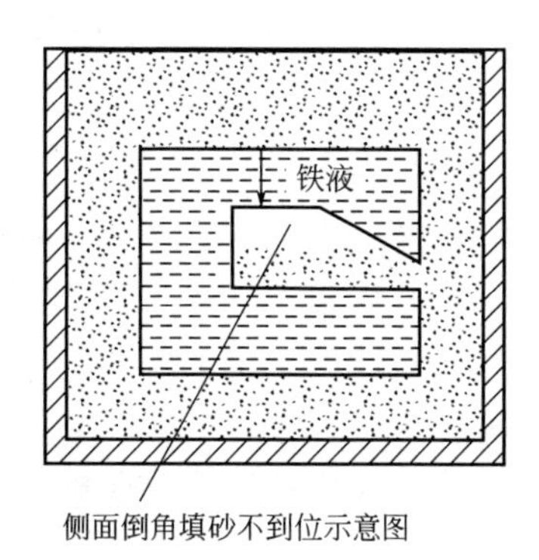

图 16-7 底部坑窝填砂不到位、侧面倒角填砂不到位示意图

16.9 浇注过程漏气易塌箱

浇注过程意外漏气往往很难及时补救，以下情况比较常见：

① 浇注不慎从浇口杯溅液严重，溅出的铁液把砂箱顶部用于封闭的塑膜烧穿，哪怕是黄豆大的小洞也难补救。

② 砂箱焊缝的假焊灰渣脱落或焊缝意外出现裂缝，浇注过程出现这种现象也难补救。

③ 两箱或多箱临时组合使用时，两箱交接处用泥条扣压密封不良，实施强负压时漏气。

④ 浇注过程负压管道受意外碰撞、松动或破裂。

⑤ 砂箱内的负压道、管、挡砂筛网破损使大量填充砂瞬间吸入负压系统内导致负压失真。

以上 5 种“漏气”现象都有可能导致塌型垮箱，只能事先防范，难以现场补救，重要的工作是浇注前先实施负压，一听二看三补救：漏气必有异声，凭听觉；漏气可见砂箱密封的顶面有砂粒流动或塑膜吸动；在听和看之后速查补救之，实在不能补救的必须弃而勿浇。

还有一种现象往往被忽视：负压管（固定的或活动的）在装箱造型布设时离铸件（模样）厚大部位太近，温度过高时负压管局部被融蚀或受损，此处负压急变，铁液马上穿透涂料层被吸入负压管，负压管急剧升温烧红，外连的胶管很快燃着，整个负压系统被破坏，塌型垮箱无疑。这种现象在一些厂家中常有发生。

16.10 浇注中途负压系统意外突变易塌箱

浇注中途的意外情况很难预测，但从防范的角度应注意几点。

① 勿在浇注过程中人为变动负压，忽增忽减都是不允许的。

② 实施高频振动浇注时，要么先振后浇，要么浇注充型高度超过危险线再振动，千万不要在浇注中途突然启动振动台，也不要中途随意调整振动频率。

③ 浇注全程控制流量和流速平稳，切忌忽快忽断流，浇注前应检查浇包摇动的可靠性，严防浇注中途失控打滑倾盆而注，既危险易伤人，又易造成塌型垮箱。

④ 供电系统意外是无法补救的，电压突然过低造成真空系统负压突降，意外停电负压失效。

以上这些“中途意外”都是属于生产管理问题，严格管理制度，这些是可以避免的。

17

消失模钢铁铸件硬度偏高难加工的四大原因

17.1 消失模钢铁铸件偏硬的普遍性

消失模钢铁类铸件与砂型铸件相比硬度普遍偏高很多，甚至连低牌号HT100灰铸铁都常常出现“加工不动”的现象，高牌号铸铁、球铁和碳钢这种“超常”现象就更普遍了。其实这种“超常”也很正常，弄清其因（硬度超常转化的机理）就不难解决。

在生产实际中，铸件硬度“超常偏高”带来的麻烦往往不是退货就是重新退火，即使是重新退火不报废，几百元一吨的新增成本对企业来讲也是要命的“放血”。然而，自20世纪60年代至今，中外消失模铸造在生产应用中却没有任何专著和文献资料对这一普遍性且令企业损失甚大的难题做过明确的阐述和解答，似乎都是同一模式的“启示”：“加工不动就把铸件退火温度提高60～80℃，同时再增加一两小时的保温时间”。这实际上不是把质量控制在生产制造过程，而是任由问题“规律性”出现，而后再以无奈的被动手段去处理问题。众所周知，退火温度到了常规的上限再升温60～80℃并非易事，不少单位增温80℃仍无济于事。

因为这个“难题”具有普遍性和来自生产一线大多的疑惑，所以这里专门作一个专题剖析论述。

17.2 消失模铸件硬度“超常”偏高四大原因分析

17.2.1 钢铁液充型过程其前沿之表层受到负压强气流带走热量而激冷

消失模铸造钢铁液浇注充型的形式多属自下而上平稳上升，前沿钢铁液自始至终受到强力负压气流直接吹冷降温，其表层处于激冷状态，由于后续高温的钢铁液不断补充推移上升，受到“强风”激冷的只是前沿钢铁液的表层而已。“强风”有多强呢？消失模铸造常用的最小功率的真空泵是37kW，气流量是20m^3/min，一般以55kW和75kW为多，气流量是33～60m^3/min。可想而知，充型中的钢铁液的前沿与气流接触的表面积有多大？除了大平面铸件外，一般结构铸件的前沿钢铁液裸露的表面积都是很小的，可见其表层被“强风”激冷的程度是何等的强烈，对“表层”的金相组织和硬度的影响就不言而喻了。这里说的“表层”有双重意思，一是前沿表层的钢铁液随着充型升至型腔（铸件）顶部；二是本来处于前沿表层的钢铁液随着充型的过程被后续浇入的钢铁液源源不断地推移至侧面的型壁上。所以，最终结果是铸件的顶部和上侧面的硬度比较高，加工困难。无数的生产实践证明，铸件底部的硬度普遍较低，为什么底部硬度偏低？这个原理已经不用再多述了，因为底部钢铁液受强风激冷作用较弱，而且高温“保温”较稳定。这就是用事实来说明以上分析的正确性。

这里要强调的是，负压强力气流对钢铁液充型前沿表层的激冷并不代表铸型中的钢铁液整体受到激冷，只是程度差异大，这与干砂负压的消失模及V法铸造的铸型冷却缓慢的理论并无矛盾，二者不要混为一谈。

事物发展过程中的矛盾是多方面的，但必有一个是起主导作用的，也就是主要矛盾。铸件硬度“超常”偏高，如同砂型铸造一样，也有其他因素的影响不可忽视。

17.2.2 消失模钢铁铸件无规则增碳对表层硬度偏高影响尤为严重

一般工程结构的碳钢和碳素合金钢简单而直观地说属于含碳量未饱和的铁碳合金，在高温负压条件下的钢液的增碳（也称吸收碳）的倾向性随含碳量的偏低（即未饱和度大）而增强。钢铁液在充型过程中泡沫模样热解，析出游离碳也是必然的，析出的碳（碳粉或碳粉集结成碳膜）势必浮于钢铁液充型前沿的表层，并随充型过程被推排至周边的型壁，夹压于钢液与型壁之间，这就为铸件顶部的表层和上侧面的表层创造了强烈增碳的条件，所以铸件顶部与上侧面表层增碳现象总是比铸件的下部和深层严重。这些碳粉碳膜形成和浮移的过程，可以说和球铁易在顶部和侧面形成皱皮的原理是类同的，在球铁件的底部会产生皱皮吗？应该没有，或极稀有，除非浇注系统开设太不合理。作为碳素钢和碳素合金钢，顶部和侧面增碳较严重，所以铸件顶部和侧面硬度增加是很正常的，增碳现象是导致铸件硬度“超常”偏高而难加工的因素之一。

17.2.3 炉前对钢铁液孕育（变质）处理欠佳

炉前钢铁液孕育（变质）处理本来是铸造生产的常规程序，但相当多的铸造厂往往是处理不当或者将其忽视，甚至减免。钢铁液炉前孕育（变质）处理对铸件金相组织、硬度和加工性能的控制是十分重要和必要的手段，对于铸铁件尤其如此。不少新开办的铸造厂，有的是缺乏对钢铁液炉前孕育（变质）处理的足够认识；有的是嫌麻烦或为节约成本，即使实施孕育也是千篇一律的硅铁处理，厚件薄件一个样，低牌号高牌号一个样，球铁灰铸铁或合金铸铁一个样，没有达到孕育处理的预期效果，由于对孕育处理缺乏科学的和系统的认识，往往带有许多盲目操作，如对钢铁液不作任何处理就直接浇注，满足于浇出来的铸件表面看起来不错就行。

17.2.4 钢铁液熔炼配料含磷量偏高

各种化学成分对钢铁铸件硬度的影响原因很多，这里只分析普遍性的起主要影响作用的磷元素，就消失模铸造而言，着重注意三点：

① 磷（P）在熔炼炉内很难脱除，通常是炉料中含 P 多少，钢铁液中就含 P 多少，熔炼过程 P 不增也不减。

② 钢铁液含 P 量高将显著增加铸件的硬度和脆性，恶化加工性能，P 在钢铁液中的溶解度随着含 C 量的增加而降低，易生成硬脆的磷共晶。

③ 为什么非薄小件的 HT100 或 HT150 铸铁本来硬度就偏低，采用消失模铸造却常出现“加工不动”的超常现象？究其原因主要是生产者往往对要求不高的低牌号灰铸铁的炉料筛选不严，大量使用含 P 量高的劣质炉料。

综上所述，在所谓“难加工”的四大原因中，后三个可以说与砂型铸造几乎相同，没有实质性的差别，同一材质且同一熔炼条件而温度相当的钢铁液浇注于砂型铸造不存在硬度偏高问题，浇注于消失模铸型却常常普遍出现硬度偏高而加工性能恶化的现象，这就说明钢铁液充型时前沿液面受强气流吹冷是主要的影响因素。

17.3 消失模铸件硬度均匀化和改善加工性能的有效措施

硬度偏高是矛盾表现的形式，解决矛盾必须抓住矛盾的主要方面，即抓住起主导作用的因素并加以解决，这样才能实现矛盾的转化。在抓主要因素的同时，也不能忽视其他因素的存在和影响，因为事物变化过程中，各种因素往往不是孤立存在，而是互为影响，相辅相成的。所以，不要忽视增碳、孕育和优化配料，以助问题的总体解决。

这里着重强调消除第1因素影响的技术措施——钢铁液炉前包内高频振动精炼＋高频振动浇注。

钢铁液炉前包内高频精炼的目的已有专述，在消除铸件硬度偏高问题上，主要是钢铁液浇注于铸型中之前迫使其中的P弥散均匀分布，并提高P在过热钢铁液中的溶解度，除P以外的有害气体和杂质也得以充分地排除，钢铁液纯净化和均匀化对于铸件金相组织和硬度的均匀性十分重要。钢铁液浇注时，在高频振动场中边振动边浇注，使铸型中的过热钢铁液在高频波能的作用下，进一步与热力自由能产生叠加作用，在铸型内强化热交换过程，由静态平稳上升的充型变为动态强力热交换的充型，充型上升的前沿液面不再是固定不变的自始至终受到强力气流吹冷，而是前沿液面在不断地与充型上升的钢铁液交换位置，形成一个上下趋于一致、型壁与型中心趋于一致的原子间强力热交换体系，充型前沿表面的钢铁液瞬时被强气流吹冷，又瞬时进入深层高温钢铁液中，从而强化了型中整体钢铁液热交换的均匀性和化学成分的均匀性，冷却凝固过程也就可以实现结晶细化的均匀性，金相组织均匀性，减少磷共晶的生成，并充分驱散磷共晶，使之弥散细小分布，从而使基体组织硬度趋于均匀，加工性能得到充分的改善。这是消除消失模钢铁铸件硬度超常偏高的有效手段。

在分析基本原理之后，下面用事实说话。

中南铸冶消失模技术示范基地位于桂林经济技术开发区，自2012年以来的主导产品是出口德国的35碳钢铸件和QT53-5、HT250及部分合金钢铸件。2012～2013年期间，没有做到件件实施高频振动浇注，常出现加工时硬度过高，少数甚至无法加工的现象，解决办法是把相应的热处理温度比常规的热处理温度提高60～80℃，结果还是有少数需做二次退火。自2014年起，不论大件小件，也不论是铸铁铸钢，切切实实地做到件件实施150～180Hz的高频振动边振边浇注，并从2014～2020年起按常规温度增加20～30℃退火处理，再没有出现过铸件加工不动的“退火回炉”现象，每炉每件硬度质检都是在合格范围内。这就说明，高频振动浇注对消除和解决消失模钢铁铸件硬度偏高的“超常”现象是极为有效的，如果在浇注之前对钢铁液实施包内高频振动精炼则效果更佳，可以说是“锦上添花”之举。

18

涂料使用的禁·忌·误

18.1 波美度概念与使用误区

涂料波美度没有教条式的指标，尤其是消失模铸造，重在涂料的综合性能，不同的骨料（密度、目数、吸水性不同）、不同的添加剂（黏性、悬浮性不同）、不同的泡沫模样表面状态和不同的涂覆方式（刷涂、淋涂、浸涂、喷涂）及涂覆工人不同的操作习惯性，所适应的波美度是有极大差异的。

$$涂料波美度\ Be=144.3-\frac{144.3}{涂料密度\ d}$$

$$涂料密度\ d=\frac{涂料重量(g)}{涂料体积(cm^3)}$$

涂料密度是指单位容积涂料中固体物质的含量。不同骨料有不同密度，同一骨料有不同粒度，相对适应不同的浓度，也就适应不同的水量，因而所配涂料必有不同的密度及波美度指标。

为了直观地说明这个问题，我们做个简单的计算：

① 1000g 宝珠砂＋100g 桂林 5 号所适应的水量是 650g，配得的涂料密度是 1.8g/cm^3，波美度≈67～68。

② 1000g 石英粉＋100g 桂林 5 号所适应的水量是 980g，配得的涂料密度是 1.56g/cm^3，波美度≈52～53。

在消失模铸造生产中，最简单、最直观、最实用的科学检验方法就是取一块与所用模样同等表面状态的泡沫板插入涂料浆液中搅动几下提起观察，凭经验认为涂挂效果满意即为合适的浓度和波美度，切忌以不顾各方面因素的变化和各自生产条件的特点，教条式评论、应用、检测涂料的波美度。一般情况下，波美度的波动范围大多在50～65之间。

18.2 白乳胶使用禁忌

白乳胶（聚醋酸乙烯胶液）是一种历史悠久的水溶性胶，简称PVAC乳液，pH值常在4～5，属酸性物，在常规的砂型铸造生产中极少有人用之配制涂料，只是消失模铸造在中国工业化应用后一种被误导使用的黏结剂。正所谓“有黏性就可以配用于涂料”，而不考虑其物化性能对涂料使用性能的影响。从物化属性上讲，涂料中配加酸性物易使铸件产生皮下气孔，不可取。白乳胶第二个缺点就是混用于涂料中导致涂层的透气性极差，浇注时易反喷。第三个值得注意的是各种涂料的添加物中往往含有能与白乳胶起不良反应而恶化涂料性能的组元。

特别指出：桂林5号本身具有良好的工作性能和工艺性能，属偏碱性涂料，绝对不允许配加白乳胶，否则本来涂挂性良好的涂料浆液将变成一桶无法使用的豆腐渣状物。

18.3 硅溶胶与水玻璃使用误区与禁忌

硅溶胶外观似水玻璃，黏性感觉类同，二者千万别混淆或误用。水玻璃为硅酸钠，化学分子式为$Na_2O \cdot nSiO_2$，碱性，不同厂家生产的或不同模数的水玻璃的物化性能差异极大，可以说多数的水玻璃配加于涂料中都可能产生不良反应，最突出的就是涂层起皮和龟裂。硅溶胶是纳米级的SiO_2颗粒在水中的分散液，其含有大量的水及羟基（$mSiO_2 \cdot nH_2O$），硅溶胶广泛用于熔模精铸涂料，配加比例高达40%左右。其特点是有较好的高温强度和良好的涂挂性，但透气性极差。熔模壳型需经1000℃左右的长时间高温焙烧方有一定的透气性，而消失模涂料层是不能焙烧的，故对硅溶胶的加入必须严格限量于3%左右，否则会降低涂层的透气性，浇注时易反喷。推荐用量为2%～3%，此范围内有助于提高涂料与白模间的黏附性，强度与抗潮性也稍有增加。同时，还要特别指出的是：硅溶胶的化学成分就是SiO_2，配制合金钢涂料不宜过量使用，少量的SiO_2成分可引起铸件出现麻点状态实际上是有粘砂的可能。很多熔模铸造厂无论是生产碳钢还是合金钢，都配用过量的硅溶胶，结果是铸件清理极为困难，更谈不上涂层自行脱壳了。

18.4 消泡剂与防腐剂禁忌

当涂料搅拌成胶液状之后如其中存留有微小气泡，试图以配加消泡剂的方法再搅拌消除之，这是不现实的也是想当然的做法。涂料是胶体而不是牛顿流体，胶液中有小气泡，本身就是气泡无法突破胶液的束缚力而存留于其中，1‰的消泡剂加入就能使气泡冲破胶体的束缚而消除吗？事实证明不可能，而且反把涂料性能恶化，对涂料工人有极大的污染和危害。常见的所谓消泡剂无非是正丁醇、正戊醇之类，均是恶臭强刺激性的化合物。要消除涂料浆液中的气泡，最实用的方法就是骨料粉及黏结剂先浸润后搅拌。如不方便粉料先浸润，可以采用先中速稠搅拌至浸润均匀之后再稀释搅拌，特别是经焙烧后多微孔的骨料如铝矾土等更应如此。“稠搅拌”即先加入一半左右的水量，可以说是变相的“碾压”或“挤压”，固态颗粒物之间得以更多的相互挤压机会，从而加速其充分浸润，并将残存于其中的气体得以充分挤出。同时，在稀释搅拌时不宜采用高速运转飞溅式的搅拌机，这种搅拌方式易产生旋涡，把空气卷吸于浆液内。

铸造涂料与岗位工人是天天接触，必须环保、洁净、无毒化！桂林 5 号涂料采用国际先进的植物改性无毒防腐技术（即改变有机物的分子结构），完全不需配加什么化工防腐剂，即使是炎热的夏天，配好的桂林 5 号涂料浆液存放 100 天也不会发酵变质。而一个铸造厂如果配好的涂料浆 100 天都用不完，或许也该关闭了。故使用桂林 5 号涂料绝对不允许再配加任何化工防腐剂，绝对禁止使用严重危害工人健康的甲醛溶液。

18.5 伪劣耐火骨料粉禁忌

① 冒充石墨的煤窑烟囱灰忌用　市场上以烟囱灰冒充石墨粉现象时有发生，外观难辨，早些年不少厂家是买回去之后无法使用才恍然大悟，这种粉料比土状石墨的颜色稍浅，加水和黏结剂搅拌之后即有明显的膨胀迹象：本是半盆的浆液却越搅越多，慢慢体积膨胀，有海绵感，这种物料是不能使用的。

② 以煤粉冒充石墨忌用　煤粉和石墨均含 C 元素，掺有廉价煤粉的假石墨作涂料配的骨料用时，外观上看不出什么问题，但浇注初期必然反喷，因钢铁液进入型腔后，煤粉易燃而大量发气，故掺有煤粉的石墨忌使用。其实查验方法很简单，抓一把放在薄铁板上并在炉火上烧烤，如掺有煤粉则到了燃点必

有燃烧的火焰，而石墨粉正品是烧不着的。

③ 以耐火砖粉冒充莫来石粉忌用　耐火砖本身成分复杂，Al_2O_3、MgO、SiO_2 等成分混杂，成分不稳定则性能不稳定，往往导致涂料的涂挂性受影响，粘砂现象也不可避免，在市场上往往用来冒充铝矾土或莫来石，外观难鉴别，也难以用化学分析鉴别，往往是生产使用中出现严重的粘砂缺陷才知上当，故耐火砖粉忌使用。

市场上的莫来石一般用烧结法合成，常用高岭土、硅线石族矿物为原料，由 Al_2O 和 SiO_2 直接合成。一次莫来石在 1000～1200℃范围内形成，二次莫来石常在 1650℃时完结。莫来石分为 3 种类型：α 莫来石，简称 3∶2 型；β 莫来石，简称 2∶1 型；γ 莫来石，固溶有少量的 TiO_2 和 Fe_2O_3。莫来石密度 3.03g/cm^3，熔点 1870℃，具有良好的高温力学和高温热学性能。假劣的莫来石也是 $Al_2O_3+SiO_2$“合成”，一种假劣在于烧结温度偷工减料，另一种假劣在于根本不是高温烧结合成，而是“混成”，莫来石的理论成分比是 $W(Al_2O_3)/W(SiO_2)=2.55$，但市场上往往 $W(Al_2O_3)/W(SiO_2)<1$ 的也不少见，再者是一般铸造厂难以鉴别其粉料是 $Al_2O_3 \cdot SiO_2$ 的结晶体还是混合物。所以要特别警惕假劣品。

④ 低品位的锆英粉忌用　铸造涂料用的锆英粉技术条件是：$ZrO_2>65\%$，$SiO_2<33\%$，耐火度>1700℃。锆英粉在 1540℃以下不与氧化铁起化学反应，具有自行烧结的特性。由于锆英粉在高温下呈弱酸性，故不适用于碱性金属铸件的生产。一般情况下，$ZrO_2<63\%$的锆英粉是必须慎用的，因为低品位的锆英粉中，SiO_2 含量可能>50%，但多含有耐火度低（低熔点）的其他矿物，极易造成粘砂缺陷。不少人往往误认为以锆英粉配制涂料通常是与其他耐火骨料混合使用，误把低品位的锆英粉与正品锆英粉的复合使用混为一谈是十分错误的。也有不少人误认为蓝晶石粉中含 ZrO 不足 10%而抗粘砂效果很好，低品位锆英粉中的 ZrO 含量往往超过 50%，不比蓝晶石更强吗？这就错了，错在不了解低品位锆英粉中含有多少低熔点矿物，这叫此“锆”非彼“锆”，切勿混淆。

第四篇

消失模铸造铸铁件生产基础知识与技术要点

19

铸造生产基本理论

19.1 消失模铸造是铸件实现轻量化、近净形化的发展方向

金属液浇注到与机件的形状、尺寸相适应的铸型腔中，凝固并冷却后而获得毛坯件或零件的工艺过程称为铸造，也称金属液态成形技术。

铸造的生产方式按工艺过程的不同，大致可分为 11 种。

铸造生产11种工艺方法：

- 砂型铸造——把金属液浇入砂型中
- 熔模精铸——蜡模涂覆涂料焙烧成壳型浇注金属液
- 压力铸造——以高压把金属液高速压入精密金属模具的型腔中
- 低压铸造——金属液在0.02～0.06MPa下充型并在压力下结晶成形
- 离心铸造——金属液浇入旋转的铸型中在离心力作用下充型
- 金属型铸造——金属液在自身重力作用下充填金属铸型中凝固成型
- 真空铸造——压铸过程抽除模具型腔中的气体处真空状态充型(真空吸铸)
- 挤压铸造——液态或糊状态金属液在高压下流动——凝固成型
- 连续铸造——把金属液连续不断流入特殊的金属型(结晶器)中，凝固后处高温延伸最佳温区时从另端拉出(长条型件)
- V法铸造——在有负压孔的模型上覆以塑膜刷涂料干砂造型、合箱、负压下浇注
- 消失模铸造——泡沫模样表面刷涂料烘干后装箱干砂造型塑模密封负压下浇注金属液，致使泡沫模样热解而消失

消失模铸造是当代铸造向轻量化、近净形化发展的方向和可行而理想的途径，是实现铸件轻量化、近净形化的先进技术。

轻量化：可以简单地理解为薄（壁薄）、轻（材质轻）、强（合金强度高）、精（尺寸精确，避免“肥头大脑”，减少加工余量）。

近净形化：亦称净形铸造。是指铸件的尺寸、形状、表面精度和粗糙度等最大限度地接近于使用状态和使用要求。这种近净形铸件减少了加工余量和加工工时及能耗，还可以保留着铸件致密高强度的表层组织，是当代精确成形铸造的发展方向。

目前，获得近净形铸件的手段主要有：压力铸造、低压铸造、金属型铸造、真空吸铸、挤压铸造、半固态铸造、自硬砂精确型铸造、高密度半刚性砂型铸造（如高压、射压、气压、静压造型）、消失模铸造与V法铸造。通常把压力铸造、低压铸造、金属型铸造、真空吸铸、挤压铸造、半固态铸造等列为“特种铸造”范畴。

钢铁类铸造亦称黑色铸造（分为铸钢和铸铁两大领域）。铜、镁、铝、锌、锡、铅等合金铸造统称为有色铸造。

含C量＜2.0％的铁碳合金称为铸钢。钢的种类和熔炼制造方法繁多。

含C量＞2.0％的铁碳合金称为铸铁。工业应用的铸铁含C量一般为2.5％～4.0％。

铸铁是一种多组元的铁碳合金，除Fe外，常存的元素有C、Si、Mn、P、S称为铸铁的五元素。其中，C是影响铸铁组织和性能的重要因素，Si、Mn是调节铸铁组织和性能的有利因素，P和S在一般情况下被视为有害杂质，应尽量降低其含量。

19.2 平衡相图是认识铸造的基础

学习和掌握Fe-Fe_3C、Fe-C平衡相图，是铸造工作者所应掌握和了解的最基本的专业理论和基础技术。

平衡相图科学地反映了铸铁的结晶过程与结晶状态。

所谓结晶，是指金属自液态向固态过渡时晶体结构的形成过程，也可以说是其原子从不规则排列状态过渡到规则排列状态的过程。

19.2.1 Fe-Fe_3C和Fe-C平衡相图中的基本组元

基本组元是纯铁、渗碳体、石墨。

纯铁——化学元素符号是Fe，原子量55.847，相对密度7.68，熔点

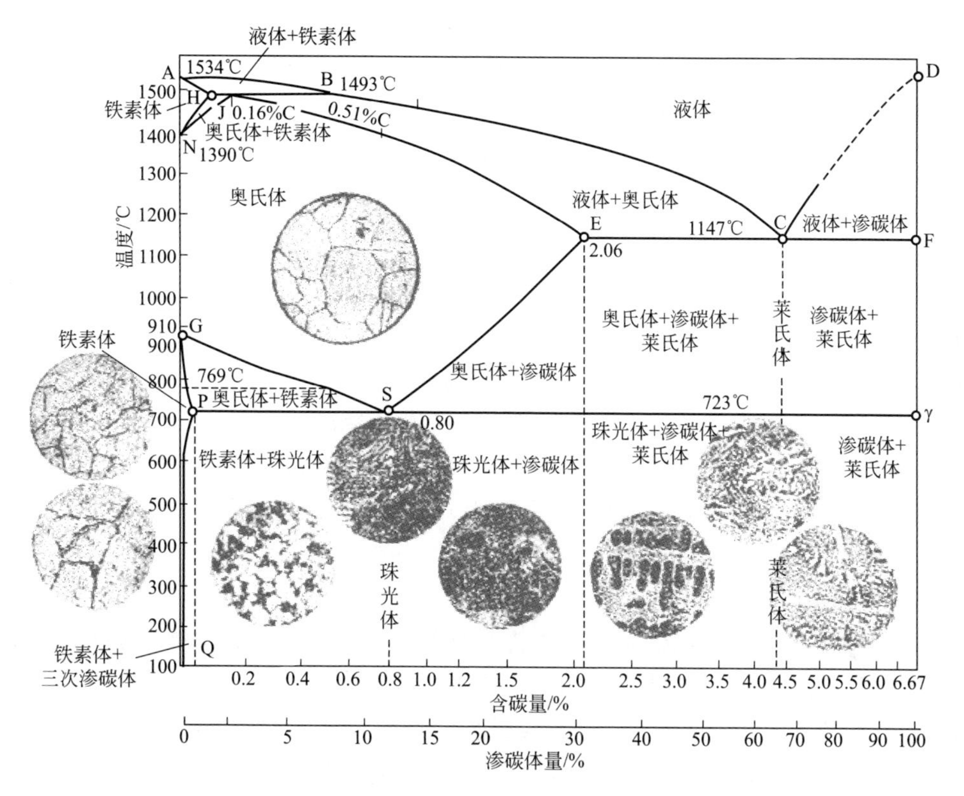

图 19-1 Fe-Fe_3C 状态图及其室温组织

1534℃。Fe 的同素异构变化是：910℃以下呈体心立方晶格的 α 相存在，称 α-Fe。910～1390℃呈面心立方晶格的 γ 相存在，称 γ-Fe。1390～1534℃又呈体心立方晶格的 δ 相存在，称 δ-Fe。

渗碳体——符号 Fe_3C。

石墨——符号 G。

19.2.2 Fe-Fe_3C 和 Fe-C 平衡相图中的组成物

① 液溶体，即液相，符号 L，是 C 或其他元素在 Fe 的液溶体，存在于液相线以上。

② 铁素体 δ，即 δ 相，是 C 和其他元素在 δ-Fe 中的固溶体，存在于 1390～1530℃之间。

③ 奥氏体 γ，即 γ 相，符号 γ 或 A，是 C 和其他元素在 γ-Fe 中的间隙固溶体。

奥氏体有较好的塑性和韧性，强度和硬度也较高，延展性好。

④ 铁素体α，即α相，符号α或F，是C和其他元素在α-Fe中的间隙固溶体。

铁素体的力学性能：σ_b＝25～30MPa（kg/mm^2），延伸率＝50％，硬度（HB）80

⑤ 渗碳体，Fe_3C，熔点高（1600℃），硬度大（HB，500），抗拉强度相当低（σ_b＝3kg/mm^2），质脆，塑性近于0，耐磨。

⑥ 石墨，符号G，以游离状态存在的碳呈石墨形态。

⑦ 莱氏体，符号Le，为奥氏体和渗碳体的共晶体，在1147℃时得到其中奥氏体缓慢冷却到$Ar1$以下时又分解为铁素体和渗碳体。

⑧ 珠光体，符号P。珠光体是过冷奥氏体进行共析转变所形成的铁素体片和渗碳体片交替排列的层状机械混合物，随着奥氏体过冷度的增加，其片层组织就越细。珠光体的抗拉强度高（σ_b＝80～100kg/mm^2），延伸率达8％～13％，硬度（HB）＝160～230。

⑨ 马氏体，是奥氏体通过无扩散型相变而转变成的亚稳定相，实际上是C在Fe中过饱和的间隙式固溶体，在显微镜下呈竹叶状。马氏体具有很好的耐磨性，较高的硬度和抗拉强度，韧性低，较脆，硬度（HB）＝600～650。

⑩ 磷共晶，铸铁中的磷共晶有三种形式存在：磷化铁（Fe_3P）、二元磷共晶（α-Fe与Fe_3P的共晶混合物）、三元磷共晶（由α-Fe＋Fe_3P＋Fe_3C组成）。磷共晶脆性大，硬度（HB）高达750～800，耐磨。其形成机理是：P在Fe中的溶解度很低（仅1.2％左右），并随着含C量的增加而减少，常与Fe生成Fe_3P在1030℃以下析出，分布在晶界上，呈网状或棱角状分布。二元磷共晶（α-Fe与Fe_3P的共晶混合物）含P为10％，含纯铁90％；三元磷共晶（α-Fe＋Fe_3P＋Fe_3C）则是在953℃凝固，含P＝6.89％，C＝1.96％，Fe＝91.15％，同样也是分布在晶界上，呈网状或棱角状分布。

19.3 影响铸铁组织和性能的因素

根据铸铁的碳当量（CE）和共晶度（Sc）的数值分为三类：

亚共晶铸铁　CE＜4.25％　或　Sc＜1

共晶铸铁　CE＝4.25％　或　Sc＝1

过共晶铸铁　CE＞4.25％　或　Sc＞1

工业应用的铸铁大多为亚共晶铸铁，其结晶是按Fe-Fe_3C和Fe-C双重平衡相图进行的。

铸铁的力学性能取决于石墨的形状、大小、数量和分布以及它的基体组织，而铸铁的化学成分、冷却速度、铁液的过热温度和保温时间及孕育处理、炉料特性等因素则影响着铸铁的石墨化程度和基体的结晶过程。

19.3.1 化学成分的影响

① C和Si的影响　C和Si都是促进石墨化和铁素体化的元素，C减少过冷度，Si对过冷度无明显影响，故随着CE或C量增加时，共晶团变粗，即晶粒粗大。

② S和Mn的影响　Mn能强烈降低共析转变温度，故促进珠光体形成，随着Mn含量增加，铸铁的铸态组织依次获得珠光体→马氏体→奥氏体。工业应用的铸铁中，往往是S和Mn共存，此时由于Mn的脱硫作用而生成高熔点的硫化锰（MnS），因而也就彼此抵消了各自的反石墨化作用。

③ P的影响　P是促进铸铁共晶转变石墨化元素，但又阻碍共析转变石墨化，从而促使珠光体的形成。P在奥氏体或铁素体中的溶解度很低，而且随着C含量的增加而溶解度显著降低，同时也易偏析，故当P＞0.05％～0.15％时，虽有细化共晶团作用，但常以组成α-Fe、Fe_3P、Fe_3C磷共晶体的形式存在。

19.3.2 冷却速度的影响

铸铁对冷却速度很敏感，因此，其厚壁与薄壁处、内部与表层处的组织可能相差悬殊——即组织的不均匀性。因石墨化过程在很大程度上取决于冷却速度，而影响铸件冷却速度的因素很多——结构、形状、壁厚、重量、铸型材料、铸型种类、浇冒口设置等，冷却速度对铸铁组织的获得依次为：白口铁（P＋Le＋Fe_3C，硬度最大）→麻口铁（P＋Le＋Fe_3C＋G，硬度下降）→铁素体灰口铁（F＋G，D型枝晶石墨，硬度最小）→铁素体＋珠光体灰口铁（P＋F＋G，硬度不断上升）→珠光体灰口铁（P＋G，A型石墨，硬度达到另一个较大值）。见图19-2。

过冷度愈大，即实际结晶温度愈低，金属结晶的生核率和成长率愈高，晶粒愈细。所谓过冷度是指金属实际结晶温度与平衡结晶温度之差，故一般规律是冷却速度愈快则过冷度值愈大。只有理解过冷度的概念才能理解冷却速度对结晶过程和基体组织形成的影响。

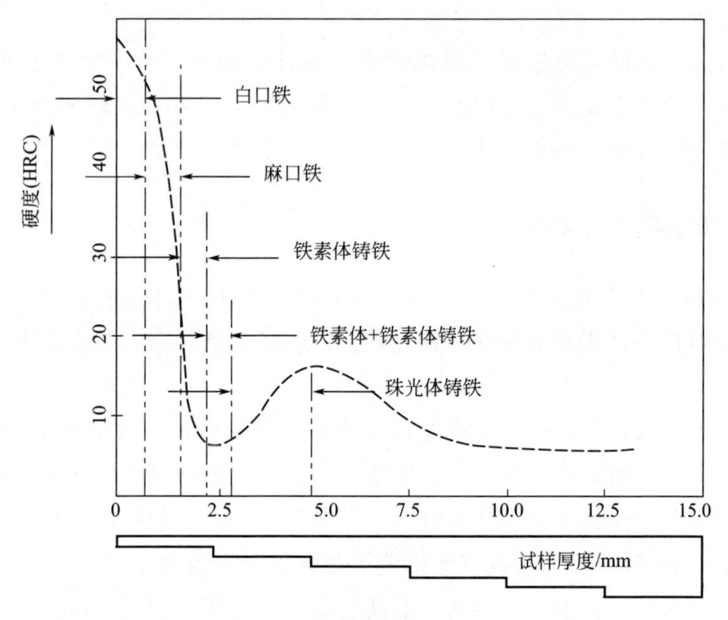

图 19-2 冷却速度对铸铁组织的影响示图

19.3.3 孕育处理的影响

① 各种铸铁孕育处理的目的是不同的　对灰铸铁孕育，是为了获得 A 型石墨、基体细小共晶团的组织，同时减少铸件薄壁或边角处的白口倾向和厚薄断面的组织不均匀性倾向。

对可锻铸铁孕育，是为了缩短退火周期，增大铸件的允许壁厚和改善组织结构。

对球墨铸铁孕育，是为了减少铸件的白口倾向，提高球化率和改善石墨的圆整性。

② 常用的孕育剂　灰铁和球铁常用硅铁或硅钙（用量一般为 0.3%～0.8%）；可锻铸铁常用铋、铝、硼。

19.3.4 铁液过热温度和保温时间的影响

提高过热温度的作用如下。

① 增加化合碳含量和相应减少石墨碳含量。

② 细化石墨，并促使枝晶石墨的形成。

③ 消除铸铁的“遗传性”。

④ 提高铸件断面组织的均匀性。

⑤ 有利于铸件补缩。

通常视 1350℃以上的温度为过热温度，铁液的保温作用与过热作用类同，把过热与孕育处理结合实施能获得良好的效果。

19.3.5 炉料特征的影响

金属炉料往往具有“遗传性”，比如，当更换不同产地的生铁或改变配比时，化学成分似乎无变化，但所获得的铸铁组织和性能差异很大。

这个问题在生产实际中普遍缺乏科学的认识和被普遍忽视，以致铸件出了质量问题之后几经反复而找不到真正的原因。比如以 100%废钢加增碳剂生产灰铁件时，组织疏松、晶粒粗大很常见。如何调节化学成分和采用必要的工艺手段来解决这一问题，就是认识“炉料特性”之重要性所在。

19.4 铸铁的非常规结晶——高频振动结晶

在学习和了解铸铁以上最基本的基础理论之后，就不难得出在生产过程中如何控制铸铁结晶按预定的过程、状态和结果去进行，也就不难得出在“常规”无法改变的情况下如何采用非常规手段去改变铸铁的结晶，这种非常手段最有效最实用的就是铁液在高频振场中结晶，也称在高频振动场中边振动边浇注的“高频振动结晶”技术。

国内外铸造行业由于生产和技术条件以及思维方法的某些限制，高频振动场对金属结晶的影响问题多年来一度被忽视，甚至对金属结晶的基本理论产生误解或错误认识。其实，高频振动场对金属结晶过程的影响不仅可以弥补其冷却速度的局限性，而且，某些方面的作用远远超过快速冷却和变质（孕育）处理的效果，特别是使铸铁的共晶团和石墨形态变得细小，晶粒细化，组织致密的作用是“神奇”的。如图 19-3。

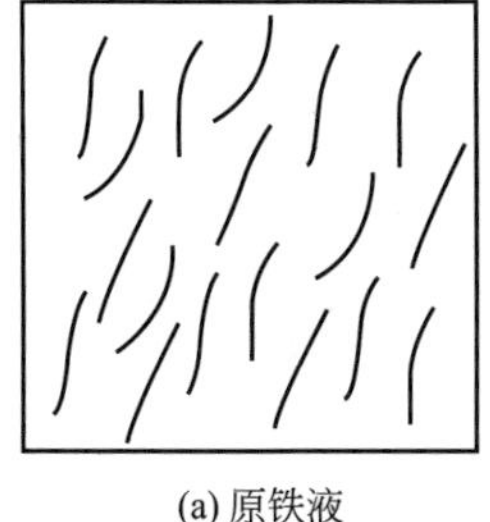

(a) 原铁液

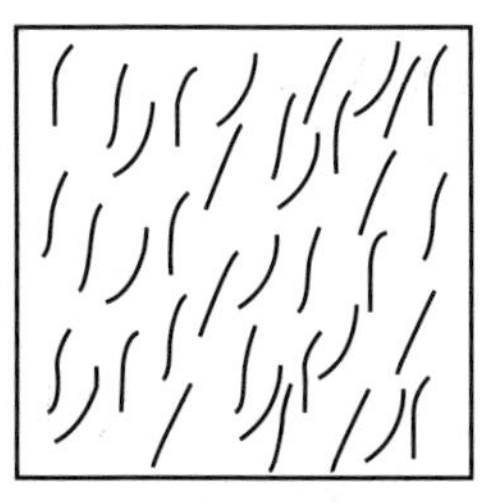

(b) 变质处理铁液

(c) 振动处理铁液

图 19-3 铁液作不同处理的石墨形态示意图

振动结晶实际上就是高频波能使铁液在铸型中以一定的频率和轨迹发生可变运动，这种运动最大的特点是具有可变的速度和可变的加速度。高频波能的输入完全改变了铸型中金属液固有的热力自由能运动状态，改变了热扩散、热传导和晶坯、晶核的形成与生长过程，也就从根本上改变了结晶的过程、状态和结果，达到细化晶粒、致密组织的良好效果。

20

灰口铸铁生产

20.1 灰口铸铁牌号验收标准（国家牌号标准）

按 GB/T 9439 标准，划分 6 个等级，其单铸试棒的抗拉强度见表 20-1。

表 20-1 单铸试棒强度分级表

牌号	抗拉强度 σ_b /(N/mm²)(kgt/mm²)	牌号	抗拉强度 σ_b /(N/mm²)(kgt/mm²)
HT100	100(10.2)	HT250	250(25.5)
HT150	150(15.3)	HT300	300(30.6)
HT200	200(20.4)	HT350	350(35.7)

注：$1N/mm^2=1MPa=0.102kgf/mm^2$。

消失模工艺生产的灰铸铁件为保证抗拉强度符合验收标准，要注意消除基体组织疏松的缺陷，特别是壁厚大于 20mm、重量超过 200kg 的灰铁铸件。

20.2 灰铸铁的五大元素

灰铸铁化学成分是 C、Si、Mn、P、S 五大元素，其中 C、Si 是强烈石墨化元素。

（1）C、Si

C、Si 含量高则促使铸铁中石墨量增多，基体中珠光体量减少，强度和硬度下降。

Si 促进石墨化的作用是 C 的 1/3，故用碳当量 CE=C+1/3Si 来综合说明

C、Si 对铸铁组织和性能的影响。

（2）Mn、S

Mn、S 往往要综合考虑，Mn 过低时，S 与 Fe 化合生成 FeS，FeS 共晶体熔点仅 975℃，在晶粒边界形成热裂源，故当 S 含量过高时，铸铁的热裂倾向增加。同样，S 与 Mn 化合时，也必将消减 Mn 作为合金元素的作用，故 Mn 含量必须超过其同 S 化合的量，以促进珠光体形成，并使强度和硬度增加。Mn 中和 S 则消耗 Mn，中和量的比例约为：

当 S≤0.2%时，Mn 中和量=S×1.7～1.8

当 S≥0.2%时，Mn 中和量=S×3.2～3.3

普通灰铸铁中，S=0.02%～0.15%，Mn=0.4%～1.2%

（3）P

P 使 Fe-C 图中的共晶点往左移，作用程度与 Si 相似，所以计算碳当量时应把 P 的量计入：CE=C+1/3（Si+P）

因磷的含量较低，所以一般厂家在计算 CE 时也有忽略不计的。

P 是易偏析元素，当 P≥0.05%时，易形成磷共晶。

磷共晶有二元和三元。二元是 α-Fe 与 Fe_3P 的共晶混合物，硬度为 750～800HV；三元由 α-Fe+Fe_3P+Fe_3C 组成，硬度 900～950HV。

一般灰铸铁中 P≤0.2%，有耐磨性和高流动性要求的可高至 0.3%～1.5%，有致密性要求的宜低于 0.06%。

20.3 灰铸铁化学成分推荐

以消失模工艺生产的灰铸铁件的五大化学元素成分是不增不减的。

灰铸铁牌号确定后，化学成分的选择（表 20-2）是一项实践性和理论性很强的工作，二者结合方能从生产的实际条件出发，熔炼优质而低成本的铁液，生产出符合材质要求的灰铸铁铸件。

表 20-2 灰铸铁各牌号化学成分经验性总结的参考性推荐表

牌号	主要壁厚/mm	C/%	Si/%	Mn/%	P/%	S/%
HT100	所有尺寸	3.2～3.8	2.1～2.7	0.5～0.8	<0.3	≤0.15
HT150	<15	3.3～3.7	2.1～2.5	0.5～0.8	<0.15	≤0.12
	15～40	3.1～3.5	1.9～2.2			
	>40	3.0～3.4	1.8～2.0			

续表

牌号	主要壁厚/mm	C/%	Si/%	Mn/%	P/%	S/%
HT200	<15	3.2～3.6	1.9～2.2	0.7～0.9	<0.15	≤0.12
	15～40	3.1～3.5	1.6～2.0	0.7～1.0		
	>40	3.0～3.2	1.4～1.7	0.8～1.0		
HT250	<15	3.2～3.5	1.8～2.1	0.7～0.9	<0.15	≤0.12
	15～40	3.1～3.4	1.6～1.9	0.8～1.0		
	>40	2.8～3.2	1.4～1.7	0.9～1.1		
HT300	<15	3.0～3.4	1.5～1.8	0.8～1.0	<0.15	≤0.12
	15～40	2.9～3.2	1.4～1.7	0.9～1.1		
	>40	2.8～3.1	1.3～1.6	1.0～1.2		

注：HT350一般采用合金化获得。

20.4 合金化元素及其在生产高强度铸铁中的应用

在合金化工艺应用中应了解合金系数。所谓合金系数是指当单独加入某种合金元素时，每增加1%能使铸铁的抗拉强度增加的幅度。比如，某元素加入1%时，能使铸铁的抗拉强度提高130%，那么该元素对铸铁的合金系数为1.3。

根据国际上有关资料总结的几种元素的合金系数见表20-3。

表20-3 几种元素的合金系数表

元素名称	V(0～0.4%)	Mo(0～0.9%)	Cr(0～0.5%)	Cu(0～1.5%)	Ni(0～1.5%)
合金系数	1.2	1.4	1.2	1.1	1.1

表中，V、Mo、Cr是反石墨化元素，合金系数较高于石墨化元素Cu、Ni。

在低合金铸铁生产中，常以Ni-Cr、Cr-Cu、Ni-Cr-Mo等方式匹配，以防止单用反石墨化元素时薄壁处硬度过高，抑制白口化倾向。反石墨化元素主要作用是获得细小均匀的珠光体组织，如果希望获得铸态碳化物则增大反石墨化元素的加入量。在低合金铸铁中，合金元素的加入量一般较低：Cr≤0.8%，V≤0.3%，Ni和Cu≤1%。

在铸铁生产中，锡Sn、锑Sb、硼B等在铸铁中加入0.1%以内即能使其显微组织或性能发生明显变化，这些元素称之为微合金化元素。

Sn对促进铸铁的珠光体量极显著：Sn为0.1%时，能使珠光体量为100%。

Sb对厚大铸铁件为增大珠光体量时常用，硬度也明显提高，加入0.05%～0.1%后，能使铸铁硬度提高20～30HBS，同时也提高耐磨性。但Sb使A型石墨减少，过冷石墨D、E型增加，所以，Sb常用于厚壁铸件。

在铸铁生产中，Al、As、Bi、Pb、Se等属于有害的元素（亦称杂质元素）应加以限制：Al≤0.1%，As≤0.01%，Bi≤0.001%，Pb≤0.001%，Be≤0.02%，Al在铸铁中易导致气孔，Pb会使铸铁的显微组织中出现魏氏石墨，对基体有较强的破坏性。

20.5 灰铁孕育处理

（1）目的

提高强度，减少白口倾向，提高硬度均匀性，改善切割加工性能。

（2）作用

能增加显微组织共晶团数量，石墨为片状中等大小的A型石墨、珠光体细化、晶粒细化，减少过冷石墨，避免出现铁素体。

（3）孕育剂

一种是石墨化孕育剂，避免出现碳化物及过冷石墨。

一种是稳定化孕育剂，细化珠光体，改善不同壁厚处的硬度均匀性，提高强度和硬度。

常用的是75%Fe-Si合金，在此基础上加入其他元素，如：稀土硅铁、硅锶合金、硅钡合金、硅钙合金等，还有含Ca、Ba、Cr、Cu合金的复合孕育剂（补充孕育）。

20.6 消减铸造应力时效工艺

铸造应力——铸件冷却过程中各部位冷却速度不一而产生铸造应力。

典型的时效热处理工艺（亦称低温退火）见图20-1（也适用于铸态球铁）。

自然时效——所谓自然时效就是铸件放在室外半年至一年风吹日晒雨淋之后，再进行机加工，内应力可减少40%～50%，铸件的稳定性较好。

误区——有些厂家以为铸件在室内放置1～2个月就等于进行了自然时效，这是误解。

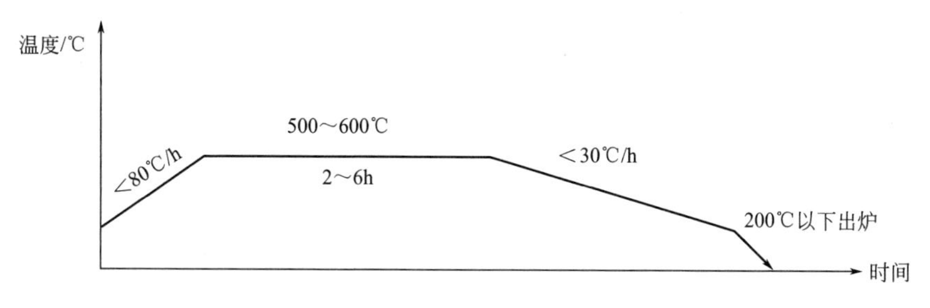

图 20-1　灰铸铁时效工艺图

一般说来室内放置 3 个月，其内应力仅能消除 5%～7%，达不到稳定效果。

对于高要求铸件，最有效的方法是：先粗加工，后人工时效，再自然时效。粗加工过程使铸件各部位尺寸变化，破坏原来的应力平衡，但也会产生新的应力。通常对于要求不太高的铸件，仅经过人工时效处理就可以了。

20.7　铸铁的铸态及退火态组织

铸铁生产要获得既定组织和既定性能的铸件，必须掌握铸铁热处理最基本的知识，否则必陷入热处理的误区。

灰铸铁中不仅存在铸造应力，而且存在大量的片状石墨，故力学性能较差。但热处理只能消除内应力和改变基体组织，其固有的片状石墨形态及片状石墨的有害作用是不能改变的。

(1) 铸铁的铸态组织及其热处理转变

铸态组织有三种：铁素体＋石墨

铁素体＋珠光体＋石墨

珠光体＋石墨

以上组织中，有时会有少量的渗碳体、磷共晶、硫化物等。

(2) 铸铁加热时组织的转变

① 临界温度以下加热——共析渗碳体发生粒化和石墨化（即渗碳体分解出石墨），当硅量高时，渗碳体石墨化比粒化更强烈，提高温度更甚。在铸铁生产中降 Si 增 Mn 将有利获得粒状珠光体组织。

② 临界温度以上加热——发生完全奥氏体转变

珠光体＋石墨⟶奥氏体＋石墨

铁素体＋石墨⟶奥氏体＋石墨

自由渗碳体也将在临界温度以上发生分解

自由渗碳体→奥氏体+石墨

碳、硅、铜、铝、镍等是石墨化元素，可促进渗碳体分解。

铬、钼、钒、硫等是稳定碳化物元素，阻碍渗碳体分解。

所谓“临界温度”，参见铁-Fe_3C平衡相图中的S-Y线。

(3) 铸铁冷却时组织的转变

上已述，临界温度以上时，铸铁组织由奥氏体+石墨组成。

临界温度以上冷却时：冷却缓慢——奥氏体析出石墨（二次石墨）。

冷却加快——析出碳化物（二次渗碳体）。

临界温度以下冷却时：缓冷（炉冷）——奥氏体→分解为铁素体+石墨。

快冷（空冷）——奥氏体→分解为铁素体+渗碳体。

中冷（中速）——铁素体+珠光体+石墨。

珠光体（铁素体+珠光体）的弥散度决定于冷却速度，冷却愈快，其片层愈薄，组织愈细密，强度和硬度也愈高。另外，镍、铜、锰、钼等也可促进珠光体细化。

20.8 铸铁热处理的几种形式

20.8.1 消除内应力低温退火（热时效）

低温热时效的目的是消除残余应力并使其使用性和几何尺寸稳定化。

此工艺适用于球铁和灰铸铁，处理后的金相组织与铸铁原始（铸态）的金相组织相同，即仅是铸件的残余应力消减，而金相组织没有发生变化。

加热温度 铸铁件消除内应力低温退火的加热温度一般为500～560℃。考虑误差和炉温的不平衡，生产实际中多按以下控制。

QT. 530～600℃，＜200℃空冷（保温2～4h，8h）。

HT. 530～560℃，＜200℃空冷。

弹塑性误区 铸铁件内大部分残余应力是因为其在弹塑性温区间（350～450℃），由于不均匀冷却所造成，根据这一原理，其350℃以上时效的冷却速度必须缓慢，尤其是厚薄不均件更应如此，高于350℃时，冷却速度宜20～40℃/h，只有低于350℃才能加快冷却速度，当冷至200℃以下才能出炉空冷，如果在350℃以上快冷，则可能产生二次残余内应力。

保温时间 关于保温时间，内应力的消除是在前2～3h效果最显著，以后减弱。因此，保温过长没必要，且影响生产效率。

20.8.2 低温石墨化退火

目的 是使共析渗碳体石墨化与粒化，从而降低硬度，提高塑性、韧性，改善加工性能——适用于QT、HT。

金相 铁素体+石墨或：铁素体+珠光体+石墨

一般 QT宜700～750℃，炉冷至600℃以下即空冷。

HT宜650～700℃，炉冷至200℃以下。(保温1～3h，QT加热至720～760℃稍低于临界温度Ac下限)。

20.8.3 高温石墨化退火

目的 消除自由渗碳体，降低硬度，提高塑性和韧性，改善加工性能。

金相 铁素体+石墨或铁素体+珠光体+石墨。

适用 铸铁中含有复合磷共晶或自由渗碳体。

加热 一般880～950℃，保温1～4h。

冷却 40℃/h冷却（炉冷）→铁素体+石墨，或铁素体+珠光体+石墨空冷时→珠光体+石墨。

20.8.4 正火、淬火、回火、化学热处理

(1) 正火、回火

目的 提高硬度和强度，并有一定的塑性和韧性，提高耐磨性。

金相 珠光体+少量铁素体+石墨——消除过量的自由渗碳体（高温保温）。

加热 临界温度上限+（30～50℃），保温1～3h。

冷却 直接炉冷至550～640℃回火（1～3h）。或加热至上限+(50～100℃）时直接空冷至上限+(30～50℃）时高温保温1～3h，再二次空冷至550～640℃回火(1～3h)，见图20-2。

(2) 淬火与回火

目的 提高硬度、强度、耐磨性。

金相 回火马氏体+残余奥氏体+石墨。

回火马氏体+回火索氏体+石墨。

回火索氏体+残余奥氏体+石墨。

加热 至上限+（30～50℃），保温1～4h。或加热至上限+（50～100℃）保温1～4h，炉冷至上限+(30～50℃)，保温1～3h（高温保温目的是

消除过量自由渗碳体)。

冷却　直接油淬。

回火　550～640℃（2～3h）。

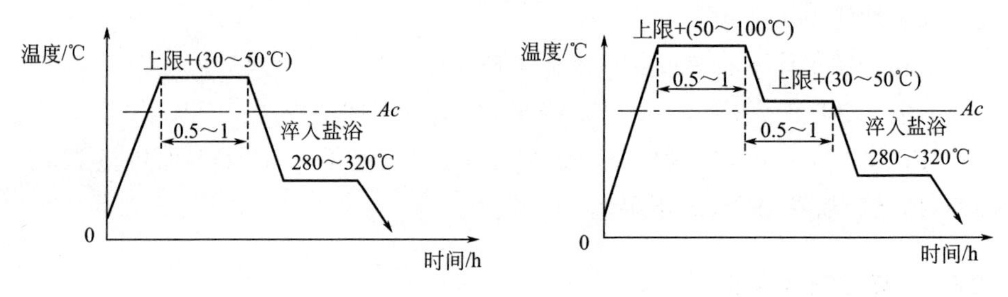

图 20-2　球墨铸铁正火工艺图

（3）表面淬火

目的　提高铸件表面耐磨性和抗疲劳强度

金相组织变化　铸件内部保持淬火前的原始组织，铸件表层之一定深度为马氏体＋残余奥氏体＋石墨，或贝氏体＋残余奥氏体＋石墨。

加热方式　加热方式有三种：火焰加热、感应加热、电接触加热。使铸铁件表面很快加热到临界温度以上，使表层奥氏体化达到一定的深度时淬火油或水中（也可淬入一定温度的盐浴中进行等温淬火）。

（4）化学热处理

目的　提高耐磨、耐热、耐蚀性及抗疲劳强度。

金相组织变化　铸件内部保持原始组织，而表面一定深度由于某种元素的渗入而得到相应的组织：铸铁渗氮、渗硫、渗硼等。

加热方式　利用某些物质在一定温度下渗入铸件表面层达到一定深度后出炉空冷。

铸铁的共析临界温度（*Ac*）一般在 677～846℃之间，其实际范围和位置主要取决于硅和其他元素如 Mn、P、Ni 等含量。

21

球墨铸铁生产

21.1 高频振动浇注是消失模铸造优质化生产球墨铸铁的必然方向

以消失模铸造工艺生产球墨铸铁至关重要的问题是防止和避免组织疏松缺陷，组织疏松的主要影响因素是干砂负压下的铸型冷却速度缓慢使结晶粗大，由此也就带来一系列的质量变化：石墨形态的改变、球化级别的改变、缩松缩孔倾向增加、抗拉强度和延伸率下降等不利的结果。以消失模铸造工艺生产球墨铸铁另一个关键问题就是皱皮频现，对铸件表面质量带来严重威胁。十多年来，全国消失模铸造行业的生产实践表明，实施高频振动浇注是获得高质量球墨铸铁件的保证，实施高频振动浇注将极大改变铁液在铸型内的热交换状态，使石墨球更圆整细小均匀分布，晶粒细密而消除疏松和缩孔，对于消除皱皮缺陷更是行之有效的。

21.2 球铁石墨形态的鉴别与球化级别划分

(1) 石墨形态的鉴别

球墨铸铁中的石墨形态并非100%球状，常见的形态如下。

① 球状石墨——外形近似于圆形。

② 团状石墨——外形较球状石墨不规则，周界显著凹凸。

③ 团片石墨——外形较团状石墨不规则，边缘显著向外伸长。

④ 厚片石墨——外形近似于蠕虫。

⑤ 开花状石墨——亦称絮状或开裂团状，开裂处嵌有基体金属。

⑥ 枝晶状石墨——由很多极细小的短片状、点状石墨聚集呈枝状分布。

（2）球化级别的划分

按石墨形状和分布的特征的不同，并参考其力学性能的影响趋势与工艺特点，将球墨铸铁的球化等级划分为六级。

1级——石墨75%以上呈球状，余为团状，个别视场中允许少量的团片状或厚片状石墨存在。

2级——石墨40%以上呈球状，其余大部分为团状，允许少量团片状或厚片状石墨存在。

3级——石墨大部分（60%以上）呈团状，余为球状及团片状（25%以下），允许少量的厚片状石墨存在。

4级——石墨大部分呈片状、团状，余为球状及厚片状。

5级——石墨呈分散分布的厚片状及球状、团状、团片状。

6级——石墨呈聚集分布的厚片状，余为球状、团状、团片状。

（3）石墨大小的评级

石墨按其大小分为5级（表21-1）。试样抛光后放大100倍评定，以大多数石墨的大小对照图片评级，对大小相差悬殊的单个石墨可忽略不计或注明数量，外形不规则的石墨可取平均直径定级。

表21-1　石墨大小级别与石墨球径对比表

石墨大小级别	球状石墨的直径/mm
1级	≤3
2级	＞3～5
3级	＞5～8
4级	＞8～12
5级	＞12

21.3　五大元素对球铁金相组织和力学性能的影响

（1）碳

① 当碳当量CE＜4.5%～4.7%时，增加含C量可提高Mg的吸收率，利于球化。

② 高碳铁液流动性好，凝固期间析出石墨多，石墨化体膨胀增加，有利于补偿收缩增加铸件致密度，改善力学性能。

③ 在共晶成分以上（C≥4.30%）增加C量易产生石墨漂浮，降低力学

性能。

④ 降低C量易生产游离渗碳体，力学性能下降，脆性及缩孔、缩松缺陷增加。

（2）硅

① 硅是强烈石墨化元素，既促使石墨结晶，又促使渗碳体分解，提高硅量利于石墨球径变小，数量增加，形态圆整。

② 硅量增加则铁素体量减少，强度和硬度降低，而塑性和韧性提高。

③ 硅具有强化铁素体作用，当含量>3.3%时，脆性增加，塑性下降。

④ 硅使共晶点向左移动，使凝固区间缩小，增加流动性，减少缩松。

⑤ 硅能显著提高球铁的脆性转变温度，增加低温脆性。

（3）锰

① 降低共析转变温度（*E* 下线下移），从而稳定并细化珠光体组织，在石墨化退火时阻止珠光体的分解。

② Mn促使渗碳体形成，增加Mn利提高强度和硬度，但降低塑性和韧性，当组织中出现自由渗碳体时，除硬度外其他性能均下降。

③ Mn增加过冷奥氏体的稳定性，使 *S* 曲线右移。

（4）磷

① P在铁中有一定的溶解度，超过此值则组织中出现二元或三元磷共晶沿晶界分布，破坏晶粒间的结合力，使强度下降，塑性和韧性明显降低。

② P增加晶间缩松倾向，降低力学性能，缩孔和缩松增加。

③ P提高脆性转变温度范围，增加冷裂性。

④ 在热处理过程中，磷不阻碍共晶渗碳体的分解，而阻碍共析渗碳体的分解。

（5）硫

① S与稀土、镁具有很强的结合力，原铁液S高时会消耗过多球化剂，易出现球化不良和球化衰退。

② 原铁液S高需增大球化剂量导致处理后铁液温度低，夹杂增多，铁液表面氧化结膜，流动性差，易使铸件产生夹渣、皮下气孔等缺陷。

21.4 合金元素对球铁金相组织和机械性能的影响

（1）钼（Mo）

① 目的　钼的加入能提高强度和耐磨性，改善断面组织均匀性，改善中

温（400～600℃）的耐热强度（即抗蠕变能力）。

② 在铸铁中，Mo是微弱的碳化物形成元素，易获得珠光体和索氏体组织。

Mo 0.2%～1%时　细珠光体＋索氏体；

Mo 1.0%～1.2%时　贝氏体＋索氏体；

Mo 1.2%～1.5时　贝氏体。

③ Mo能显著提高球铁的强度和韧性，提高淬透性（等温淬火）。

（2）铜（Cu）

① 目的　加入Cu是为提高强度、耐磨性、耐蚀性，改善厚大断面组织均匀性，提高抗疲劳强度。

② Cu是微弱的促进石墨化元素，在石墨化过程中对第一阶段起促进石墨化作用，而第二阶段则是阻碍石墨化作用。

③ Cu阻碍奥氏体分解，从而稳定细化珠光体组织，随Cu量增加则强度和硬度增加，塑性下降，且当Cu含量超过一定值时，强度亦下降。

④ 铜钼联合使用对提高球铁的力学性能、耐磨性能以及改善断面组织均匀性都效果更为显著。

（3）锡（Sn）

① 目的　获得珠光体组织，改善断面均匀性，增加热稳定性。

② 在Mg球铁中，当锡量达0.13%，球状石墨就会变成片状石墨，而在稀土-Mg球铁中，由于稀土的存在，可以中和锡对球状石墨的破坏作用。

③ 加入0.06%的Sn可使原来50%的珠光体提高到85%，加入0.1%的Sn则铁素体消失，临界加入量0.13%。

④ Sn能提高珠光体高温下的稳定性，提高球铁在600～650℃下的使用寿命。

（4）钨（W）

① 目的　提高强度、韧性、耐磨性，提高中温（300～650℃）力学性能。

② W和Mo相似，具有微弱促进渗碳体形成的作用，在铁中有一定的溶解度，石墨化退火后可提高韧性。

③ W溶解于铁素体并使之得到强化，有助提高常温和中温力学性能。

（5）钒（V）

① 目的　提高强度、硬度和耐磨性，提高热强度及耐热性能。

② V是强烈阻碍石墨化稳定渗碳体的元素，其作用超过铬。

③ 含V在0.3%以下时，稳定并细化珠光体，提高强度和硬度，但超过一定量时会出现自由渗碳体并使其他性能降低。

④ V与碳、氮形成碳化钒、氮化钒等化合物，其显微硬度达1000～1300HV，化合物的质量高度弥散，对球铁的耐磨性极为有利。

(6) 钛（Ti）

① 目的　提高耐磨性，脱氧净化铁液，细化晶粒。

② Ti与O、N具有很强的结合能力，起净化铁液、细化晶粒的良好作用。

③ Ti与V联合使用对提高耐磨性极为显著。

④ 在Mg球铁中，含有0.02%的Ti就会出现片状石墨，当Ti≥0.04%时则出现大量片状石墨，而在稀土-Mg球铁中由于铈的存在就显著地抵制或克服了Ti的破坏作用。

⑤ Ti的临界含量0.02%～0.04%，中和影响时铈的添加量宜0.006%～0.007%，在有铈的作用下，0.08%～0.2%的Ti仍可获得球状石墨。

21.5 反球化元素对球铁的影响

钛、锡、锑、铝、铋、砷等属于反球化元素，慎重限量。

钛、锡择的作用与机理前已述。

锑　锑量<0.09%时球化率良好，锑量>0.09%时球化率下降稍差。

铝　复合孕育时加入0.03%～0.05%的Al，可消除渗碳体。生产硅、铝(2%～2.5%）耐热球铁，球化良好。

铋　当铋量为0.015%时，厚断面组织有所改善。

铅　破坏作用极大，临界含量0.009%，需0.014%的铈中和。

砷　限制含量<0.09%。

21.6 我国球墨铸铁牌号

国标GB/T 1348—1988规定了8种牌号，如表21-2。

表21-2　我国球墨铸铁牌号（GB/T 1348—1988）

牌号	抗拉强度 σ_b/MPa>	屈服强度 $\sigma_{0.2}$/MPa>	断后伸长率 δ/%>	参考	
				硬度(HBS)	主要金相组织
QT400-18	400	250	18	130～180	铁素体
QT400-15	400	250	15	130～180	铁素体
QT450-10	450	310	10	160～210	铁素体
QT500-7	500	320	7	170～230	铁素体+珠光体

续表

牌号	抗拉强度 σ_b/MPa>	屈服强度 $\sigma_{0.2}$/MPa>	断后伸长率 δ/%>	参考	
				硬度(HBS)	主要金相组织
QT600-3	600	370	3	190～270	铁素体+珠光体
QT700-2	700	420	2	225～305	珠光体
QT800-2	800	480	2	245～335	珠光体或回火组织
QT900-2	900	600	2	280～360	回火马氏体

21.7　球铁评级及基体组织对比图

21.7.1　球墨铸铁石墨形态、石墨大小、球化级别对比图

① 球墨铸铁6种石墨形态图（×100）见图21-1。

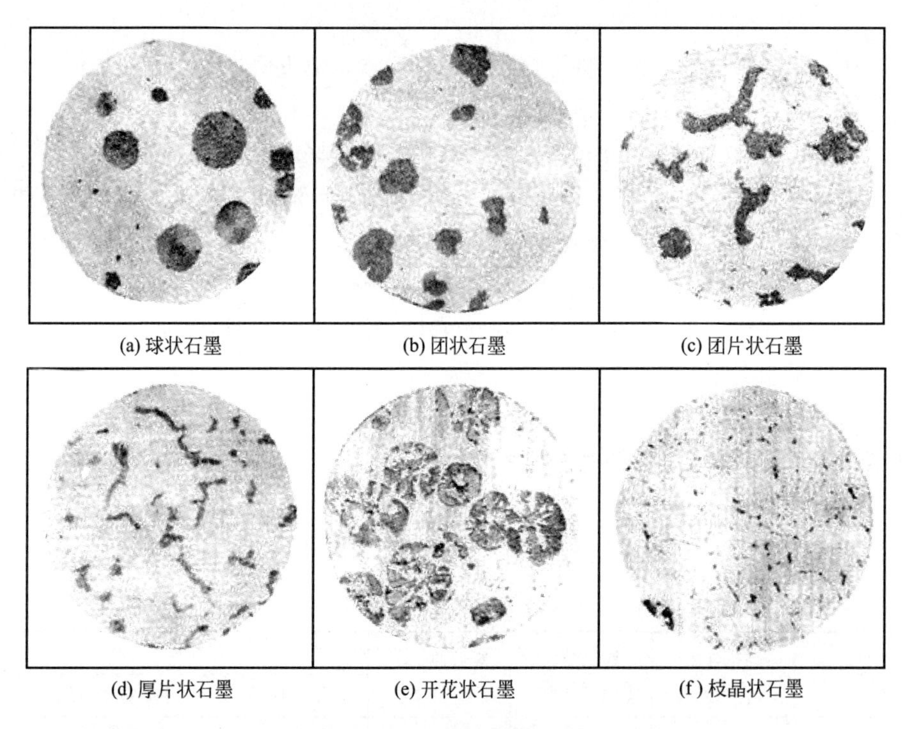

(a) 球状石墨　(b) 团状石墨　(c) 团片状石墨

(d) 厚片状石墨　(e) 开花状石墨　(f) 枝晶状石墨

图21-1　QT石墨形态对比图

② 球墨铸铁石墨大小分级图（×100）见图21-2。

③ 球墨铸铁6个球化级别图（×100）见图21-3。

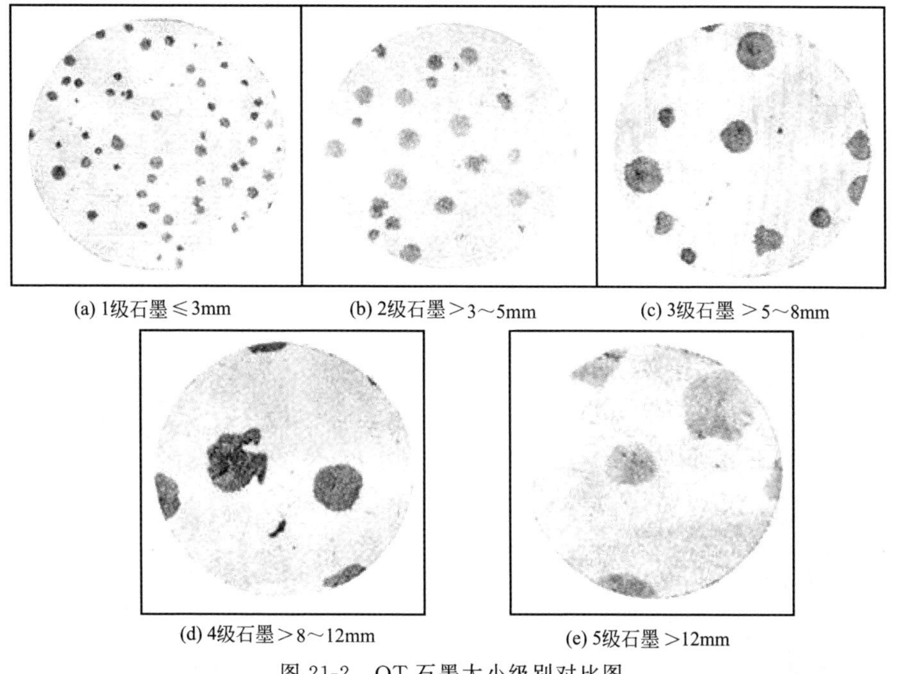

(a) 1级石墨≤3mm　(b) 2级石墨>3～5mm　(c) 3级石墨>5～8mm

(d) 4级石墨>8～12mm　(e) 5级石墨>12mm

图 21-2　QT 石墨大小级别对比图

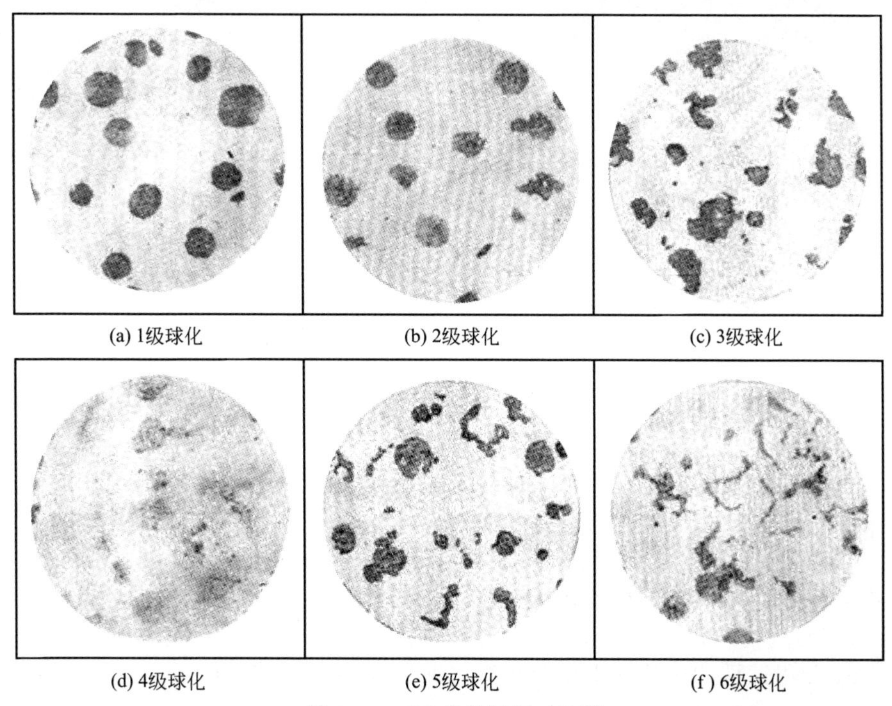

(a) 1级球化　(b) 2级球化　(c) 3级球化

(d) 4级球化　(e) 5级球化　(f) 6级球化

图 21-3　QT 球化级别对比图

21.7.2 球墨铸铁珠光体组织对比图

① 球墨铸铁珠光体形态对比图（×500，2%～5%硝酸酒精溶液侵蚀）见图 21-4。

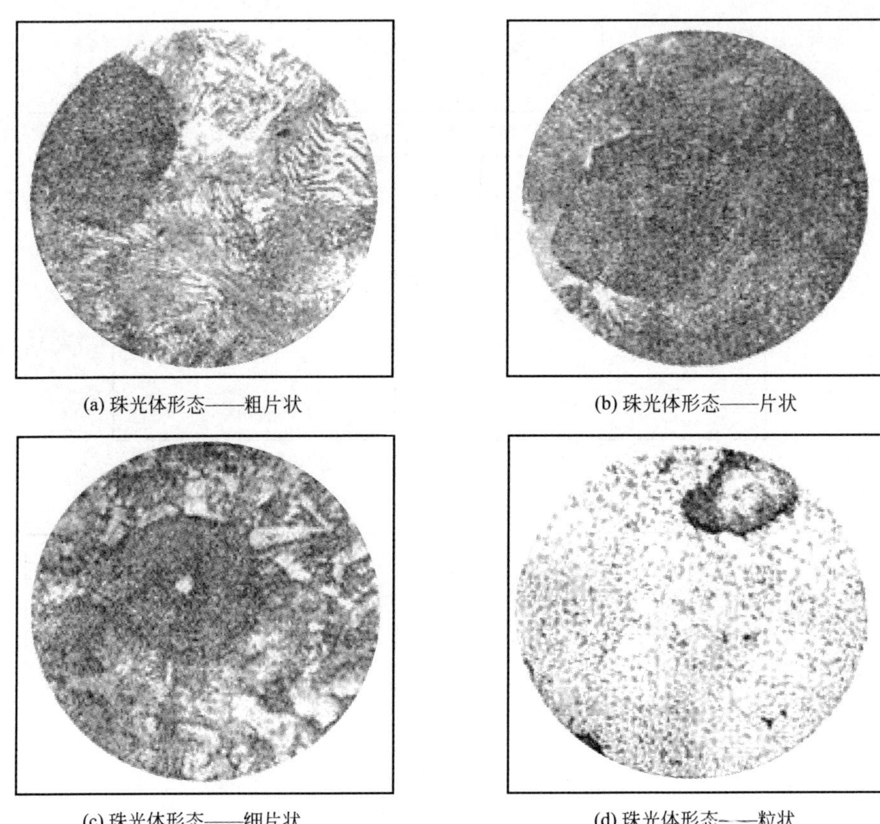

(a) 珠光体形态——粗片状

(b) 珠光体形态——片状

(c) 珠光体形态——细片状

(d) 珠光体形态——粒状

图 21-4　QT 珠光体形态对比图

② 较小石墨的球墨铸铁珠光体量对比图（×100，2%～5%硝酸酒精溶液侵蚀）见图 21-5。

③ 较大石墨的球墨铸铁珠光体量对比图（×100，2%～5%硝酸酒精溶液侵蚀）见图 21-6。

21.7.3 球墨铸铁铁素体分布对比图

① 球墨铸铁的块状铁素体分布对比图（×100）见图 21-7。

② 球墨铸铁网状铁素体分布对比图（×100）见图 21-8。

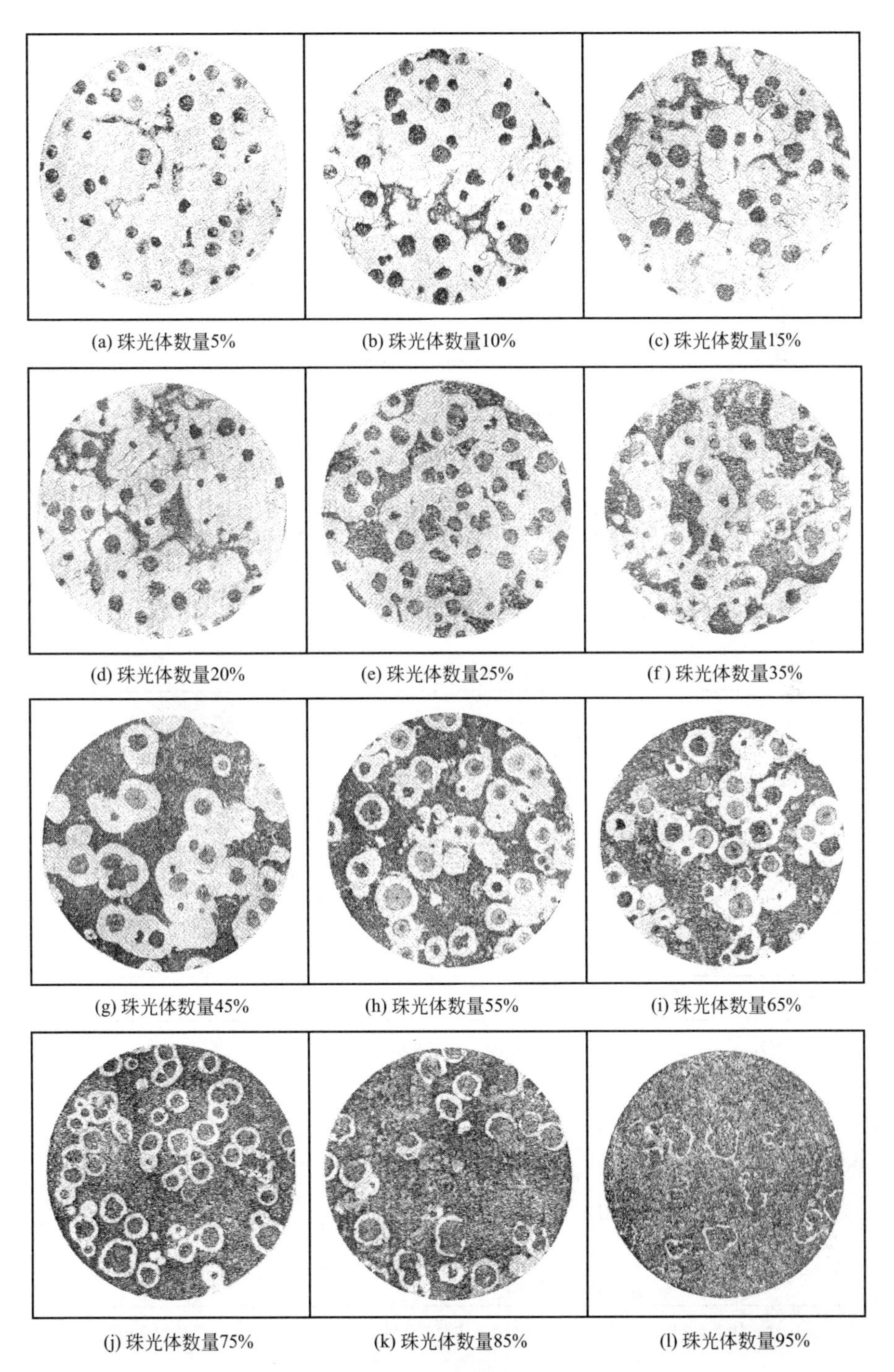
(a) 珠光体数量5%　(b) 珠光体数量10%　(c) 珠光体数量15%
(d) 珠光体数量20%　(e) 珠光体数量25%　(f) 珠光体数量35%
(g) 珠光体数量45%　(h) 珠光体数量55%　(i) 珠光体数量65%
(j) 珠光体数量75%　(k) 珠光体数量85%　(l) 珠光体数量95%

图 21-5　QT 珠光体量对比图（一）

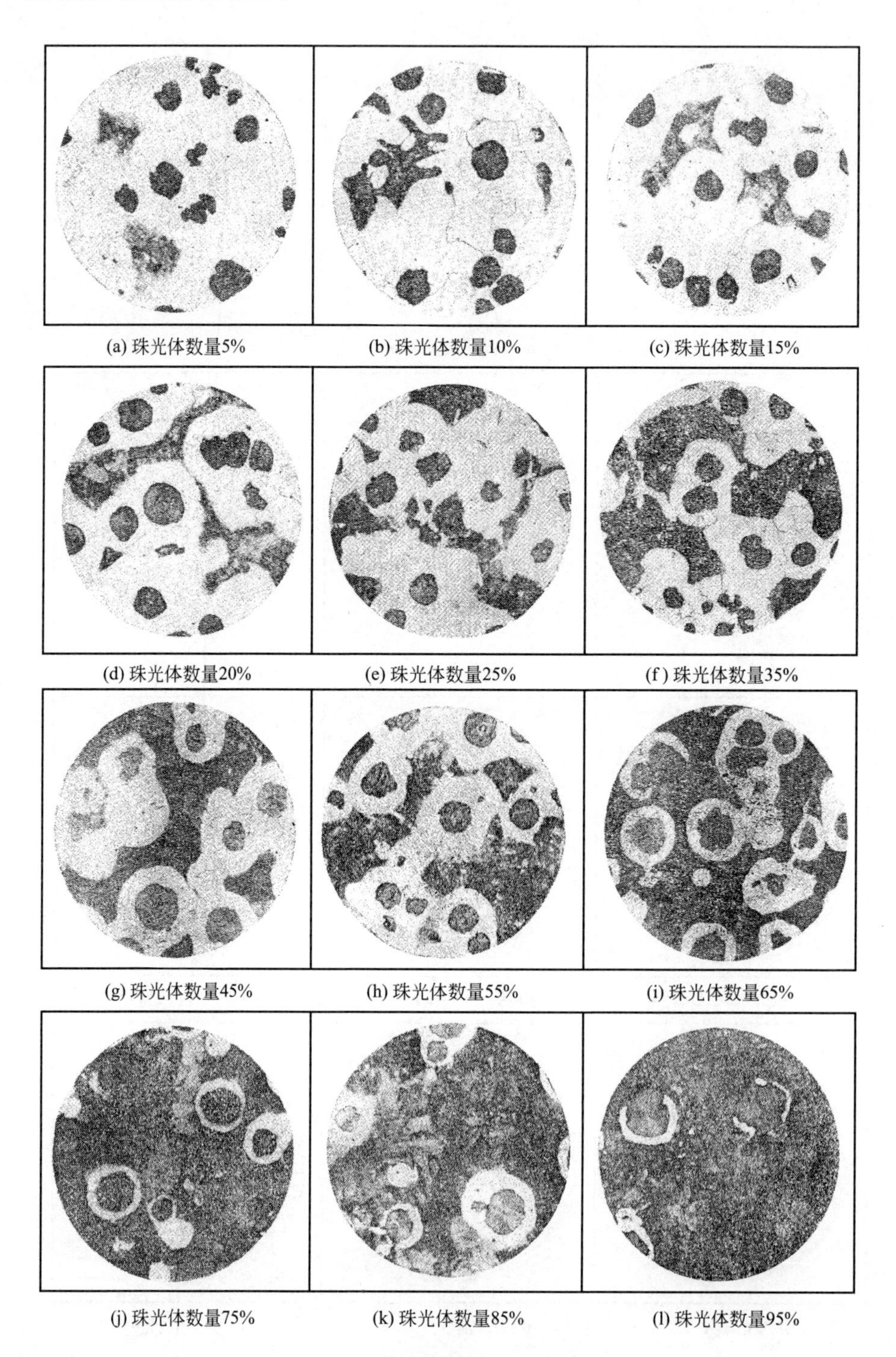

(a) 珠光体数量5% (b) 珠光体数量10% (c) 珠光体数量15%

(d) 珠光体数量20% (e) 珠光体数量25% (f) 珠光体数量35%

(g) 珠光体数量45% (h) 珠光体数量55% (i) 珠光体数量65%

(j) 珠光体数量75% (k) 珠光体数量85% (l) 珠光体数量95%

图 21-6　QT 珠光体量对比图（二）

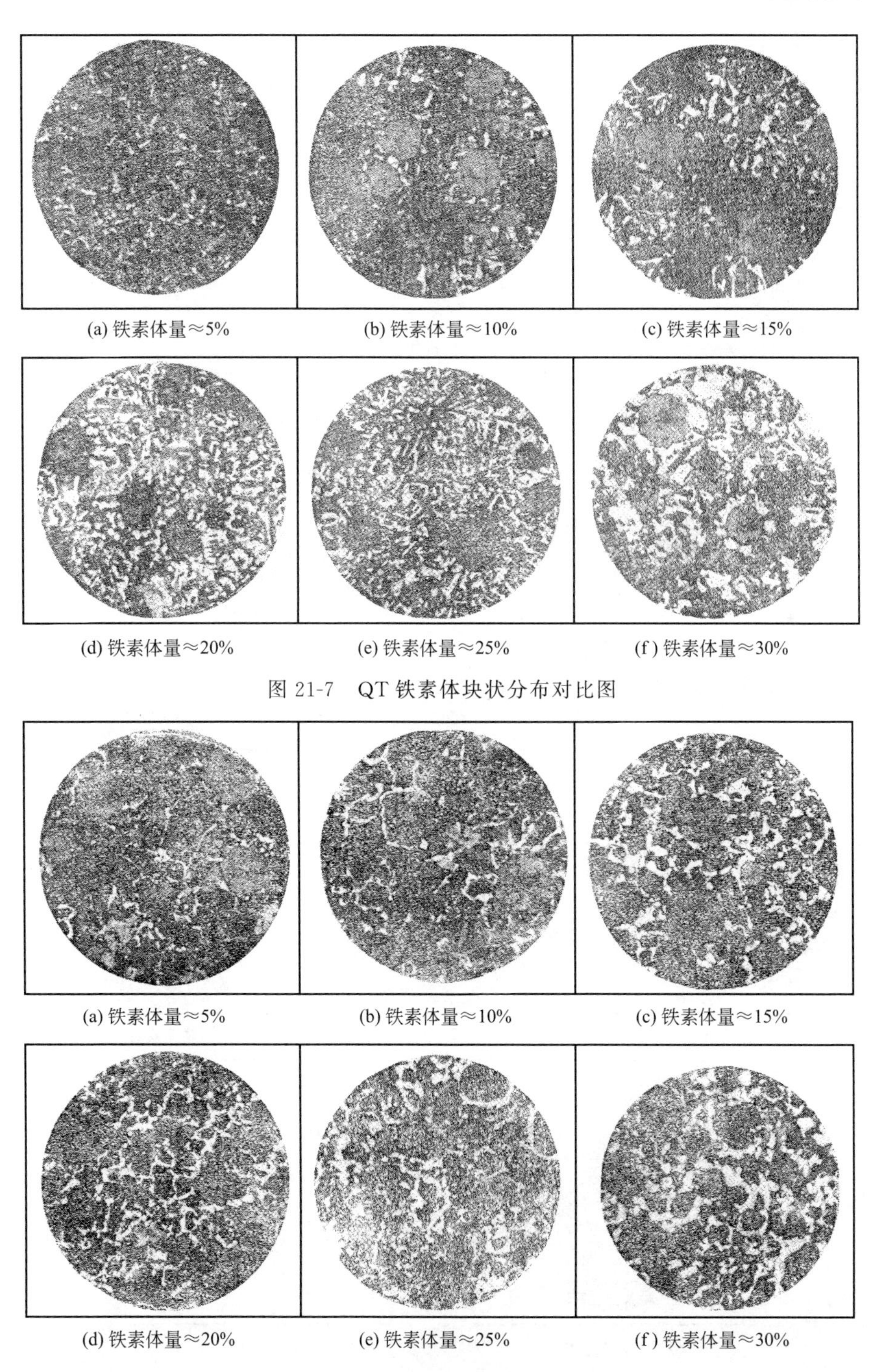

(a) 铁素体量≈5%　(b) 铁素体量≈10%　(c) 铁素体量≈15%

(d) 铁素体量≈20%　(e) 铁素体量≈25%　(f) 铁素体量≈30%

图 21-7　QT 铁素体块状分布对比图

(a) 铁素体量≈5%　(b) 铁素体量≈10%　(c) 铁素体量≈15%

(d) 铁素体量≈20%　(e) 铁素体量≈25%　(f) 铁素体量≈30%

图 21-8　QT 铁素体网状分布对比图

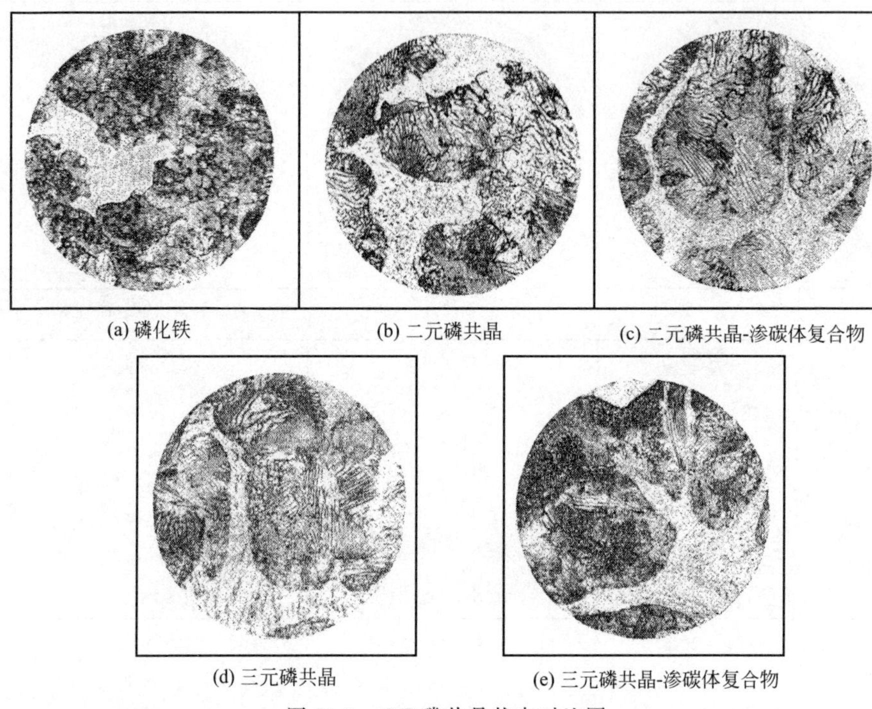

(a) 磷化铁　(b) 二元磷共晶　(c) 二元磷共晶-渗碳体复合物

(d) 三元磷共晶　(e) 三元磷共晶-渗碳体复合物

图 21-9　QT 磷共晶状态对比图

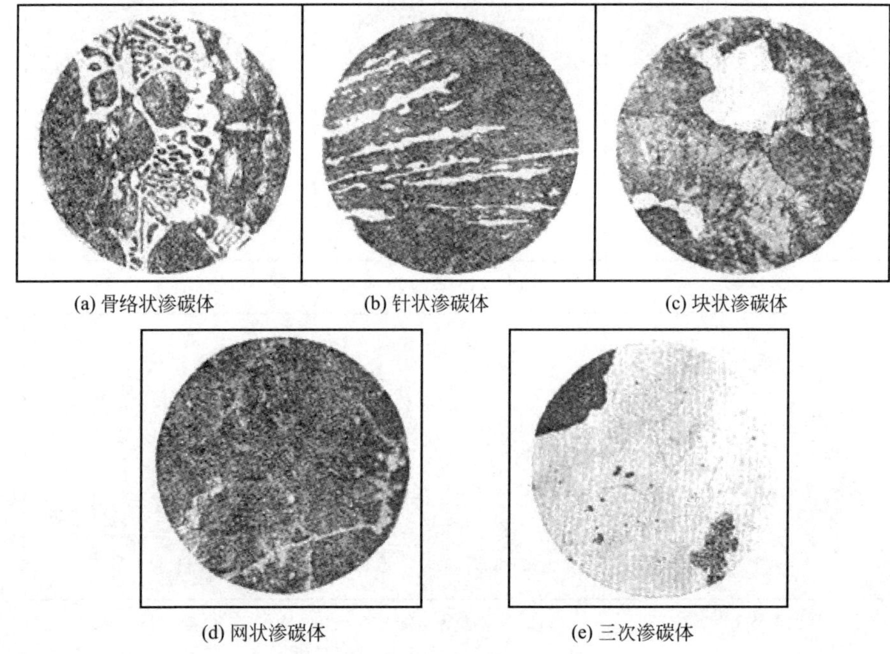

(a) 骨络状渗碳体　(b) 针状渗碳体　(c) 块状渗碳体

(d) 网状渗碳体　(e) 三次渗碳体

图 21-10　QT 渗碳体状态对比图

21.7.4 球墨铸铁五种磷共晶对比图

球墨铸铁五种磷共晶形态对比图（2%～5%硝酸溶液侵蚀，×500）见图 21-9。

21.7.5 球墨铸铁五种渗碳体形态对比图

球墨铸铁五种渗碳体形态对比图（2%～5%硝酸溶液侵蚀，×500）见图 21-10。

21.8 铁素体球铁生产

21.8.1 铸态铁素体球铁的成分控制

（1）铸态铁素体球铁主要成分范围

严格控制生铁和废钢的成分（Mn<0.35%，P<0.06%），要求低温韧性的球铁，更需采用 Mn<0.2%、P<0.05%的特级球铁专用生铁。

严格限制白口化元素和反球化元素（如 Cr、V、Mo、Te、S 等）含量。

① 化学成分调整　对于退火球铁，Si 可从 2.0%～2.7%，而铸态铁素体球铁 Si 可适当提高到 2.5%～3.0%。

② 强化孕育　二次孕育，采用加铋的复合孕育剂，以强烈增加石墨球数。

（2）壁厚铁素体球铁的成分控制

① C 选择　壁厚达 150～300mm，碳当量宜 4.2%～4.4%之间。

因 Si 不宜过高，故 C 宜 3.5%左右。

② Si 选择　Si 过高则热导率下降，Si 过低则铁素体量难达 90%以上。所以，宜视孕育方式而定，随流孕育时 Si 在 2.2%左右，包内孕育时 Si 为 2.5%左右。

③ Mn 选择　由于 Mn 在晶界上呈强烈的正偏析，Mn 高则珠光体量高，故 Mn 尽可能低，限于 0.2%以下为佳。

④ P、S 限制　球化处理后 P≤0.05%，S≤0.02%。

⑤ 球化剂选择　采用高 Mg 低硅低稀土球化剂为佳，$Mg_{残}$ 0.05%～0.07%，$RE_{残}$ 0.02%～0.03%，可采用 1/3 的稀土镁球化剂（RE_4Mg_8）和 2/3 无硅 Mg-Fe 球化剂复合（含 Mg 8%，余 Fe），总加入量常在 1.5%～2.0%之间。

⑥ 孕育方式与孕育剂选择

采用多次孕育　包内、浮硅、随流（瞬时）。

随流孕育剂以复合型为佳　Si 50%～60%，RE 2%～6%，Ca 4%～8%。

21.8.2　铁素体球铁热处理工艺要点

铸态铁素体球铁生产难度较大，难以保证炉内铁液处理合格和件件性能达标，尤其是原材料难达品位要求，故为保证质量高度稳定起见，一般多采用退火工艺获得高韧性铁素体球铁。

当铸态球铁中渗碳体量≥3%，磷共晶量≥1%时，均需采用高温石墨化退火，一般分两个阶段。

① 高温阶段保温 1～3h（每增厚 30mm 加 1h），以消除渗碳体和磷共晶，尤其是含有稳定碳化物的 Cr、Mo 等元素时，需更高温度和保温时间。

② 低温阶段是由奥氏体转变为铁素体，最终获得铁素体为主的基体组织。图 21-11 为典型热处理工艺示意图。

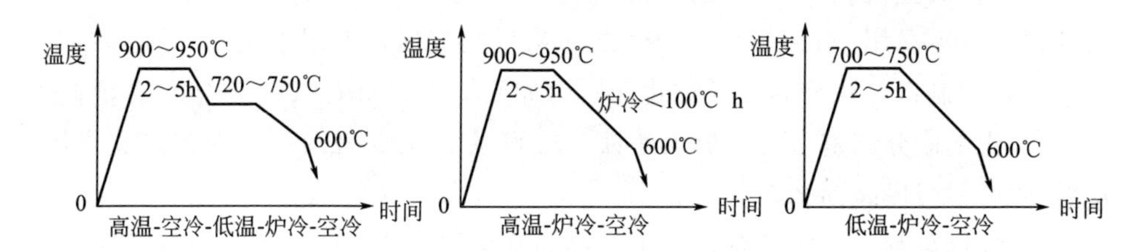

说明：出炉温度<600℃时，会出现回火脆性，应在>600℃出炉空冷。

图 21-11　铁素体球铁热处理工艺规范图

21.9　珠光体球铁生产

21.9.1　珠光体球铁的成分控制

铸件壁厚≥80mm 常称厚壁件，不论是珠光体或铁素体，强度和韧性都是随壁厚增加而下降，一般以壁厚 20～25mm 为强度最好，韧性也高。对于铁素体，壁厚为 70～75mm 时延伸率最高，但强度稍有下降。对于珠光体球铁，通过热处理能较大幅提高强度和硬度，而延伸率稍有下降，但仍可以达到 $\delta \geq$ 2%标准。

（1）厚壁件成分选择与控制

① C 与 Si　当碳当量（CE＝C＋1/3Si）常以 4.2%左右为宜，C＝3.5%

左右，Si＝1.6～2.1％左右。当 Si＞2.1％时石墨易漂浮，当 Si＜1.6％时易引起缩孔及出现晶间碳化物。

② Mn　Mn 易在晶界偏析形成碳化物，即使长时间高温退火也难消除，理论上讲，Mn≤0.2％为佳，但考虑原材料局限性，Mn 宜≤0.5％。

③ P、S　P 易形成偏低熔点的磷共晶分布于晶界中，降低韧性，增加裂纹倾向性，要求 P≤0.05％，S 对球化不利，不仅耗损球化剂中 Mg 和 RE，且易使球化衰退，增加夹渣、皮下气孔缺陷，宜 S≤0.02％。

④ Cr、V　Cr、V 易偏析于晶界之间，形成稳定的金属化合物，强化珠光体，但应限制于 Cr≤0.01％，V≤0.05％。

⑤ Ni、Cu　Ni、Cu 有利于细化珠光体组织，提高性能。Cu＜2％不影响球化，在厚壁球铁中可加：Ni0.5％～1.0％，Cu1％～2％，也可加微量的锡 Sn0.02％～0.05％（比灰铁中的允许加入量低些，灰铁可加 Sn0.06％～0.10％）。

（2）孕育处理

采用 75％Si-Fe 时，加入量随壁厚增加而减少，见表 21-3。

表 21-3　球铁生产硅加入量参考表

铸件厚度/mm	≤10	10～30	30～100	＞100
75％硅加入量/％	0.8～1.0	0.6～0.8	0.5～0.7	0.3～0.5

复合型孕育剂：复合型孕育剂的孕育效果较佳，视球铁类型而选。

干扰元素：Pb、Bi、Sb、As、Ti、Sn、Al、Zn 的量要控制越低越好：Pb≤0.002％，Bi≤0.002％，Sb≤0.002％，As≤0.02％，Ti≤0.01％，Sn≤0.1％，Al≤0.1％，Zn≤0.1％。

21.9.2　珠光体球墨铸铁热处理工艺

对于 QT900-2、QT800-2、QT700-2、QT600-3 珠光体球墨铸铁，当铸态组织中没有游离渗碳体共晶时，可采用以下图 21-12 的正火工艺。当铸态渗碳体量≥3％，有各种磷共晶总量≥1％时，宜采用高温分解游离渗碳体后，炉冷至奥氏体化温度区保温正火工艺（图 21-12）。

21.9.3　珠光体+ 铁素体混合基体球墨铸铁热处理工艺

珠光体＋铁素体混合基体球墨铸铁一般指 QT500-7，都是在铸态得到，化学成分介于珠光体和铁素体球铁之间，基体组织为珠光体、铁素体各约占50%，若铸态组织达不到性能要求，可采用阶段正火工艺，铸态组织能达到性能要求则省去正火工艺（图 21-13）。

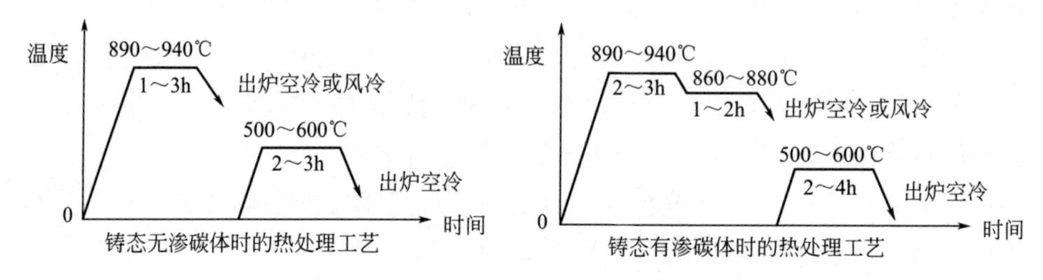

图 21-12　珠光体球铁热处理工艺规范图

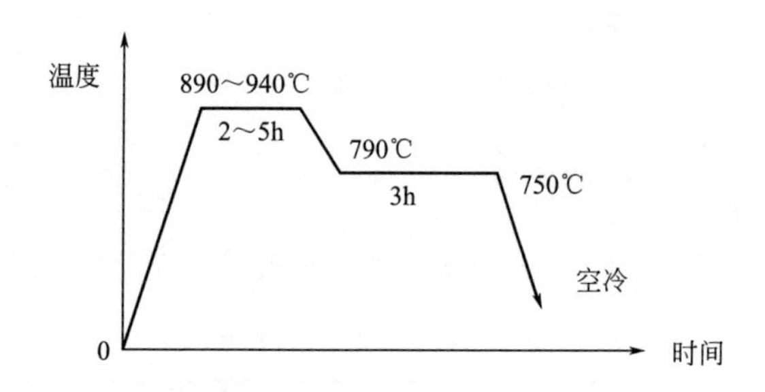

图 21-13　混合基体球铁热处理工艺规范图

21.10　等温淬火球铁（ADI）

一定化学成分的球铁经等温淬火后得到针状铁素体＋高碳奥氏体混合组织为主的球铁，国际上通称为等温淬火球铁（ADI）。

（1）球铁等温淬火的优越性

① 强度高、塑性好，同等延伸率下之抗拉强度是一般球铁的 2 倍，同等抗拉条件下则延伸率是一般球铁 2 倍以上，抗拉强度优于调质处理的碳钢。

② 弯曲疲劳和接触疲劳等动载性能高，与低合金钢相当。

③ 吸振性好，耐磨、抗磨、硬度高。

（2）什么样的球铁可实施等温淬火

优质的球铁坯件方有实施等温淬火的价值。以下可作参考，其成分见表 21-4。

① 球化率≥85%（二级以上）。

② 球墨个数≥100 个/mm²（六级以上）。

③ 显微缩松和碳化物占基体组织面积<1%。

④ 珠光体/铁素体比例在等温淬火前应控制在<15%。

⑤ 不同壁厚的碳当量范围　壁厚<15mm 时，CE=4.4%～4.6%；
壁厚 15～50mm 时，CE=4.3%～4.6%；
壁厚>50mm 时，CE=4.3%～4.5%。

表 21-4　等温淬火球铁化学成分参考表

元素	目标值	最佳控制范围	元素	目标值	最佳控制范围
C	3.6%	±0.20%	Cu	≤0.80%	±0.05%
Si	2.5%	±0.20%	Ni	≤2.0%	±0.10%
Mn	0.3%	±0.05%	Mo	≤0.3%	±0.03%
Mg 残	0.025%～0.03%	±0.005%			

注：Cu、Ni、Mo 量仅指在需要时的值。

球铁奥氏体等温淬火包括两个阶段，第一阶段是加热到理想的奥氏体化温度（785～950℃），第二阶段以较快速率淬火冷却（淬入 240～400℃的盐浴中），并在此温度内保温 0.5～3h，冷却至室温，此阶段是高碳奥氏体分解为铁素体和碳化物，即贝氏体。

21.11　100%废钢生产高强高韧球铁的技术

不论是国内还是国外，生产高强高韧高品质球铁都需要大量耗用高价的"优质原生铁"，在传统和现行的高强高韧高品质球铁的生产中，"优质原生铁"的耗用量常占金属炉料总量的 50%～60%，而国内球铁的市场价也实在低得可怜。

21.11.1　增 C 是采用 100%废钢生产球铁的必须手段

众所周知，铁碳合金碳当量理论在球铁生产与科研中的应用是十分重要的，按传统和现行的球铁生产技术，其碳当量通常≥4.0%为多，也就是说，不要教条地只考虑碳量的高低，而是要着眼于碳、硅量的平衡，即碳硅当量，简称碳当量。只要 CE≥4.0%，且工艺合理的话，生产球铁是稳当的。因此，既然废钢的含 C 量一般为 0.4%左右，硅含量也是 0.4%～0.6%为多，那么 100%废钢熔炼过程最重要的手段就是增碳增硅。增硅轻而易举，增碳也不难，但在中频炉中把金属液中的 C 由 0.4%增至 3.0%或更高，则不是很容易的事。

这就是以100%废钢生产球铁（也包括生产灰铸铁）的主要矛盾，也是这项工艺技术的难点之一。

2017年以来，中南铸冶技术示范基地采用100%废钢生产的出口球铁（QT500-10，出口德国，橡胶机械重要机件），稳定于高标准的要求，实测伸长率15%～20%，抗拉强度53～58MPa，原材料成本大大降低。如图21-14。

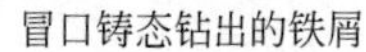

冒口铸态钻出的铁屑

冒口退火后的铁屑

100%废钢熔炼复合变质剂

图21-14　以100%废钢生产的球铁切削的铁屑状态及其变质剂

冒口铁屑的化学成分：C 3.25%、Mn 0.63%、Si 3.18%、S 0.005%、P 0.03%

21.11.2　增C的技巧在于熔炼掌控

增C无非是在熔炼过程把金属液含C量提高到3.00%以上，增C材料是增C剂，还原期增C是最佳期，此温区对增C剂烧损较小，吸收率较高，一般可达85%以上。

增C剂没必要过早加入，有些厂家在熔炼初始就把相当量的增C剂压埋于炉膛底部，实际上导致废钢熔化与碳粒烧损同步进行，这样碳粒燃烧时间过长，耗损过大。

钢铁液处于还原期温区加入增C剂（粒度2～3mm）于液面，不需搅拌或压沉，只需将其在钢铁液表面轻轻扒动即可。因为钢铁液在中频炉中是靠磁力“搅拌”而翻滚旋动，浮在液面上的增C剂随铁液翻滚而被吸收达到增C目的。

增C剂的加入量可按吸收率85%左右预估，分批加入置于液面，不要一次堆积过多。在还原期基本完成增C操作，根据炉后取样化验的结果再做调整，按常规的熔炼规律，此时已进入氧化期，即预出铁期。为了节能省电，同时高温熔炼时间过长也不利于炉衬的保护，炉壁腐蚀会加快，故后期（氧化期）增C调节或减C调节不宜拖延过长时间，宜快速调节。

① 如增C量过度，则减C至所需控制的范围内，通过计算加入预算量的

废钢即可。

② 如增C不足且欠C范围很小，则适当补加增C剂于铁液表面稍扒动几分钟立即取样检测，达到预控C含量范围即可出铁。

③ 如增C严重不足（还原期增C操作欠缺所致），加大增C剂量仍收效甚微或很难再增的情况下，宜适当加入少量回炉铁（可按C=3.3%～3.6%估算），很快即可把C调至预控范围。用不着硬着头皮采用增C剂去调C。为了稳定质量，回炉铁是前一炉的浇冒口或废品，一般加入占铁液总量10%～15%即达理想效果。

其实，生产过程每炉割下的浇冒口是必然存在的，完全应该复用，按正常工艺出品率计算，回炉铁的比例常≥10%，足够在100%废钢熔炼时作后期C含量调整，根本不必添加原生铁。

21.11.3 变质是关键

从遗传性角度讲，增C剂的大量使用必有“遗传”。增C剂是“超高碳相”。碳在铸铁中的表现形式是析出石墨，“原碳相”或“超高碳相”的石墨形态是“粗、厚、长”为特征，而高强度灰铸铁的理想石墨应该是细小均匀分布，“粗、厚、长”石墨不仅对基体起“分割”作用，极大削弱强度，而且相当于在基体内形成许许多多的“空穴”，石墨粗大而长，铸铁结晶必晶粒粗大，晶间距增大，由此而导致基体组织疏松、组织致密度差，由此而决定着铸件的力学性能低劣。对于球铁，原铁液中石墨粗大厚长，则球化处理的结果不良，即使球化了，其球团状石墨粗大且不圆整，如同一个个“大球团”，球化级别根本达不到预期的要求，这样的“球铁”实乃低劣品，没有工程应用的价值。球墨铸铁的处理，先决条件是要有优质的原铁液，否则其“先天不足”带来的后天缺陷（后遗症）是很难提升等级的。要解决这个问题，最简单、最有效的方法就是对原铁液进行变质处理。

如何对原铁液进行变质处理呢？这个问题可复杂化，也可简单化，复杂不一定效果理想，简单并不等于随便处理，关键是懂得并遵循科学原理。

铁液变质和孕育往往是复合同步进行的，孕育中包含有变质，变质中包含有孕育。根据球铁炉前处理的特点，可以说是孕育-变质-球化复合进行的，而且可以认为孕育—变质比球化过程是稍超前一步的。传统理念中没有明确这个说法。其实，从出铁槽中撒进孕育变质剂，或把孕育变质剂覆盖于包中的球化剂之上，这实际上就是先发生孕育—变质，后发生球化反应，原铁液进入包内首先与孕育—变质剂接触，后与球化剂反应，而且要等到球化剂在铁液中“引爆”之后才真正进入“球化”阶段，从“引爆”到铁液平静状态，足有十多秒的时间。根据这一原理和处理工艺的特性，我们完全可以在炉前球化处理的同时，让孕育变质剂超前一步与铁液发生变质孕育，也就是说，把孕育变质剂覆盖于球化剂之上即可。

铁液中的C大部分来自增C剂，铁液中的C（石墨）是“超高碳相”，甚至“原始碳相”，那么要把这些粗、大、厚、长的石墨变成细片状石墨并通过球化处理转变成细小圆整的球状石墨，常规的硅铁孕育剂是难以达到良好效果的。

高温铁液与孕育变质剂接触发生孕育变质反应的时间极短，可以说是“瞬时”的，生产中实施“瞬时孕育”、“随流孕育”就是利用这个原理。而瞬时孕育的孕育剂往往是易吸收细粒或粉状的，且熔点较低——即含有助熔和降低熔点的合金或矿物成分。由于大量使用增C剂，铁液“高碳相”所必然产生的石墨形态差劣的“遗传性”影响的客观存在，使用的孕育变质剂又应该是强效型的。由于球铁铁液处理时间较长，浇注延时性也较长，这种孕育剂又应是长效型的。

中南铸冶技术示范基地采用Si-Fe-Mn-Ca-C-Ba复合孕育剂，粒度0.5～3mm，瞬时石墨化作用强，含有强效、长效作用的合金成分和助熔成分以及造干渣净化铁液的成分，加入量0.8%～1%，处理时的出铁温度以1500～1550℃为佳，球化剂为含Ba 2%～4%的稀土镁合金。

21.11.4 显著的技术经济效果

① 中南铸冶技术示范基地自2017第一炉试生产以来，球化处理工艺稳定可靠，从未出现过球化不良的现象，石墨球细小圆整，球化级别1～2级良好。

② 经力学性能检测：抗拉强度σ_b>530MPa，延伸率δ>15%。

③ 加工性能：铸态和退火态加工性能良好，渗碳体和磷共晶量极微。

④ 中南铸冶技术示范基地生产的QT500-10化学成分控制范围：

C 3.0%～3.5%，Mn 0.6%～0.7%，Si 2.8%～3.2%，S 0.005%～0.006%，P 0.03%～0.035%。

⑤ 全废钢生产球铁的技术劣势是含C量过低，其优势则是含S和P较低。

⑥ 如采用全废钢生产珠光体或贝氏体球铁，只需根据球铁生产的传统通用理论添加相关Cu、Cr、Mo、V、Sn等合金元素即可调节。(本章不做评述)。

中南铸冶技术示范基地几年的生产实践表明，采用全废钢生产球铁与传统的采用优质生铁生产球铁的方法相比，每吨球铁件可降低成本1000元左右。

21.12 球铁生产技术要点与相关标准

21.12.1 技术要点

(1) 碳当量控制

碳当量 CE=C+1/3(Si+P)，以4.2%～4.4%为较佳范围。

(2) 硅量控制

硅(Si)量视不同牌号，以2.5%～3.2%为宜，限制硅量<3.3%，否则变脆，延伸率严重下降，甚至易使石墨漂浮，断面银亮色减退，灰黑麻点增加。

(3) 锰量控制

高韧性(高延伸率)的球铁(铁素体)Mn应≤0.6%，0.4%左右为佳，珠光体类球铁的Mn宜0.4%～0.8%范围选择和调整。

(4) 磷量控制

磷量应尽可能低，P限制≤0.06%，否则质脆，球化不良，强度与韧性严重下降。

(5) 硫量控制

硫(S)量越低越好，高S消耗Mn与稀土，不仅球化剂用量增加，且球化等级较差，终了S≤0.03%。

(6) 稀土残量

只考虑“球化保险”而盲目增加球化剂量是常见误区，一是增成本；二是稀土残余过量，缩松及白口倾向增加，断面中心“灰点”增加。稀土残余量$RE_{残}$=0.02%～0.04%为宜。

(7) 镁残余量

镁残余量以0.03%～0.07%为宜。

21.12.2 原铁液技术指标

① 砂型铸造出炉温度≥1450℃为佳。

② 消失模铸造出炉温度≥1500℃为宜。孕育量或球化剂量增加时，或非热包的情况下或薄小件生产时，温度还宜再提高50℃。

③ 原铁液宜高碳、低硅、低磷、低硫，某种牌号还应低锰，同时，各成分要注意保持稳定，否则影响炉前球化剂和孕育剂量的确定。

21.12.3 包内高频振动精炼和高频振动浇注

铁液在包内反应时间不宜过快，也不宜过长，此取决于包坝结构、覆盖方式、出铁方式、出铁温度等，同时也与球化剂种类及成分有关，包内反爆正常、充分才能获得良好球化处理效果。最佳的方法是球化反应完毕即吊置于高频振动平台上，边振边扒渣，而后以保温棉覆盖，高频振动精炼的最佳时间是60～90s。

球铁生产过程，铁液扒渣完毕之后，尽快浇注完毕是十分关键的操作，球化效果是随时间的延长而衰退，一旦发生衰退至“极限”即为“废水”，决不可浇用。所以，炉前球化检测必须快速，从反应完成之后，立即浇样至铁液吊至浇注位置必须同步完成，要求炉前检测快速、准确。而铁液从反应完毕至扒渣、覆盖、吊运、准备发令浇注这一过程必须在60～90s内完成，很多的“现代”检测仪器（比如热分析法等）很难保证60～90s内得出准确判断的结果，所以炉前三角试片检测法仍不失为实用的快速方法，关键是操作者要精、准、快。球铁生产高频振动浇注是十分重要、十分关键的技术（参见第5章）。

21.12.4 QT各牌号化学成分参考

球铁化学成分见表21-5。

表21-5 球铁化学成分参考表

分类	牌号	热处理状态	化学成分(质量分数)/%							
			C	Si	Mn	P	S	RE	Mg	其他
铁素体类	QT400-18 QT400-15 QT450-10	退火	3.3～3.8	2.0～2.7	≤0.6	≤0.06	≤0.03	— 0.02～0.04	0.05～0.07 0.03～0.05	— —
		铸态	3.3～3.8	2.5～3.0	≤0.4	≤0.06	≤0.03	0.02～0.04	0.03～0.05	— —
铁素体和珠光体类	QT500-7 QT600-3	铸态	3.3～3.8	2.3～3.0	0.3～0.8	≤0.06	≤0.03	— 0.02～0.04	0.05～0.07 0.03～0.05	— —
珠光体类	QT700-2 QT800-2	正火	3.3～3.8	2.1～2.5	0.3～0.8	≤0.06	≤0.03	0.02～0.04	0.03～0.05	Cu0.4～0.6 Mo0.15～0.25
		正火	3.3～3.8	2.8～3.2	0.3～0.8	≤0.06	≤0.03	—	0.05～0.07	

续表

分类	牌号	热处理状态	化学成分(质量分数)/%							
			C	Si	Mn	P	S	RE	Mg	其他
回火马氏体类	QT900-2	等温淬火	3.3～3.8	2.8～3.1	≤0.5	≤0.06	≤0.03	0.02～0.04	0.03～0.05	Mo0.15～0.25

21.12.5 相关技术标准

(1) 单铸试块的球铁力学性能 (GB/T 1348—2009)

单铸试块的球铁力学性能见表 21-6。

表 21-6 球铁力学性能参照表 (A)

材料牌号	抗拉强度 σ_b (min)/MPa	屈服强度 $\sigma_{0.2}$ (min)/MPa	伸长率 δ (min)/%	布氏硬度 (HBW)	主要基体组织
QT350-22L	350	220	22	≤160	铁素体
QT350-22R	350	220	22	≤160	铁素体
QT350-22	350	220	22	≤160	铁素体
QT400-18L	400	240	18	120～175	铁素体
QT400-18R	400	250	18	120～175	铁素体
QT400-18	400	250	18	120～175	铁素体
QT400-15	400	250	15	120～180	铁素体
QT450-10	450	310	10	160～210	铁素体
QT500-7	500	320	7	170～230	铁素体+珠光体
QT550-5	550	350	5	180～250	铁素体+珠光体
QT600-3	600	370	3	190～270	铁素体+珠光体
QT700-2	700	420	2	225～305	珠光体
QT800-2	800	480	2	245～335	珠光体或索氏体
QT900-2	900	600	2	280～360	回火马氏体或托氏体+索氏体
QT500-10	500	360	10		

注：1. 字母"L"表示该牌号有低温 (−20℃或−40℃) 下的冲击性能要求；字母"B"表示该牌号有室温 (23℃) 下的冲击性能要求。

2. 伸长率是从原始标距 $L_0=5d$ 上测得，d 是试样上原始标距处的直径。

3. QT500-10 只适用于高硅含量且最小抗拉强度 $\sigma_b=500$MPa 的 QT500-10 和 200HBW 的球墨铸铁件。

（2）附铸试块的球铁力学性能（GB/T 1348—2009）

附铸试块的球铁力学性能见表21-7。

表21-7 球铁力学性能参照表（B）

材料牌号	铸件壁厚/mm	抗拉强度σ_b(min)/MPa	屈服强度$\sigma_{0.2}$(min)/MPa	伸长率δ(min)/%	布氏硬度(HBW)	主要基体组织
QT350-22AL	≤30	350	220	22	≤160	铁素体
	>30～60	330	210	18		
	>60～200	320	200	15		
QT350-22AR	≤30	350	220	22	≤160	铁素体
	>30～60	330	220	18		
	>60～200	320	210	15		
QT350-22A	≤30	350	220	22	≤160	铁素体
	>30～60	330	210	18		
	>60～200	320	200	15		
QT400-18AL	≤30	380	240	18	120～175	铁素体
	>30～60	370	230	15		
	>60～200	360	220	12		
QT400-18AR	≤30	400	250	18	120～175	铁素体
	>30～60	390	250	15		
	>60～200	370	240	12		
QT400-18A	≤30	400	250	18	120～175	铁素体
	>30～60	390	250	15		
	>60～200	370	240	12		
QT400-15A	≤30	400	250	15	120～180	铁素体
	>30～60	390	250	14		
	>60～200	370	240	11		
QT450-10A	≤30	450	310	10	160～210	铁素体
	>30～60	420	280	9		
	>60～200	390	260	8		
QT500-7A	≤30	500	320	7	170～230	铁素体+珠光体
	>30～60	450	300	7		
	>60～200	420	290	5		
QT550-5A	≤30	550	350	5	180～250	铁素体+珠光体
	>30～60	520	330	4		

续表

材料牌号	铸件壁厚/mm	抗拉强度 σ_b (min)/MPa	屈服强度 $\sigma_{0.2}$ (min)/MPa	伸长率 δ (min)/%	布氏硬度(HBW)	主要基体组织
QT550-5A	>60～200	500	320	3	180～250	铁素体+珠光体
QT600-3A	≤30	600	370	3	190～270	珠光体+铁素体
	>30～60	600	360	2		
	>60～200	550	340	1		
QT700-2A	≤30	700	420	2	225～305	珠光体
	>30～60	700	400	2		
	>60～200	650	380	1		
QT800-2A	≤30	800	480	2	245～335	珠光体或索氏体
	>30～60	由供需双方商定				
	>60～200					
QT900-2A	≤30	900	600	2	280～360	回火马氏体+索氏体或屈氏体
	>30～60	由供需双方商定				
	>60～200					
QT500-10A	≤30	500	360	10		
	>30～60	490	360	9		
	>60～200	470	350	7		

注：1. 从附铸试样测得的力学性能并不能准确地反映铸件本体的力学性能，但与单铸试棒上测得的值相比更接近于铸件的实际性能值。

2. 伸长率在原始标距 $L_0=5d$ 上测得，d 是试样上原始标距处的直径。

3. QT500-10 只适用于高硅含量且最小抗拉强度 $\sigma_b=500$MPa 的 QT500-10 和 200HBW 的球墨铸铁件。

22

耐蚀铸铁生产

22.1 腐蚀的两种类型

腐蚀现象分为化学腐蚀和电化学腐蚀两类。铸铁的耐腐蚀性与其化学成分、金相组织及其表面特性、介质成分温度等因素有关。耐腐蚀铸铁是指能够防止或延缓某种腐蚀介质腐蚀的特种铸铁。

① 化学腐蚀　化学腐蚀是指腐蚀产物直接生成于金属与介质接触的表面，常见的化学腐蚀是气体腐蚀，如 O_2、SO_2、H_2S、H_2、CO、Cl_2 等，高温下更严重。钢铁加热生成 FeO、Fe_3O_4 复杂氧化物，称氧化膜，对腐蚀的进行影响很大。有的氧化膜对金属有保护性，如：SiO_2、Al_2O_3、Cr_2O_3 等称为保护膜。

金属在非电解质（如酒精、汽油、煤油等）溶液中的腐蚀也是化学腐蚀（石油中含有 CS_2、H_2S 等杂质）。

② 电化学腐蚀　是指金属周围的电解质溶液（湿空气、酸、盐等）的电化学作用引起的破坏，典型的电化学腐蚀现象有：微电池性腐蚀、大气腐蚀（两种金属在大气中接触）、晶间腐蚀（腐蚀介质渗入）、电解性腐蚀、差异充气腐蚀（如铁板插在水中），这种腐蚀相当于电解池的作用。总的特点是：形成电位差，电位差愈大则腐蚀愈严重。

耐腐蚀铸铁就是依据以上化学腐蚀和电化学腐蚀的原理来调整铸铁的化学成分和控制其金相组织以耐腐蚀的。

22.2 耐蚀铸铁的化学成分分类

① 以铁素体为基体的单相组织，耐蚀性能好，塑性和韧性也较好，但强

度过低。

② 以奥氏体为基体的单相组织，耐蚀、耐热、耐磨和韧性较高，无磁性。

③ 珠光体、索氏体、托氏体、马氏体组织是铁素体和渗碳体的机械混合物，基体形成大量的微电池，渗碳体为阴极，铁素体为阳极，因而加剧腐蚀。

从化学成分上讲，耐腐蚀铸铁主要有以下类别。

（1）普通高硅耐腐蚀铸铁

含硅量14%～18%，当C偏上限时，硬度下降，铸造工艺性能改善。Mn不宜高，Mn高对耐腐蚀性及力学性能不良。当Si＜15.2%时，少量石墨片分布在富硅铁素体上，而Si＞15.2%时变脆，但耐酸性相应提高。高硅铸铁对各浓度、温度的硫酸、硝酸、常温盐酸及氧化性混合酸和有机酸均有良好的耐腐蚀性。

（2）合金高硅耐腐蚀铸铁

① 稀土高硅耐腐蚀铸铁　含硅量10%～12%，也可称为中硅铸铁，稀土量0.1%～0.25%，比普遍高硅铸铁硬度稍有降低，脆性及切削加工性有所改善。

② 含铜高硅耐腐蚀铸铁　在普通高硅铸铁中加入6.5%～10%的Cu，Cu能改善高硅铸铁的力学性能，提高强度及韧性，降低硬度，具有可车削性，提高耐酸性能。

③ 含钼高硅耐腐蚀铸铁　一般加Mo3%～3.5%，提高对盐酸的耐腐蚀性，但在浓盐酸中仍不耐腐蚀。

④ 含Cr高硅耐腐蚀铸铁　C＜1.4%，Si 14.5%～16%，Mn＜0.5%，P＜0.10%，S＜0.10%，Cr 4%～5%，$RE_{残}$＜0.1%，具有高耐蚀性，适用于制造阴极保护用的阳极铸件，如接触海水、淡水等介质的零件。

（3）含镍奥氏体高硅耐腐蚀铸铁

Ni量为13.5%～36%，改变Ni量并附加少量其他元素可形成不同牌号和类型，以适应不同腐蚀介质和使用条件的需要。如加Cr、Cu、Mo改善耐蚀性，加铌改善焊接性。按石墨形态分为奥氏体灰铸铁和奥氏体球铁。石墨形态对耐蚀性无明显影响，但球状石墨能明显提高抗磨性。奥氏体铸铁具有高的耐腐蚀性，在碱性介质中的耐腐蚀性尤为优越。

（4）高铬耐腐蚀铸铁

含铬24%～35%的白口铸铁称耐腐蚀高铬铸铁，金相组织为奥氏体或铁素体加碳化物。C＜1.3%时易获得铁素体，C＞1.3%易获得奥氏体。耐蚀高铬铸铁在氧化性腐蚀介质中有较好耐腐蚀性，在含有固体颗粒的腐蚀介质中有优异的耐腐蚀性和抗冲刷性能。

（5）高铝耐腐蚀铸铁

含 Al 量 3.5%～6%的铸铁多用于制造与联碱氨母液、氯化铵溶液、碳酸氢铵溶液等介质的泵阀零件。在铝铸铁中加入 4%～6%的硅和 0.5%～1%的 Cr，可制得硅铝铸铁。

（6）低合金耐蚀铸铁

① 含 Cu 0.4%～0.5%可使铸铁在大气中的腐蚀减少 25%以上。在含有浓硫酸烟气的大气中更佳。可制硫酸泵。加入少量锡或锑可进一步提高耐蚀性。

② 低 Cr 铸铁　在铸铁中加入 0.5%～2.5%的 Cr，可减轻铸铁在流动海水中的腐蚀。

③ 低镍铸铁　在铸铁中加入 2%～4%的镍，可提高在碱、盐液及海水中的耐蚀性。

22.3 铸铁腐蚀机理

铸铁的腐蚀是指它与周围介质发生化学、电化学反应或被熔融的金属溶蚀而导致其损伤或破坏的过程。铸铁的腐蚀介质多是导电的电解质，所以铸铁的腐蚀以电化学腐蚀居多。铸铁的表面成分、组织（不同的相、晶界、晶格缺陷）、表面状态（应力、应变）等不均一，具有不同电极电位，电位较正的为阴极，电位较负的为阳极。电极电位的正、负只能衡量电化学腐蚀倾向的大小，而不能估计铸铁耐蚀性的高低，耐蚀性能的好坏取决于腐蚀反应的速度。提高铸铁的耐腐蚀性主要途径是加入合金元素，以得到有利的组织和形成良好的保护膜，其组织最好是致密、均匀的单相组织，中等大小而又不相连的石墨对提高耐蚀性有利，球状或团絮状为佳。

耐蚀合金铸铁的化学成分参考如表 22-1。

表 22-1　耐蚀合金铸铁化学成分参考表（质量分数）　　单位：%

材质	C	Si	Mn	Cr	Ni	其他
硅铸铁 HT200	2.4～2.5	5～10	0.5～0.6	—	—	—
镍硅 HT250	1.7～2.0	5～7	0.5～1.0	1.8		Al0.1～0.2
铝铸铁	3.0～3.2	1	0.6	2 或 0	1 或 0	Al6～7
镍铜 HT250	2.5～3.0	1.5～2.0	<0.7	—	14	Cu7

续表

材质	C	Si	Mn	Cr	Ni	其他
镍铜铬 HT	2.8	1.5～2.0	2.2	2～4	12	Cu6
铬镍 HT	1.3～1.8	1.8	0.5	18	9	—
高 Si 白口铸铁 1	0.5～0.8	15～16	0.3～0.8	—	—	S≤0.07,P≤0.1
高 Si 白口铸铁 2	0.3～0.5	16～18	0.3～0.8	—	—	S≤0.07,P≤0.1
高 Cr34 白口铸铁	1.5～2.3	1.3～1.7	0.3～0.8	32～36	—	—
高 Cr28 白口铸铁	0.5～1.0	0.5～1.3	0.3～0.8	26～30	—	—
铬铝白口铸铁	1.75	2.0	0.3～0.8	23	—	Al13～14

高铬耐腐蚀铸铁应用较多，其铁液流动性好，线收缩 1.6%～1.9%，热裂和冷裂的倾向都较大。高 Cr 铸件耐腐蚀的原因主要是：表面生成坚固的 Cr_2O_3 保护膜，提高了合金的电阻，从而降低腐蚀电流来减缓腐蚀。以应用最广最典型的 Cr28 耐腐蚀铸铁为例，其抗拉强度 $\sigma_b \geq 350MPa$，抗弯强度 $\sigma_{bb} \geq 550MPa$，挠度 $f \geq 6mm$，硬度（布氏）220～270HBS。

Cr28 耐腐蚀铸铁的金相组织是：含 Cr 的铁素体的 α 相＋网状石墨＋复合碳化物（Fe、Cr)$_4$C。

Cr28 耐腐蚀铸铁的化学成分为：C 0.5%～1.0%，Si≤1.5%，Mn≤1.0%，Cr 26%～30%，S≤0.05%，P≤0.05%，通常控制 C 0.7%～0.9%，而 Cr 在 29%～31%之间。

另外，Si 能与 Cr 形成 SiCr 硬相，在酸性电炉中当铁液过热（≥1600℃）时会发生增 Si 现象，所以，熔炼时的出炉温度宜<1600℃。

22.4 耐腐蚀铸铁的热处理

目的　消除内应力。

工艺　加热至 820～850℃，保温 2h 以上，依壁厚 30mm 增加 1h，然后随炉冷至 200℃以下出炉。

注意：

① 加热温度不能>860℃，否则降低耐磨蚀性。

② 不能在 700～800℃长时间停留，否则出现脆性相。

③ 不能在 370～540℃长时间停留，否则变脆，韧性下降。

22.5 工艺提示

耐蚀铸铁的基体组织的致密性、均匀性对提高其耐蚀性十分重要，生产耐蚀铸铁应该实施高频振动浇注（振动结晶）。

23

耐热铸铁生产

23.1 耐热铸铁标准

铸铁的耐热性能是指其在高温条件下抗氧化和抗生长的能力。抗氧化性是指高温条件下抵抗周围气氛对它的腐蚀的能力。抗生长性是指在高温条件下抵抗体积不可逆长大（晶粒长大）的能力。

生产实践证明，基体组织对耐热性有一定影响：片状石墨（劣），球状石墨（优），铁素体（抗生长优），珠光体（抗生长劣），奥氏体（抗生长优），Al_2O_3 或 SiO_2 保护膜（抗氧化优）。生产实践也证明，普通铸铁中加入一定量的 Si、Al、Cr 等合金元素可提高其耐热性能。

工作温度 900℃以下的耐热铸铁化学成分见表 23-1。

表 23-1 耐热铸铁化学成分（质量分数） 单位：%

牌号	C	Si	Mn	P	S	Cr	适用性
RTCr-0.8	2.8～3.6	1.5～2.5	<1.0	<0.3	<1.2	0.5～1.1	600℃以下
RTCr-1.5	2.8～3.6	1.5～2.5	<1.0	<0.3	<1.2	1.2～1.9	650℃以下
RQTSi-5.5	2.2～3.0	5.0～6.0	<1.0	<0.2	<1.2	0.5～0.9	850℃以下
RQTSi-5.5	2.4～3.0	5.0～6.0	<0.7	<0.2	<0.03	—	900℃以下

（1）耐热铸铁国家标准（GB/T 9437—1988）

按国标 GB/T 9437—1988，耐热铸铁分为以下几种。

铬系耐热铸铁　RTCr、RTCr2、RTCr16 三种。

硅系耐热铸铁　RQTSi5、RQTSi4、RQTSi4Mo、RQTSi5 四种。

中硅中铝耐热铸铁　RQTAl4Si4、RQTAl5Si5 二种。

高铝耐热铸铁　RQTAl22 一种。

（2）非标耐热铸铁

行业生产中还有硅系耐热球铁，铝硅系耐热球铁及其他类型的多种耐热铸铁。

硅系耐热球铁含硅量常在 4%～7%之间，Si 高则耐热温度高。

铝硅系耐热球铁含 Al 量在 4%～5%，含 Si 量 4.5%～5.5%，工艺控制有一定难度。

高 Cr 耐热铸铁应用普遍，含 Cr 量 10%～36%不等。

23.2 耐热铸铁的工业应用

650℃以下工作环境　RTCr、RTCr2

600～750℃工作环境　RQTSi4

750～900℃工作环境　RTCr16、RQTSi5、RQTAl4Si4

900～1050℃工作环境　RQTAl22

另外，RTCr28 没有列入国家标准，可在 1050～1100℃工作环境中使用。

耐热铸铁有片状石墨和球状石墨两类型，球墨比片墨的力学性能高，耐热性能也较好，但工艺性能差些，RQTAl22 因性能不大稳定，工业生产应用很少。

（1）常见的耐热铸铁化学成分及工作性能

耐热铸铁化学成分见表 23-2。

表 23-2　耐热铸铁化学成分

材质	合金元素含量/%	石墨形态	适应温度/℃
低铬耐热铸铁	Cr<2	片状	<650
硅系耐热铸铁	Si 5～6	片状	<850
硅系耐热 QT	Si 5～6	片状	<900
铝耐热铸铁	Al 19～24	片状	<950
铝硅耐热 QT	Al 4～5 Si4.5～5.5	球状、团状	<1000
铬铝耐热铸铁	Cr10 Al6	片状	<1000
高铬耐热铸铁	Cr30～36	片状	<1100

（2）耐热铸铁工艺要点与适用性

由于 Si、Al 等元素含量高，故流动性稍差，线收缩大，脆性转变温度高，铸铁易出现裂纹，故工艺设计及落砂清理要考虑这一特殊性。在工业应用中应考虑以下适用性。

Cr 18%～25%时，基体为铁素体+碳化铁。

Cr ≥8%时，在 900℃下已足够耐热。

Cr ≥18%时，在 1000℃下足够耐热。

Cr ≥30%时，在 1100℃下足以长期工作。

23.3 几种典型的耐热铸铁生产

23.3.1 硅系耐热铸铁

（1）RQTSi4Mo

① 用途　用于 800～820℃下工作的机件，如发动机排气管、涡轮壳、热处理炉等。

② 化学成分　C=2.9%～3.2%，Si=3.5%～4.5%，Mo≤0.4%（越低越好），CE 控制在 4.4%左右。C-Si 总量是个恒值，Si>6.5%时力学性能急剧下降。

③ 冶金处理　多用高 Mg 低稀土球化剂，Mg 残≈0.03%～0.05%，RE≈0.02%～0.04%，要求石墨细小圆整，尽量少出珠光体，75%Si 孕育不易稳定，用硅锶、硅钡或复合孕育剂较好。

④ 热处理　目的是增加铁素体量并减弱其高温下长大。退火工艺规范有两种。

a. 升温至 900℃，保温 2h 以上，炉冷至 600～700℃出炉空冷。

b. 升温至 700～800℃，保温 4h 以上，炉冷至 600～700℃出炉空冷。

（2）RQTAl4Si4

① 化学成分　C=2.5%～3.0%，Si=3.5%～4.5%，Al=4%～5%，Mn=0.5%，P≤0.1%，S≤0.02%。

② 性能　抗氧化性能好，可在 920～950℃下长期服役，加 1%Mo 或 0.12%铌更佳。

③ 金相　Al/Si≤1 时，石墨呈球状及团絮状，珠光体<30%。

Al/Si≥1.3 时，少量球状+开花状石墨，珠光体≈50%。

Al/Si≥1.5 时，石墨开花状+枝晶状，珠光体>50%。

此硅中铝球铁基体为铁素体+珠光体。

④ 生产　难点是易开裂。

23.3.2 铝系耐热铸铁

① 化学成分　高铝耐热铸铁含

Al=20%～24%
C=1.6%～2.2%
Si=1%～2%
Mn≤0.8%
P≤0.1%
S≤0.03%

② 性能　可在1000～1100℃下使用。

③ 熔炼　采用电炉熔炼时，先熔化废钢，铁液过热至1500℃左右逐步加入铝块，铁液与铝液在电磁搅拌下混合（勿人工搅拌），在浇包内球化处理，球化剂量1.0%～1.5%，加入0.8%～1.2%的硅孕育。

④缺陷　易形成气孔、夹渣、石墨漂浮，偏析和冷裂倾向大。

⑤ 难度　高铝耐热铸铁（球铁）由于铝含量高，碳和硅含量较低，故流动性和充型性差，铁液中的夹渣杂质难以上浮净化，溶解在铁液中的气体难以溢出，往往难以获得高质量的铸件。同时，由于铝液的密度低，熔点也低，铁液的密度高，熔点也高，不宜在1500℃过热温度下过长时间的熔炼。高铝耐热铸铁熔炼过程给工人操作也带来很多麻烦和不便，故难以进行工业化生产，实用性受到一定的限制。

23.3.3 铬系及镍系耐热铸铁

在铬系耐热铸铁中，提高含C量有利于提高在抗磨条件下的耐热性；提高Si含量可增加抗氧化能力，但降低了高温强度，降低了热稳定性，所以Si含量一般<4%。

高镍奥氏体铸铁，由于具有良好的热冲击性、高温强度、抗蠕变强度以及耐热性，已愈来愈引起国内外的重视，同时它还具有室温下的良好冲击韧性，有利于防止脆断，以其代替硅系、铝系、铬系耐热铸铁的前景广阔。

特别提示

以常规（传统）的静态浇注工艺生产的耐蚀铸铁，基体组织疏松将对其耐蚀性能带来极大的影响，以消失模铸造工艺生产耐蚀铸铁件应实施高频振动浇注。高铝耐蚀铸铁实施高频振动浇注更为重要。因铝与铁的密度差异悬殊，实施高频振动浇注将对消除或减少化学成分偏析大有好处，有利于减少或消除气孔、夹渣等缺陷，有效提高基体组织的致密性和化学成分均匀性，从而提高耐蚀耐用性能。

24

耐磨铸铁生产

耐磨铸铁和抗磨铸铁不同。耐磨铸铁通常分为三类：机床件通用件耐磨铸铁、活塞环耐磨铸铁、缸套类耐磨铸铁。抗磨铸铁主要用于制造有润滑条件或磨料磨损工作条件下要求摩擦系数较小的机械零件，分为中锰球墨铸铁和白口铸铁、高铬铸铁等。

机床导轨及通用机械的摩擦运动部分的耐磨性能是影响设备精度保持性和使用寿命的重要因素。这类耐磨铸铁又分为磷系、磷铜钛系、钒钛系、铬钼铜系、稀土系、锑系等耐磨铸铁。

24.1 磷系耐磨铸铁

① 化学成分与性能

在灰铸铁成分基础上适当提高含磷量，有利于获得珠光体，细化晶粒，提高强度，使其耐磨性能有较大的提高，P量增加则磷共晶含量相应增加，有利提高硬度和耐磨性，但降低冲击韧性和强度，易产生裂纹。

当碳当量CE＝3.7％～3.9％时，P＝0.4％～0.6％可获得σ_b＞25MPa，σ_{bb}＞47MPa，f＞2.5mm，A_k＞0.5J，硬度（HB）＝200～235的磷系耐磨铸铁。

② 金相组织

较好的磷系耐磨铸铁的金相组织如下。

基体　均匀分布的较细珠光体面积＞95％，允许有少量的铁素体存在。

石墨　中小片状，A型，均匀分布4～5级。

磷共晶　中等大小，呈断续网状或孤立点状均匀分布，数量约占6％～10％。

24.2 磷铜钛耐磨铸铁

① 化学成分及性能　在磷耐磨铸铁的基础上加入适量的铜和钛进行合金化处理，在保持和提高原有耐磨性的基础上，提高了强度和韧性，适用于高精度或易磨损的机床件。

磷铜钛耐磨铸铁以磷、铜、钛量作验收指标，其他元素仅作配料参考。一般分为 MTPCuTi15、MTPCuTi20、MTPCUTi25、MTPCuTi30 四个代号，各代号的化学成分范围可视基本一致。见表 24-1。

表 24-1　T、Cu、Ti 耐磨铸铁成分参考表（质量分数）　　单位：%

C	Si	Mn	P	S	Cu	Ti
2.9%～3.2%	1.2%～1.7%	0.5%～0.9%	0.35%～0.60%	≤0.12%	0.6%～1.0%	0.09%～0.15%

② 铜、钛对铸铁性能的影响

铜　Cu 在铸铁中固溶度 0.35%，加入 0.5%以上则促进生成和细化珠光体，增加耐磨性，在消除应力退火时，铜不但不降低硬度，反而会提高硬度 10HB 左右，提高耐磨性。但 Cu>1%会降低冲击韧性等力学性能并增加成本，故 0.6%～1.0%为合适。

钛　有力促进石墨化并细化石墨，净化铁液中的空气和硫等杂质，提高耐磨性。钛的增加使冲击值 A_k、抗弯强度 σ_{bb}有所降低，在孕育量（仅加硅铁 0.1%～0.2%）不大条件下，钛可提高 σ_b和硬度（HB）。Ti 在 0.09%～0.15%内提高耐磨性是很显著的。

③ 金相组织　珠光体>90%，磷共晶呈断续网状，石墨呈 A 型 3～5 级，无自由渗碳体。

④ 熔炼要点　磷铁和铜的熔点较低（1000～1100℃），可在熔炼后期或炉前加入，尤其是 Cu，密度大，过早加入易偏析，钛铁和孕育硅铁宜炉前加入，铁液出炉温度>1500℃，防止过分降温及夹杂难除和偏析现象。因磷、铜、钛都促进石墨化，为得到同等硬度，三角试片应比 HT300 的白口深度（宽度）小 2/3 左右。

24.3 钒钛系耐磨铸铁

① 特点　耐磨性能好，比普通灰铸铁高 1～2 倍，比磷耐磨铸铁和磷铜钛

耐磨铸铁的耐磨性要好，力学性能在 HT200 以上，国内钒钛生铁资源丰富，成本较低。其化学成分见表 24-2。

表 24-2 V-Ti 耐磨铸铁成分（质量分数） 单位：%

代号	C	Si	Mn	P	S	V	Ti
MTVTi250	3.2～3.5	1.4～1.8	0.5～0.8	≤0.2	≤1.2	0.22～0.28	0.05～0.15
MTVTi200	3.4～3.7	1.4～1.8	0.4～0.6	≤0.2	≤1.2	0.3～0.4	0.1～0.25

② 耐磨性 比灰铁 HT200 耐磨性提高 4 倍，比磷系耐磨铸铁提高 1～3 倍，比磷铬钼耐磨铸铁提高 2 倍。

③ 金相组织 石墨为典型的 A 型，石墨量一般约 5%～8%。当 Ti 量过高时，易出现粗细明显不一的石墨区域，当炉前孕育不好时，也有 D、E 型石墨呈现较大过冷倾向。

基体一般为全部珠光体，只有当 Ti、Si 量过高或炉前处理不当时，才会存在<10%的铁素体。复合物是碳化铁-磷共晶的复合物，呈明显的断续网状分布。

24.4 铬钼铜系耐磨铸铁

一般分三个代号：MTCrMoCu350、MTCrMoCu300、MTCrMoCu250，其成分见表 24-3。

表 24-3 Cr·Mo·Cu 耐磨铸铁成分（质量分数） 单位：%

代号	C	Si	Mn	P	S	Cr	Mo	Cu
MTCrMoCu350	2.9～3.1	1.3～2.0	0.8～1.0	≤0.15	≤0.12	0.15～0.25	0.35～0.55	1.0～1.2
MTCrMoCu300	3.1～3.3	1.7～2.2	0.7～1.0	≤0.15	≤0.12	0.15～0.20	0.3～0.40	0.8～1.1
MTCrMoCu250	3.3～3.5	1.8～2.5	0.7～0.9	≤0.15	≤0.12	0.1～0.2	0.2～0.35	0.7～0.9

基体组织 基体为细片或中片状珠光体，少量细小磷共晶，不允许有合金化学成分偏析。实施高频振动浇注能比较有效解决这个问题。

24.5 稀土系耐磨铸铁

① 特点 稀土耐磨铸铁和磷稀土耐磨铸铁划为同一类，特点是力学性能和耐磨性能较高，但收缩倾向大。

② 化学成分控制及熔炼要点

原铁液要求　高 C、低 Si、低 S。

C　C 高的铁液（C 3.5%～3.9%）加稀土处理效果较好。

Si　Si 依铸件壁厚大、中、小分别把终 Si 控制为＜2.0%、2.0%～2.5%、2.5%～3.0%。

原铁液的 Si 量一般控制在 1.2%～1.4%左右。

Mn 与 P　为提高铸铁的硬度和耐磨性，炉后可配加锰铁和磷铁，可将 Mn 提高到 1.1%～1.3%，P 提高到 0.25%～0.45%，但 Mn 与 P 量高时，铸铁易出现缩松、裂纹等缺陷，应采取相应的工艺措施。

S　铁液中的 S 严重影响稀土处理的效果，金属炉料的加入应尽量降低至原铁液含 S 量＜0.1%为宜，生产规律表明，凡处理良好达到 HT350 以上性能者，其残留含 S 量几乎都不超过 0.03%。

按以上化学成分控制的磷稀土耐磨铸铁的耐磨性与磷铜钛耐磨铸铁相近。

磷稀土耐磨铸铁的性能与处理，当稀土加入量在“临界值”以下时，铁液性能低，只有 HT150～HT200 的性能。当稀土量超过“临界值”时，铁液性能大幅提高达到 HT400。

24.6 锑系耐磨铸铁

工业应用中，不少机件可用锑铜系耐磨铸铁代替镍铬耐磨铸铁，锑（Sb）加入量 0.04%～0.08%之间，Cu 0.3%～1.0%。

（1）Sb 对组织和性能的影响

① 铸铁中加入 0.04%的 Sb，即能明显增加基体中的珠光体含量。Sb 增加时，石墨尺寸变小，石墨数量也随之减少。

② 铸铁加入 Sb 能提高基体和磷共晶的硬度，耐磨性能显著提高，达到或超过铬铜和镍铬铸铁的性能。

③ Sb 的加入量＜0.1%时，对力学性能影响不明显，但高于 0.19%时，力学性能会急剧下降，而且 C、Si 含量愈低时，下降愈明显。

（2）锑系铸铁熔炼要点

① 电炉熔炼时成分波动小，易控制，温度也较高。冲天炉熔炼宜将温度提高到 1400～1430℃，锑粒是在炉前包内加入冲浇。

② 粒度 3～5mm 的 Sb，加入 0.05%～0.06%时，残留量常为0.04%～0.05%。

③ 孕育时可采用占铁液量0.2%～0.3%的焦炭粉作孕育剂，特别是厚壁件，因硅铁孕育作用过强，往往造成缩松缺陷，孕育时将焦炭粉和Sb粒包在一起投入包内冲浇。焦炭粉孕育比硅铁孕育的抗拉强度稍低。

24.7 其他类型耐磨铸铁

其他类型的耐磨铸铁种类很多，如活塞环耐磨铸铁（W系、Mo-Cr系、Cu-Cr系、V-Ti系、Ni-Cr系、稀土球铁系等）、汽缸套耐磨铸铁等。

25

抗磨铸铁生产

25.1 抗磨铸铁类型

抗磨铸铁主要用于制造在摩擦条件下工作的零件，如轧辊、球磨机、磨球等。

其实，耐磨和抗磨的学术含义上都习惯统称耐磨铸铁，只是因工况不同分列为耐磨和抗磨而已。

抗磨铸铁分两类：抗磨球墨铸铁和抗磨白口铸铁。两类抗磨铸铁的主要特点在于高碳相的形态，前者的高碳相以球墨存在，后者的高碳相则以碳化铁的形式存在。

抗磨球墨铸铁分为两类：中锰中硅球墨铸铁和等温淬火球墨铸铁。

抗磨白口铸铁分为三类：一般白口铸铁、镍硬铸铁、铬系白口铸铁。

铬系白口铸铁分为低铬、中铬、高铬三类。

含 Cr<3%为低铬白口铸铁。

含 Cr 3%～10%为中铬白口铸铁。

含 Cr 10%～30%为高铬白口铸铁。

25.2 中锰耐磨球墨铸铁生产

25.2.1 中锰球铁的化学成分、组织、性能及应用

中锰中硅耐磨球墨铸铁简称中锰球铁。化学成分见表 25-1。

成分　中锰球铁是将铸铁的 Mn 控制在 5%～9%，硅量相应控制为 3%～5%，用稀土镁合金作球化处理，并进行孕育处理，适当控制冷却速度。

组织　球状石墨＋奥氏体＋断续网状或块状、粒状碳化物 5%～25%。

应用　中锰球铁在一定范围内可代替锻钢、高锰钢、低锰钢，用于矿山、水泥用机械；煤粉机；农机耙犁等抗磨件。

Mn 元素对组织与性能的影响如下。

① Mn 能溶于铁素体及渗碳体形成固溶体，增强 C 原子与 Fe 原子间的结合能力，是稳定和促进渗碳体元素。

② 中锰球铁中，随 Mn 量提高，奥氏体的转变温度下降，故在含 Mn 较高时，在适当的冷却速度下，均可得到奥氏体基体组织。

表 25-1　中锰球铁的化学成分参考表（质量分数）　　单位：%

代号	C	Si	Mn	P	S	RE	Mg
MⅠ	3.3～3.8	4.0～5.0	8.0～9.5	<0.15	<0.02	0.025～0.05	0.025～0.06
MⅡ	3.3～3.8	3.3～4.0	5.0～7.5	<0.15	<0.02	0.025～0.05	0.025～0.06

25.2.2　中锰球铁的力学性能指标

抗拉强度通常为 σ_b＝350～450MPa，抗弯强度＝550～800MPa。

MⅠ冲击值 1.5～3.0J，硬度（HRC）38～47；MⅡ冲击值 0.8～1.0J，硬度（HRC）48～50。

25.2.3　中锰球铁熔炼

因 Mn 量高，显著提高了铁液过冷度，增强了铁液的脱硫能力，故球化剂的加入量仅为普通球铁的 50%～55%。

由于 Mn 具有稳定渗碳体和促进渗碳体形成的作用，故 Si 量要相应增加，一般情况下，当 Mn>7.5%之后，每增加 0.8%～1.0%的 Mn 时，应相应增加 0.3%～0.5%的 Si 来配合。

冷却速度对稳定奥氏体有一定影响，通常宜在 900℃左右开箱空冷。

25.3　普通白口铸铁生产

普通的铸铁由于成分不同可分为亚共晶白口铸铁和过共晶白口铸铁两种。

普通白口铸铁（未经热处理）的基体为渗碳体和珠光体，经热处理（淬火）后可获得贝氏体基体。见表 25-2。

表 25-2 普通白口铸铁的化学成分及组织（质量分数） 单位：%

序号	C	Si	Mn	P	S	组织
1	3.5～3.8	<0.5	0.15～0.2	<0.3	0.2～0.4	渗碳体+珠光体
2	2.6～2.8	0.7～0.9	0.6～0.8	<0.3	<0.1	渗碳体+珠光体
3	2.0～2.4	<1.0	0.6～1.0	<0.1	<0.1	贝氏体

普通白口铸铁具有较高的抗磨性，但脆性大。

普通白口铸铁含 Si 量较低（<1.0%）。

在普通白口铸铁中加入适量的 Cr、Mo、Cu、V 等合金元素可改善其基体组织，提高力学性能及抗磨性能，扩大应用范围。

25.4 冷硬铸铁生产

冷硬铸铁除一些通用件外，多用于轧辊、碾轮、犁耙件等，其生产特点有二：一是化学成分造成有较大的激冷性（Si 量较低），利于形成不均一的组织；二是工艺上采取激冷措施（金属型等），使铸件一部分形成白口铸铁。因此，冷硬铸铁是由高硬度耐磨的白口铸铁和具有一定强度及韧性的灰铸铁共生组成。白口层的硬度、深度、成分是决定冷硬铸铁工作面性能指标重要因素。

合金元素对工作面性能影响顺序如下：

弱 —— Ti Cu Al Si V Mo Cr Mn P Ni C ——→ 强

C　是形成高硬度的渗碳体元素，C 高则渗碳体数量增加。

P　形成高硬度磷共晶。

Ni、Mn、Cr、Mo　细化初晶组织，形成最大硬度的马氏体碳化物，但白口层的深度形成则又是另一机理。

←—— C、Si、Ti、Ni、Ca、P —— 减少白口深度　　　　W、Mn、Mo、Cr、Sn、V、S、Te ——→ 增加白口深度

因而，对不同工作条件的冷硬铸铁的熔炼应采取不同的工艺措施，包括激冷条件、金属铸型的设计及浇注过程的控制等。

25.5 镍硬铸铁生产

在普通白口铸铁中加入 3%～5%和 1.5%～3.5%的铬，可以得到高硬度高耐磨性的马氏体+M_3C 型碳化物组织。Ni 与 Fe 无限固溶，能有效提高淬

透性，促使马氏体-贝氏体基体形成，同时 Ni 能稳定奥氏体。Cr 阻止石墨化，促使形成碳化物，提高 M_3C 型碳化物硬度，由硬度（HV）900～1000 提高到硬度（HV）1100～1200。镍硬铸铁耐磨性优于普通白口铸铁。

（1）镍硬铸铁牌号

镍硬铸铁在国标 GB/T 8263——1999 中有 3 个牌号

低碳　KMTBNi4Cr2DT　硬度 53～62HRC。

高碳　KMTBNi4Cr2GT　硬度 53～64HRC。

KMTBCr9Ni5。

KMTBNi4Cr2DT 含 C 2.4%～3.0%。

KMTBNi4Cr2GT 含 C 3.0%～3.6%。

两者其余成分为　Si≤0.8%，Mn≤2.0%，Cr=1.3%～3.0%，Mo≤1.0%，Ni=3.3%～5.0%，S≤0.15%，P≤0.15%。

KMTBCr9Ni5 的成分　C=2.5%～3.6%，Si≤2.0%，Cr=7%～11%，Ni=4.5%～7%，其余与前二牌号相同。

（2）镍硬铸铁的金相组织

马氏体 M+碳化物 M_3C 为主，通过热处理减少残余奥氏体，并使铸态马氏体转变为回火马氏体。

镍硬铸铁的线收缩率为 1.8%左右，需采用冒口补缩。

（3）镍硬铸铁热处理工艺

对于低 Cr 的两个牌号　450℃保温 4h，炉冷至 275℃，再保温 4～10h，然后空冷。

对于高 Cr 牌号　750～800℃保温 4～8h（升温速度 30～100℃/h），然后空冷。

25.6 高铬白口铸铁生产

25.6.1 高铬白口铸铁牌号

按国家标准 GB/T 8263—2010 有 10 个牌号，见表 25-3 和表 25-4。

表 25-3　抗磨白口铸铁件的牌号及其化学成分

牌号	化学成分(质量分数)/%								
	C	Si	Mn	Cr	Mo	Ni	Cu	S	P
BTMNi4Cr2-DT	2.4～3.0	≤0.8	≤2.0	1.5～3.0	≤1.0	3.3～5.0	—	≤0.10	≤0.10
BTMNi4Cr2-GT	3.0～3.6	≤0.8	≤2.0	1.5～3.0	≤1.0	3.3～5.0	—	≤0.10	≤0.10

续表

牌号	化学成分(质量分数)/%								
	C	Si	Mn	Cr	Mo	Ni	Cu	S	P
BTMCr9Ni5	2.5～3.6	1.5～2.2	≤2.0	8.0～10.0	≤1.0	4.5～7.0	—	≤0.06	≤0.06
BTMCr2	2.1～3.6	≤1.5	≤2.0	1.0～3.0	—	—	—	≤0.10	≤0.10
BTMCr8	2.1～3.6	1.5～2.2	≤2.0	7.0～10.0	≤3.0	≤1.0	≤1.2	≤0.06	≤0.06
BTMCr12-DT	1.1～2.0	≤1.5	≤2.0	11.0～14.0	≤3.0	≤2.5	≤1.2	≤0.06	≤0.06
BTMCr12-GT	2.0～3.6	≤1.5	≤2.0	11.0～14.0	≤3.0	≤2.5	≤1.2	≤0.06	≤0.06
BTMCr15	2.0～3.6	≤1.2	≤2.0	14.0～18.0	≤3.0	≤2.5	≤1.2	≤0.06	≤0.06
BTMCr20	2.0～3.3	≤1.2	≤2.0	18.0～23.0	≤3.0	≤2.5	≤1.2	≤0.06	≤0.06
BTMCr26	2.0～3.3	≤1.2	≤2.0	23.0～30.0	≤3.0	≤2.5	≤1.2	≤0.06	≤0.06

注 1. 牌号中，"DT"和"GT"分别是"低碳"和"高碳"的汉语拼音大写字母，表示该牌号含碳量的高低。

2. 允许加入微量 V、Ti、Nb、B 和 RE 等元素。

表 25-4 抗磨白口铸铁件的硬度

牌号	表面硬度					
	铸态或铸态去应力处理		硬化态或硬化态去应力处理		软化退火态	
	HRC	HBW	HRC	HBW	HRC	HBW
BTMNi4Cr2-DT	≥53	≥550	≥56	≥600	—	—
BTMNi4Cr2-GT	≥53	≥550	≥56	≥600	—	—
BTMCr9Ni5	≥50	≥500	≥56	≥600	—	—
BTMCr2	≥45	≥435	—	—	—	—
BTMCr8	≥46	≥450	≥56	≥600	≤41	≤400
BTMCr12-DT	—	—	≥50	≥500	≤41	≤400
BTMCr12-GT	≥46	≥450	≥58	≥650	≤41	≤400
BTMCr15	≥46	≥450	≥58	≥650	≤41	≤400
BTMCr20	≥46	≥450	≥58	≥650	≤41	≤400
BTMCr26	≥46	≥450	≥58	≥650	≤41	≤400

注 1. 洛氏硬度值（HRC）和布氏硬度值（HBW）之间没有精确的对应值，因此，这两种硬度值应独立使用。

2. 铸件断面深度 40%处的硬度应不低于表面硬度值的 92%。

25.6.2 高铬白口铸铁特点

① 在国标中，所有高铬白口铸铁含碳量都在 2.0%～3.3%之间。

② 在所有铸铁材料中，高铬白口铸铁是最耐磨的，硬度（HRC）55～64。

③ 基体组织为马氏体或奥氏体，具有较高的强韧性。

④ 抗冲击能力较差，不适合在高强冲击条件下服役。

⑤ 含 Cr 8%～10%的中铬白口铸铁，无论是力学性能或耐磨性都与镍硬铸铁相当，而成本低得多，所以，国内以其取代镍硬铸铁。

25.6.3 高铬白口铸铁的化学成分选择

在国标 GB/T 8263—1999 中，对化学成分有所规定，具体选择则从生产实际出发。

① C-Cr 关系的选择原则　避免采用过共晶成分，宜采用亚共晶或接近共晶成分，其共晶点的 C 与 Cr 含量参考表 25-5。

表 25-5　高铬白口铸铁 C-Cr 匹配参考表

C/%	3.3	3.1	3.0	2.9	2.8
Cr/%	20	23	25	27	30

过共晶成分的高铬白口铸铁在磨损过程中易碎或剥落，脆性大，在酸性条件下服役的高铬白口铸铁，常选 Cr≥13%，铬/碳比≥8。

② Si 与 Mn 选择　Si 一般控制在 0.6%～0.8%；Mn 一般在 0.8%～1.0%为宜。

③ Mo、Ni、Cu、V、Ti、Al 选择　Mo 强化基体，提高硬度和耐磨性，但价格贵，不用或少用。Ni 和 Cu 提高耐磨性，利于在湿环境下服役，通常 Ni<1%，Cu=0.5%～2.0%。V 形成高硬度碳化物，V=0.2%～0.3%时，主要作用是细化碳化物。Ti 和 Al 对合金性能影响不大，但使铸件补缩困难，并降低淬透性。

25.6.4 高铬白口铸铁变质处理

目的　细化碳化物。

变质剂　稀土或镁：净化铁液、去硫脱氧（也可用钠、钾、钒、钛等）。

效果　耐磨性提高 15%～30%，冲击韧性提高 1～2J/cm^2。

变质剂量　采用稀土硅合金，加入量 0.3%～1.0%。采用稀土镁合金，加入量 0.2%～0.6%。经特殊处理的钠盐或钾盐，加入量 0.1%～0.5%。把以上 4 种组元混合加入更有良效。钒加入量 0.1%～0.3%，Ti 加入量

<0.1%。

25.6.5 高铬白口铸铁正火-回火工艺

（1）退火（适于壁厚100mm内铸件）

室温装炉　缓升温至400℃保温1～2h→升温至600℃再保温1～2h→升温至950℃再保温2～3h→随炉降温至700～720℃并保温4～5h→视工件情况随炉冷或出炉静冷至室温以获得珠光体基体，可加工。见图25-1。

对于Cr≥26%的铸件可升温至1000～1050℃保温3～6h。

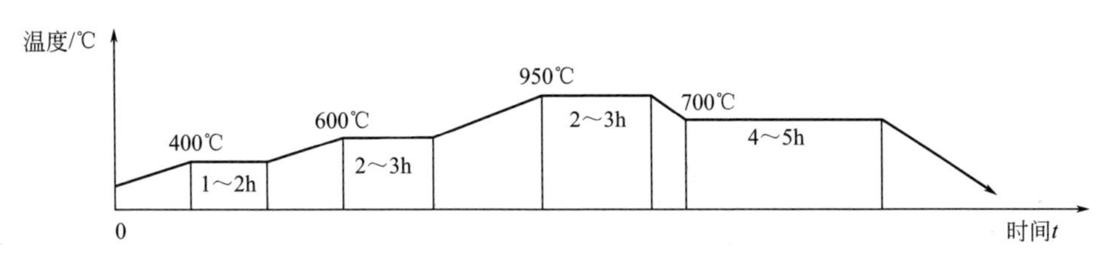

图25-1　高Cr白口铸铁热处理工艺图

以上两种复杂易裂件，则宜在铸件冷却至700℃左右再做缓慢冷却（比如埋在干砂中）。对于厚大件如在夏天可吹风冷却。

（2）回火

缓慢升温至200～250℃→保温5～8h→100℃以下出炉。

回火温度不宜过高，因正火后铸造应力变大，回火温度越高则裂纹产生的概率就越大。

工艺提示

消失模铸造常规静态浇注导致铸件组织疏松是高铬白口耐磨铸件致命的缺陷，唯有实施高频振动浇注才能有效解决这一难题。

26

可锻铸铁生产

26.1 可锻铸铁种类

可锻铸铁是由一定化学成分的铁液浇注而成的白口坯件，再经退火处理使石墨主要呈团絮状或少许球状，有较高的强度、塑性、冲击韧性，可以部分代替碳钢，可进行适当锻打，但不能进行锻压加工。

按热处理的条件不同，可分为石墨化退火和脱碳退火两大类。

（1）石墨化退火可锻铸铁

此类又分为铁素体可锻铸铁和珠光体可锻铸铁。

① 铁素体可锻铸铁　白口坯件在中性介质中进行石墨化退火，使自由渗碳体和珠光体分解，所得主要基体组织为铁素体，断口呈黑绒色——黑心可锻铸铁。

② 珠光体可锻铸铁　白口坯件在中性介质中进行石墨化退火，使自由渗碳体分解，珠光体部分分解，所得主要基体组织为珠光体，断面呈银灰色。

（2）脱碳退火可锻铸铁

白口坯件在氧化介质中进行脱碳退火，使渗碳体分解的同时发生氧化脱碳，其基体组织外缘为铁素体，向内由于脱碳不完全，而珠光体量逐渐增加，断面呈银白色——白心可锻铸铁。

26.2 可锻铸铁性能

（1）黑心可锻铸铁

具有较高的塑性和韧性。基体组织为铁素体＋团絮状石墨。

KTH300-06、KTH350-10 两牌号抗拉强度一般为 300～360MPa，屈服强度 200MPa，断后伸长率 6%～12%，硬度（HBS）≤150。

（2）珠光体可锻铸铁

也称白心可锻铸铁，具有较高的强度、硬度和耐磨性。基体为珠光体＋团絮状石墨。

KTZ450-06、KTZ470-04、KTZ650-02、KTZ700-02 的抗拉强度 450～700MPa，屈服强度 270～530MPa，断后伸长率 2%～6%，硬度（HBS）150～280。

以上两种可锻铸铁的常温力学性能与同基体的球墨铸铁接近，而其低温冲击韧性和切削性能优于球墨铸铁，在制作小件上工艺控制比球墨铸铁稳定，白口可锻铸铁表层为低碳钢组织，焊接性能优良。

26.3 可锻铸铁化学成分控制

（1）成分控制的

① 保证其铸态宏观断口为白口，不得有麻口和灰口。

② 利于石墨化退火，缩短退火周期，利于提高力学性能和铸造性能。

（2）C-Si

C 促进石墨化，C 低易得白口坯件，对铁素体可锻铸铁含碳量参考如下：

KTH300-06　C 2.7%～3.1%；

KTH330-08　C 2.6%～2.9%；

KTH360-10　C 2.5%～2.8%；

KTH370-12　C 2.3%～2.6%。

Si 量由铸件主要壁厚来考虑。

壁厚＜10mm 时，Si-C 总量 4.1%～4.4%；

壁厚 10～20mm 时，Si-C 总量 4.1%～4.3%；

壁厚 20～40mm 时，Si-C 总量 3.9%～4.2%；

壁厚 40～60mm 时，Si-C 总量 3.7%～4.0%。

（3）Mn-S

黑心可锻铸铁　Mn＝0.4%～0.6%　S＜0.15%；

白心可锻铸铁　Mn＝0.7%～1.2%　S＜0.15%。

Mn 与 S 生成 MnS（熔点 1650℃），存在于晶内，有利于退火，故在 S 高的情况下，为了方便退火，可适当提高 Mn 量。

(4) P

P不影响石墨化，但P过高会使石墨形态分枝，铸铁韧性和塑性下降。因可锻铸铁中Si量较低，P在基体中的固溶度较大，一般要求P≤0.12%。

(5) 其他元素

为细化珠光体亦增加珠光体量，可在炉前加入：Cu 0.3%～0.8%，Sn 0.03%～0.10%，Sb 0.03%～0.08%。

26.4 可锻铸铁热处理

无论哪种可锻铸铁，退火温度都很长。

这种工艺也叫柔化处理技术，分为两种工艺：一种是在氧化气氛下对白口铸铁进行退火脱碳处理，使之成为白心可锻铸铁；另一种是在中性或弱氧化气氛下对白口铸铁进行长时间的高温退火处理，使之成为黑心可锻铸铁。可锻铸铁热处理工艺是中国劳动人民发明的，始于2000多年前的春秋战国时代。

(1) 黑心可锻铸铁退火

退火工艺规范见图26-1。

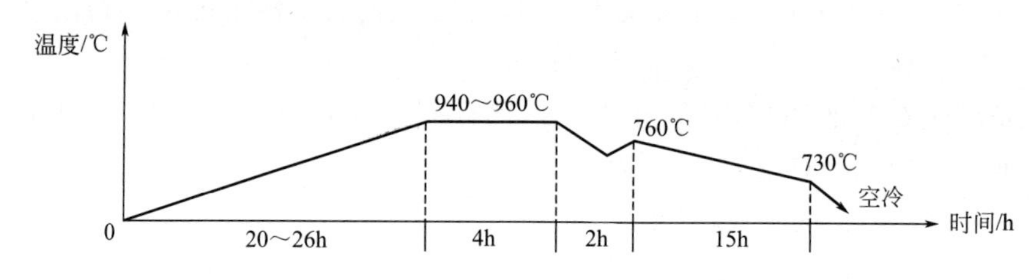

图26-1 生产黑心可锻铸铁常用的退火工艺规范

(2) 白心可锻铸铁脱碳退火

① 脱C温度越高，其脱C速度就越快，铸件壁厚越大，保温时间就越长，以壁厚10mm铸件为例：980℃—140h，1000℃—80h，1030℃—60h。

在1050℃下，厚4mm—40h，12mm—130h，20mm—220h。

② 退火介质　保持炉内氧化气氛常用3种介质：赤铁矿粉、氧化铁粉（厚6～12mm）、一般磷砂（厚5～10mm），坯件和介质装在退火箱内。

③ 工艺规范　从室温升至1000～1060℃—保温50～60h—炉冷至650℃—出炉。

或：室温升至960～980℃—保温40～50h—炉冷至650℃—出炉。

前者（1000～1060℃）用于含C 3.2%～3.5%的坯件。

后者（<1000℃）用于含C 2.8%～3.1%的坯件。

(3) 关于可锻铸铁热处理基本理论

① 黑心可锻铸铁热处理包括两个阶段。

第一阶段石墨化是将白口坯件回火到奥氏体区温度，通常是920～980℃，在此温区保温，使莱氏体中的共晶渗碳体发生分解，团絮状石墨形成，生成奥氏体及团絮状石墨，第一阶段完成后，再进入第二阶段。

第二阶段石墨化作用是使莱氏体转变为铁素体及团絮状石墨，或者使奥氏体在缓慢冷却过程中直接转变为铁素体与团絮状石墨。

② 珠光体可锻铸铁退火与黑心可锻铸铁退火的区别在于没有第二阶段石墨化过程，其在第一阶段石墨化退火完成后，便以较快的冷却速率（空冷）得到珠光体和团絮状的石墨组织。

无论黑心还是白心可锻铸铁，炉冷至650℃应立即出炉空冷，否则经550～400℃缓慢冷却阶段时会产生回火脆性。

无论是黑心还是白心可锻铸铁，退火时间对生产周期和成本影响较大，要想缩短退火时间，可采用以下加速石墨化过程的一些措施。

① 合理选择铁液的化学成分，适当提高Si和C含量，尤其是Si，Si量应<0.12%，Cr应<0.06%。

② 尽量减少铁液中气体含量。

③ 强化孕育处理　采用Al-Bi，B-Bi，B-Bi-Al，Bi-Si-Al-Fe复合孕育剂较有效。

④ 采用金属型铸造　细化晶粒，可提高Si、C量，从而有利退火。

⑤ 提高第一阶段的石墨化退火温度。

可锻铸铁热处理也称铸铁柔化技术，是中国劳动人民早在春秋战国时期的重大发明。白心可锻铸铁与黑心可锻铸铁的生产仅区别于热处理的工艺不同。白心可锻铸铁是在氧化气氛下对白口铸铁进行脱碳处理，也称完全脱碳处理法，其中很少有残余渗碳体和析出石墨。黑心可锻铸铁则是在中性或弱氧化气氛下对白口铸铁做长时间的高温退火处理而得，多以铁素体+珠光体为基体。

27

铸铁孕育剂、球化剂、脱硫剂

27.1 孕育的作用与方法

所谓孕育就是在铁液进入型腔之前，把孕育剂加到铁液中，以改变铁液的结晶状态，从而改变铸铁的显微组织和性能。

（1）孕育的作用

孕育剂的加入可以促进石墨化，减少白口倾向，改善断面均匀性，减少断面敏感性，控制石墨形态，消除过冷石墨，细化共晶团，适当增加共晶团数，促进细片状珠光体的形成，从而改善铸铁的力学性能和加工性能等。

（2）孕育方法

孕育方法见图 27-1。

27.2 常用的 10 种孕育剂

（1）硅铁 FeSi

硅铁属常规孕育剂，我国硅铁分为 45 硅、75 硅、85 硅，多用含 Si 75% 的硅铁，即 75 硅作孕育剂，适于一般铸铁件孕育，瞬时孕育，后期孕育。一般冲入法用量为 0.4%～0.5%，高牌号铸铁略增。瞬时孕育量为 0.08%～0.15%。不足之处是孕育见效快衰退也快，配合以迟后孕育处理其效果比较理想，价格也便宜。

（2）钡硅铁 Ba-FeSi

钡硅铁属长效孕育剂，Ba 可以有效地延续硅钙孕育的衰退，具有很强的抗衰退能力，常用于厚大件、壁厚不均匀件、长时间浇注件，也可用于薄壁

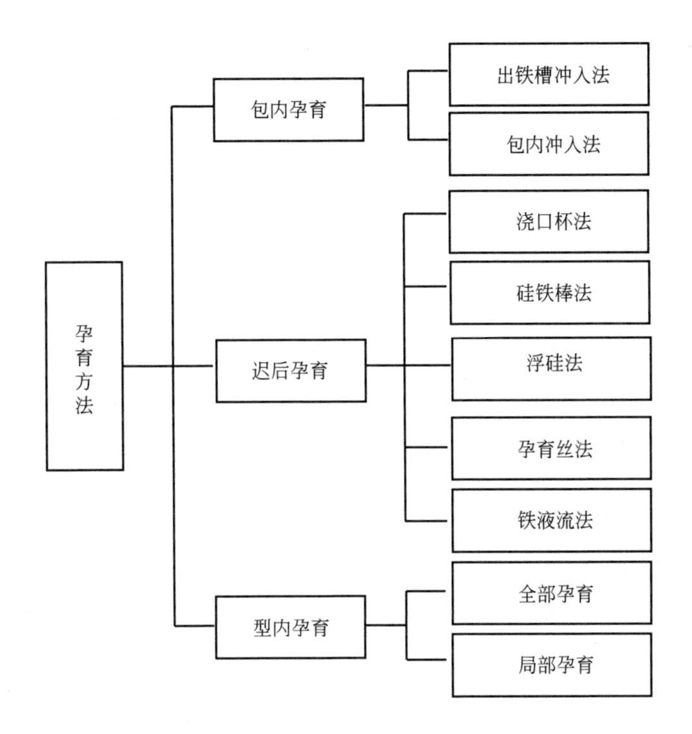

图 27-1 孕育方法

件，一般用量 0.3%～0.4%。我国生产的硅钡铁合金中含 Ba 4%～6%，Si 60%～68%，还有微量的 Ca、Al、Mn 等。

(3) 锶硅铁 Sr-FeSi

锶硅铁属强石墨化孕育剂，有很强的抑制渗碳体析出能力，是在普通硅铁中加入 0.6%～1%的锶制得，强效消除白口而不显著增加共晶团数。常用于薄壁急冷件及复杂壁厚耐水压件，用量约 0.3%～0.5%，孕育温度 1400～1450℃为佳。

(4) 硅钙 Ca-FiSi

Ca 具有强石墨化和细化共晶团的能力，属强石墨化孕育剂，常用于薄壁急冷件、壁厚不均匀件，我国生产的硅钙主要成分为 Ca 24%～31%，Si 55%～60%，石墨化能力是 75 硅铁的 1.5～2 倍，可获得最高的共晶团数，强脱氧脱硫，孕育温度>1450℃，用量约 0.15%～0.25%。不足是衰退快，一般不用于中等以上厚度的铸件，硅钙密度低，溶解性差，产生渣量大，处理铁液时烟尘较大。

(5) 稀土钙钡硅铁 RECaBaSiFe

属于中等石墨化孕育剂，具有强烈的脱氧去硫能力和抗衰退能力，减少有害元素对石墨化的影响，吸收了 RE、Ca、Ba、Si 多种元素的综合特性，常用于薄壁复杂件、壁厚不均匀件，常与硅铁复合使用，加入量 0.2%～0.3%。由于稀土本身是激冷元素，过量会增加白口倾向，孕育温度 1430～1460℃为佳。这种孕育剂主要成分：Si 46%～65%，RE 3%～10%，Ca 2%～9%，Ba 5%～8%。

（6）稀土锰铬硅铁 REMnCrSiFe

Cr 和 Mn 促进珠光体生成，提高灰铸铁强度和硬度，对石墨化有所削弱，稀土铬锰硅铁孕育剂属于一种高强度稳定化孕育剂，中强石墨能力，常用于薄壁高强度灰铸铁、壁厚不均匀复杂件、要求耐磨和中等强度件，加入量约 0.35%～0.6%，孕育温度 1430～1460℃为佳。主要成分：RE 6%～8%，Cr 15%，Mn 6%，Si 35%～40%，Ca 5%～6%，Al 3%～4%，尤其适用于高碳当量灰铸铁生产。

（7）氮系稳定化复合孕育剂 DWF

氮在灰铸铁中具有两方面作用：一方面可改变石墨形态，使其变短、钝、厚、粗糙；另一方面是生成珠光体，0.01%的 N 便可获 90%以上的珠光体基体，N 可固溶于渗碳体和铁素体中，强化珠光体，细化共晶团，属稳定化孕育剂，在高碳当量（CE=3.9%～4.2%）、高温（>1450℃）的铁液条件下用于高强度高碳当量厚大件，加入量 0.7%～0.8%，孕育温度应高于 1450℃，否则易出气孔。

氮系稳定化孕育剂主要成分：N 2%～10%，Cr 15%～50%，Si 25%～50%，Ca 1%～10%，Al 1%～2%，Zr 0～5%。

（8）碳硅钙强石墨化灰铸铁孕育剂

主要成分　Si 33%～40%，C 25%～35%，Ca 5%～8%，Al<1%，Fe 其余。

石墨化能力优于硅铁，与锶硅铁、钡硅铁相近，抗衰退能力优于硅铁而略低于钡硅铁，孕育效果可持续 20min 左右，在形成均布细小 A 型石墨、改善断面组织和均匀性、改善加工性能方面功能优异，但对提高强度效果不甚显著，孕育温度要求在 1420℃以上。适用于高硫铁液条件下的各牌号灰铸铁，对壁厚不均和对金相组织、硬度均匀性要求高的机床类、箱体类、薄壁急冷类铸件效果尤佳。

（9）铬系稀土复合薄壁高强度灰铸铁孕育剂

主要成分：Si 35%～40%，RE 6%～8%，Mn 6%～8%，Cr 5%～6%，Al 3%～4%，Fe 其余。

这是一种中强石墨化、有良好的抗衰退能力的孕育剂。在孕育时间上与稀土钙钡硅铁类同，铸铁薄壁处无白口，加工性能良好。Cr、Mn是稳定化元素，加之RE、Ca、Al等强石墨化元素综合作用，在较高碳当量下仍可提高强度30～50MPa，硬度稍有提高，改善断面均匀性，CE=4.3%时尤为突出。

（10）铋系铸态球铁孕育剂——硅铋（BiSi）

主要成分：Si 70%～75%，Br 0.5%～2.5%，Ca<1%，Al<1.5%，Fe其余，助熔剂适量。

用于铸态铁素体球铁后期孕育，明显增加石墨球数量，并圆整均布，与硅铁相比石墨球量可增一倍，从而有效消除渗碳体，增加铁素体，抑制白口，减少和分散磷共晶，孕育时间比硅铁延长3～5min，孕育量要求准确，一般用于转包孕育。

国内外已公开发表的孕育剂有上千种之多，但我国常用的也不过以上10种类型，市场上孕育剂商品名称繁多，但成分和作用机理大体上是以上10种或是类同的。在实际使用中不必教条地生搬硬套，可根据材料的来源灵活调节，但原理不可违背。

27.3 特种高效碳系孕育剂

这里介绍中南铸冶研发的两种碳系孕育剂配方，中南铸冶不生产不供货，仅公开推荐配方，一种是碳系稀土钙钡复合薄壁高强度灰铸铁孕育剂；另一种是碳系多元两体球铁通用孕育剂。两种孕育剂各具特色，经过多年的生产应用验证，效果极佳，各自配制也比较简易。

（1）碳系稀土钙钡复合薄壁高强度灰铁孕育剂

主要成分：Si 45%～55%，RE 4%～8%，Ca 4%～6%，Ba 1%～2%，C 15%～20%，Mn 5%～8%，Al<0.06%，Fe其余。

具有良好抗衰退能力的长效强石墨化作用，能有效消除3～5mm薄壁处的渗碳体，对改善加工性能、改善断面组织均匀性的能力强，白口和缩松倾向小，适应较高碳当量（3.9%～4.3%），在低S（0.03%～0.05%）铁液中也有良好效果，少量的RE在铁液中有良好的溶解性，其碳化物和氧化物可作石墨化核心，石墨化能力强，对铁液中残留有Cr、Mo、V的薄壁件特别有效，并有利于消除生铁中Pb、As等微量元素有害影响，有效减少和打散磷共晶，RE还有微合金化作用，故在较高碳当量下仍可获较高强度。Mn可降低熔点，改善溶解性，对白口倾向无明显影响。

（2）碳系多元两体球铁通用孕育剂

主要成分：Si 45%～50%，C 7%～12%，Ca 4%～6%，Ba 1%～3%，Mn 5%～8%，Al<0.5%，Fe 其余。

这是一种长效强石墨化、抗衰退能力强的孕育剂，可持续 20min，减小白口倾向，改善断面组织致密性和均匀化能力强，缩松倾向小，有效消除 3～5mm 薄壁处渗碳体，改善铸态加工性能，既适用于珠光体球铁，又适用于铁素体球铁，能明显增加石墨球数量且使之圆整细小均匀分布，比硅铁孕育提高 1～2 个球化级别，同时有利于消除 Pb、As 等微量有害元素的不良影响，减少和促使磷共晶弥散分布。用于珠光体球铁时，原铁液含 Mn 量控制>0.5%，球化时选择 RE≥4.0%，Si 按常规控制。用于铁素体球铁时，Mn<0.3%，选用 RE=2%～4%，(Ba+Ca)>1.5%，Mg 7%～9%的球化剂。

炉前一次孕育的粒度宜 1～4μm，加入量 0.5%，转包或随流孕育的粒度<1mm。

27.4 球化剂

我国的球化剂有行业标准，主要是表 27-1 品种。

表 27-1 球化剂成分表（JB/T 9228—1999）（质量分数） 单位：%

牌号	Mg	RE	Si	Ca	Mn	Al	Ti	Fe
QRMg5RE1	4～6	0.5～1.5	35～44	1.5～2.5	≤4	≤0.5	≤0.5	余
QRMg7RE1	6～8	0.5～1.5	35～44	≤4	≤4	≤0.5	≤0.5	余
QRMg6RE2	5～7	HRE1.5～2.5	35～44	2～3	≤4	≤0.5	≤0.5	余
QRMg7RE2	6～8	1.5～2.5	35～44	≤4	≤4	≤0.5	≤0.5	余
QRMg8RE3	7～9	2.5～4	35～44	2～3.5	≤4	≤0.5	≤11	余
QRMg8RE5	7～9	4～6	35～44	≤4	≤4	≤0.5	≤1	余
QRMg8RE7	7～9	6～8	35～44	≤4	≤4	≤0.5	≤1	余
QRMg10RE7	9～11	6～8	35～44	≤4	≤4	≤0.5	≤1	余
QLMg6RE2	5.5～6.5	1.5～2.5	4～5	≤4	≤1.3	≤0.5	≤0.4	余
QLMg8RE3	7.5～8.5	2.5～3.5	4.5～5.5	≤0.5	≤1.9	≤0.5	≤0.6	余
QLMg8RE5	7.5～8.5	4.5～5.5	7.5～8.5	≤0.8	≤1.6	≤0.5	≤1	余
Mg99	≥99.85	—	0.03	—	—	≤0.5	—	≤0.05

注：Q、R、L 分别为球化剂、热熔炼法、冷压制法的汉语拼音字头。HRE 为重稀土代号。

球化剂按 5～15mm、10～25mm、20～40mm 三个粒度档次供货，标外粒度不得超过总质量的 5%，根据供需双方协商也可大块供货。

27.5 脱硫剂

冲天炉内脱硫处理主要是从风带部位喷入石灰、电石、白云石、橄榄石等粉剂，也可以块状随金属炉料、焦炭、熔剂加入，目的是提高炉渣的碱度而有利于脱硫反应。其中，电石脱硫效果最为显著，加入2%电石可脱硫30%，电石进入炉内还能起着第二燃料的作用，提高炉温和铁液温度，从而进一步促进脱硫反应。一般情况下，炉内脱硫效果很有限，而且现代铸铁熔炼多采用中频或工频电炉熔炼，炉内脱硫较困难，在需要低硫铁液时，往往采用炉外脱硫处理。常用的脱硫剂见表27-2

表 27-2 常用脱硫剂参考表

名称	主要化学成分	性状
电石	CaC	灰黑色,有刺激气味,块状
石灰	$CaCO_3$	白色块粒状
纯碱	Na_2CO_3	白色粉状
白云石	$CaMg(CO_3)_2$	白色块粒状
橄榄石	$MgO \cdot SiO_2$	灰色块粒状(类同石灰石)
氧化锌	ZnO	白色粉状

第五篇

消失模铸造铸钢件生产基础知识与技术要点

28

铸钢生产基本理论

28.1 消失模铸造铸钢件生产的要害问题

通常所说的碳素钢铸件是指常用的工程结构件，即低碳钢和中碳钢两种为多，含C量≤0.6%，含C量超过0.6%的属于铸造高碳钢范围，在一般的工程结构件上极少使用。因此，本书讨论的是含C量≤0.6%的铸造碳钢。

从Fe-C平衡相图中可以看出，C<0.77%亚共析钢可以视为含C量未达饱和点的铁碳合金，因此，高温钢液在含有大量游离碳元素的负压铸型中，增碳现象是不以人们意志为转移的必然规律。为此，消失模干砂负压铸造生产碳钢铸件的主要威胁（铸件质量上的关键问题）显然就是增碳缺陷。

28.2 铸钢9类

(1) 按化学成分（质量分数）分类

① 铸造碳钢　低碳钢C 0.25%。

　　　　　　中碳钢C 0.25%～0.60%。

　　　　　　高碳钢C 0.60%～2.00%。

② 铸造合金钢　低合金钢　合金元素总量≤5%。

　　　　　　　中合金钢　合金元素总量5%～10%。

　　　　　　　高合金钢　合金元素总量≥10%。

(2) 按使用特性分类：

① 工程与结构用铸钢　碳素结构钢，合金结构钢。

② 铸造特殊钢　不锈钢，耐热钢，耐磨钢，镍基合金钢，其他。

③ 铸造工具钢　刀具钢，模具钢。

④ 专业铸造用钢　铸钢分类尚未形成正式的国家标准和国际标准。

（3）按金相组织与分类

亚共析钢　C＜0.77％，共析铁素体＋珠光体（C＝0.0218％～0.77％之间的结构钢）

过共析钢　C＞0.77％，共析渗碳体＋珠光体（C量超过0.77％的结构钢）

28.3 一般工程铸造碳钢标准

目前，世界各国工程用铸造碳钢大体按强度分类，并制定相应牌号。至于化学成分，除P、S外，一般不限定或只限定上限，在保证力学性能要求的条件下，由铸造厂自行确定化学成分。

28.3.1 国际标准

各种牌号铸钢的化学成分见表28-1。

表28-1　各种牌号铸钢的化学成分（最大值，质量分数/％，ISO/3755—1991）

铸钢牌号	C≤	Mn≤	Si≤	P≤	S≤	Ni≤	Cr≤	Cn≤	Mo≤	V≤
200-400	—	—	—	0.035	0.035	—	—	—	—	—
200-400W	0.25	1.00	0.60	0.035	0.035	0.40	0.35	0.40	0.15	0.05
230-450	—	—	—	0.035	0.035	—	—	—	—	—
230-450W	0.25	1.20	0.60	0.035	0.035	0.40	0.35	0.40	0.15	0.05
270-480	—	—	—	0.035	0.035	—	—	—	—	—
270-480W	0.25	1.20	0.60	0.035	0.035	0.40	0.35	0.40	0.15	0.05
340-550	—	—	—	0.035	0.035	—	—	—	—	—
340-550W	0.25	1.50	0.60	0.035	0.035	0.40	0.35	0.40	0.15	0.05

以上是国际标准化组织（ISO）制定的一般工程用铸造碳钢化学成分的8个牌号标准（ISO/3755—1991）。

① 除焊接用铸钢外，化学成分由铸造厂自定，“W”为焊接用铸钢。

② C＜0.25％时，每降低0.01％的C时允许增加质量分数为0.04％的Mn。

③ 残余元素的总质量分数＜1.00％。

28.3.2 中国标准

中国一般工程用铸造碳钢的化学成分见表28-2。

表28-2 中国一般工程用铸造碳钢的化学成分（最大值、质量分数/%，GB/T 11352—1989）

铸钢牌号	C≤	Si≤	Mn≤	S、P≤	Ni≤	Cr≤	Cu≤	Mo≤	V≤
ZG200-400	0.20	0.50	0.80	0.04	0.04	0.30	0.30	0.20	0.05
ZG230-450	0.30	0.50	0.90	0.04	0.04	0.30	0.30	0.20	0.05
ZG270-550	0.40	0.50	0.90	0.04	0.04	0.30	0.30	0.20	0.05
ZG310-570	0.50	0.60	0.90	0.04	0.04	0.30	0.30	0.20	0.05
ZG340-640	0.60	0.60	0.90	0.04	0.04	0.30	0.30	0.20	0.05

注：1. 对上限每减少0.01%的C，允许增加0.04%的Mn，ZG200-400中Mn最高量1.00%，其余4个牌号Mn质量分数最高至1.20%。

2. 残余元素总质量分数<1.00%，如需方无要求则不做检测。

中国一般工程用铸造碳钢的力学性能见表28-3。

表28-3 中国一般工程用铸造碳钢的力学性能（最小值，GB/T 11352—1989）

铸钢牌号	屈服强度δ_3或$\delta_{0.2}$/MPa	抗拉强度δ_b/MPa	断后伸长率δ/%	断面收缩率ϕ/%	冲击韧度(选其一) A_{KV}/J	α_{KV}/(J/cm^2)
ZG200-400	200	400	25	40	30	6.0
ZG230-450	230	450	22	32	25	4.5
ZG270-500	270	500	18	25	22	3.5
ZG310-570	310	570	15	21	15	3.0
ZG340-640	340	640	10	18	10	2.0

注：A_{KV}为冲击吸收功（V形缺口试样），α_{KV}为冲击韧度（V形缺口试样）。

表28-3适于厚度≤100mm的铸钢件，厚度>100mm时，表中的$\delta_{0.2}$仅供设计使用。

28.4 铸钢中各元素对铸造性能的影响

一般说来，铸钢与铸铁相比，铸造性能较差，流动性较低，易形成冷隔；氧化和吸气性较大，易形成夹渣和气孔；体收缩和线收缩较大易形成缩孔、缩松、热裂和冷裂；熔点较高，需较高的浇注温度，易形成粘砂。

各元素对碳钢性能的影响分析如下。

提高流动性的元素 Si、P、Cu、Ni、Mn。

降低流动性的元素　Ti、Cr、Al、S、V、Mo、W。

增加缩孔倾向的元素　C、Cr、Mn、V、Mo、Ni。

减少热裂倾向的元素　V、Mn、Al、Si。

增加热裂倾向的元素　S、Si、P、Cu、Mn、Cr、Mo、Ni。

C　有利改善流动性。

Si　降低熔点，提高流动性，中碳钢的 Si 由 0.25%增至 0.45%时，由于良好的脱氧作用，流动性明显改善，Si 的质量分数在 0.4%范围时，改善热裂倾向，含量高时易形成柱状晶，热裂倾向增加。

Mn　提高流动性，缩小结晶范围；增加体收缩和线收缩及冷裂倾向；生成 MnO 与 SiO_2 作用易形成化学粘砂。

S　生成 MnS、Al_2S_3、降低流动性，增加热裂倾向。

P　提高流动性，增加冷裂和热裂倾向。

Cu　降低熔点，缩小结晶范围，提高流动性，而 Cu>1%时易自由析出，增加热裂倾向，加 Si、Mn 可提高 Cu 在钢中的溶解度。

Mo　降低流动性，略增加缩孔倾向，Mo<1%时生成 MoS 在晶界析出，降低热导性，增大收缩，增大冷裂和热裂倾向，而质量分数高时能提高高温强度并改善热裂倾向。

V　质量分数 0.25%～1.0%，生成氧化膜，略降低流动性；V 提高高温强度，略改善裂纹倾向。

Al　作脱氧剂时质量分数<0.15%，有良好的脱氧作用，改善流动性；作合金元素加入时，形成 Al_2O_3 和 Al_2S_3 夹渣和氧化膜，降低流动性，增大收缩和热裂倾向。

Ti　明显降低流动性。

Cr　生成夹渣及氧化膜，钢液变稠，降低流动性，高 Cr 钢易形成皱纹和冷隔，增大体收缩量和缩孔倾向，减少导热性，增大热裂倾向。

Ni　改善流动性，易生成枝晶，增大热裂倾向。

稀土　脱氧、脱硫、改善流动性，净化除杂，减少热裂倾向，细化晶粒，改善加工性能。

28.5 铸造碳钢的热处理

28.5.1 碳钢的铸态组织及热处理之必要性

钢液凝固过程中，奥氏体常沿断面厚度方向长成不同的晶粒形状，大致可分为三个不同的晶区。见图 28-1。

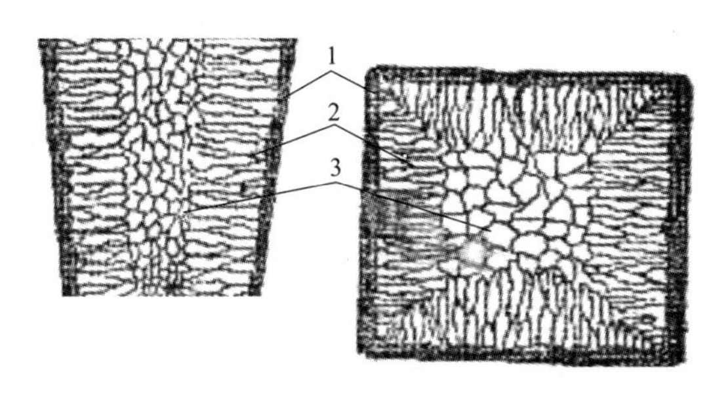

图 28-1 铸钢件的晶区分布示意图

(1) 细等轴晶区 (1 区)

此属激冷层，是结晶时沿模壁一层钢液产生大量晶核的结果。

此区域很窄（很薄），一般仅几毫米甚至根本看不出来。

(2) 柱状晶区 (2 区)

此属定向结晶的产物，各柱状晶的长轴大致与模壁垂直，表现出几何取向一致性。

正因如此，常见开裂现象也是与柱状晶排列取向一致的。

(3) 粗等轴晶 (3 区)

此区位于铸件的中心部位，由较粗大而方向及尺寸近乎一致的晶粒所组成。

结论 三个区的宽窄承受合金成分及冷却条件不同而变，铸件断面越厚，冷却越慢则 2、3 区越发达，2、3 区会使铸钢件力学性能（特别是韧性）严重下降。通过适当热处理能使 2、3 区转变为 1 区，从而改善钢的性能。

28.5.2 碳钢在加热与冷却过程（热处理过程）中的组织转变

(1) Fe-Fe C 合金的同素异构

钢视为 Fe-C 合金，铁有三种同素异构形式。

912℃以下 α 铁（高温铁素体）。

912～1394℃ γ 铁（奥氏体）。

1394～1538℃ δ 铁（铁素体）。

α、γ、δ 中都溶解有 C 而形成固溶体，分别称：α 高温铁素体、γ 奥氏体、δ 铁素体。因此，不同的铁碳合金（钢和铸铁）有不同的热处理临界温度。

(2) Fe-Fe C 合金分类及常用的亚共析钢

在工程上，按P、S、E、C、F五个点把铁碳合金划分为7类，其C含量分别如下。

P（C）=0.0218%，S（C）=0.77%，E（C）=2.11%，C（C）=4.30%，F（C）=6.69%。

工程上使用的铸造碳钢属于亚共析钢，一般含C 0.15%~0.6%。

金属学理论上则把含C<0.77%列为亚共析钢，所以下面只讲亚共析热处理。

（3）碳钢在加热过程中的组织转变

① PSK线以下，金相组织基本上无变化；PSK线以上，珠光体转变成奥氏体。

② 亚共析钢为使其铁素体溶入奥氏体中得到单一的奥氏体组织，则需加热至GS线以上。

③ 为了使其自由渗碳体溶入奥氏体中，则须加热到ES线以上。

（4）碳钢在冷却过程中的组织转变

① 亚共析钢中奥氏体冷却到PSK线以下时，奥氏体转变为珠光体，最终得铁素体+奥氏体两相组织。

② 当钢中含有合金元素或冷却很快时，亚共析钢和过共析钢可能生成含有索氏体、托氏体、贝氏体和马氏体的组织。

（5）关于铁素体形态的转变

亚共析钢铸态的铁素体有块状、针（条）状、网状三种形态。其形成与钢中的碳量及铸件厚度、冷却速度有关。

针（条）状及网状会使钢的力学性能下降，块状性能较好。

通过适当的热处理可使针（条）状及网状转变为块状组织。

28.5.3 碳钢热处理的依据、形式与目的

（1）依据与形式

① 各种铸钢件的铸态组取决于其化学成分及凝固结晶过程，均存在严重的晶枝偏析、组织不均、晶粒粗大及网状晶区等，严重影响其力学性能，所以一般都以热处理态交货。

② 铸钢件热处理是以Fe-FeC相图为依据进行，控制其显微组织达到所要求的性能。

③ 铸钢热处理由加热—保温—冷却三个阶段组成。根据加热和冷却条件不同，有退火、正火、淬火、回火、均匀化处理、固溶处理、沉淀硬化、除氢

及消除应力处理等形式。

（2）碳钢热处理的目的

① 退火　退火是将铸钢件加热到临界温度以上20～30℃后，经保温—冷却。目的是消除铸态组织中的柱状晶、粗等轴晶、魏氏体（网状）组织和树枝状偏析，以改善力学性能。

亚共析钢退火后组织为铁素体+珠光体。

过共析钢退火后组织为珠光体+碳化物。

共析钢退火后组织为珠光体。

② 正火　正火是将铸钢加热到临界温度以上30～50℃保温，使之完全奥氏体化，然后空冷。目的是消除共析和过共析钢中的碳化物，细化晶粒，均匀组织。

③ 回火　回火是将铸钢加热到临界温度以下某一选定温度保温，之后以适宜的速率冷却。目的是使正火或淬火后得到的不稳定组织转变为稳定组织。

一般铸造厂以退火为多，以下只着重讨论碳钢退火工艺。

碳钢铸件退火工艺及退火后的硬度见表28-4。

表28-4　砂型铸造碳钢铸件常规退火工艺及退火后的硬度参数参考表

<table>
<tr><th rowspan="2">钢质牌号</th><th rowspan="2">含C量
ω/%</th><th rowspan="2">退火温度
/℃</th><th colspan="2">保温</th><th rowspan="2">冷却方式</th><th rowspan="2">表层硬度
（HBS）</th></tr>
<tr><th>铸件壁厚/mm</th><th>时间/h</th></tr>
<tr><td>ZG200-400</td><td>0.10～0.20</td><td>880～910</td><td rowspan="3"><30</td><td rowspan="2">1</td><td rowspan="5">炉冷至
600～620℃
后出炉
空冷</td><td>115～143</td></tr>
<tr><td>ZG230-450</td><td>0.20～0.30</td><td>850～880</td><td>133～156</td></tr>
<tr><td>ZG270-500</td><td>0.30～0.40</td><td>820～850</td><td rowspan="3">每增加30mm
壁厚,保温
时间增加1h</td><td>143～187</td></tr>
<tr><td>ZG310-570</td><td>0.40～0.50</td><td>800～820</td><td rowspan="2">>30</td><td>156～217</td></tr>
<tr><td>ZG340-640</td><td>0.50～0.60</td><td>780～800</td><td>187～230</td></tr>
</table>

注：多种钢号同炉退火时，按低碳材质退火温度规范控制。消失模常规浇注的铸造碳钢铸件的退火温度必要时可考虑按表中温度提高50～60℃或更高。

28.6 碳钢铸件退火缺陷分析及消失模碳钢件退火工艺的修正

消失模实型铸造生产的碳钢件表面增碳是不可避免的，从ZG15（200-400）～ZG55（340-640）各个等级的钢号，只要是实型浇注都必然发生增碳现象。增碳的量有多有少，各个部位增碳程度不同，这必然导致常规热处理工艺的修正，按生产经验，退火温度必要时可提高50～60℃。铸钢件退火处理缺陷与防止或补救的措施见表28-5。

表 28-5 铸钢件退火处理缺陷与防止或补救的措施

缺陷表现	产生原因	防止或补救措施
退火后硬度过高 切削加工困难	①炉内加热的温度偏低 ②炉内保温时间不足 ③炉冷温度下降速率过快或出炉温度过高	①防止 确定正确的退火工艺 ②补救 重新退火
退火后基体组织存在网状碳化物	①炉内加热退火温度偏低、原始组织中粗大网状碳化物未能消除 ②冷却过于缓慢，使二次渗碳体沿奥氏体晶界析出	退火前先高温正火，消除网状组织，再进行退火处理，即把退火温度修正为正火温度

消失模铸造碳钢铸件正火温度参数见表 28-6。

表 28-6 消失模铸造碳钢铸件正火温度参数

钢质牌号	含 C 量/%	正火温度/℃
ZG15(200-400)	0.10～0.20	920～950
ZG25(230-450)	0.20～0.30	890～920
ZG35(270-500)	0.30～0.40	860～890
ZG45(310-570)	0.40～0.50	840～860
ZG55(340-640)	0.50～0.60	820～840

由此可见，含 C 量较高或表层增碳的碳钢铸件，以及形状比较复杂的碳钢铸件，为了消除其残余应力，提高韧性和消除网状碳化物，改善切削加工性能，可把退火温度从常规范围提增至正火温度，通常增加 30～40℃，必要时增至 950℃。同时适当增加保温时间。

28.7 碳钢件正火、退火工艺的选择

退火目的 消除铸态柱状晶、粗等轴晶，魏氏组织和树枝状偏析，改善力学性能。

正火目的 在达到退火要求的目的上进一步细化组织，达到所需的力学性能。

工艺差别 一是正火加热温度比退火稍高 20～30℃；二是正火冷却较快(空冷)。

性能差别 经正火的铸钢，珠光体组织较细，抗拉强度、屈服强度、断面

收缩率比退火稍高，一般工程用碳钢及部分厚大、复杂的合金钢多采用正火处理。

消失模铸造碳钢铸件正火工艺及其硬度见表 28-7。

表 28-7 消失模铸造碳钢铸件正火工艺及其硬度

材质牌号	含C量/%	正火温度/℃	回火		硬度(HBS)
			温度/℃	冷却方式	
ZG200-400	0.10～0.20	920～950	—	—	126～149
ZG230450	0.20～0.30	890～920	—	—	139～169
ZG270-500	0.30～0.40	860～890	550～650	空冷	149～187
ZG310-570	0.40～0.50	840～860	550～650	空冷	163～217
ZG340-640	0.50～0.60	820～840	550～650	空冷	187～228

注：形状复杂的铸件可在正火后回火（空冷），一般件不必回火。表中硬度仅是参考值，不作验收指标。

各种钢号的铸件按国家标准规定的化学成分范围生产，国家标准中验收条件仅抗拉强度和屈服强度两项指标，断面收缩率（或伸长率）等不属于国家标准中的验收条件，而属于用户额外的附加指标，不能混为一谈，应供需双方协定。

28.8 铸钢件的力学性能检测

力学性能的试样必须从规范的试块中截取。测定方法按 GB/T 228—87 规定铸造试块有三种（见图 28-2） 基尔试块；梅花试块；Y 型试块。

采用消失模工艺时，试块毛坯制造必须考虑试块不增碳和组织致密不疏松的质量保证，应注意以下几点。

① 为了烧空，Y 形或基尔试块的上部点火口尺寸为：长×高×宽＝160mm×160mm×20mm（下端）（上端 30mm）。

② 强烧（完全空壳）。

③ 振动浇注频率＞120Hz。

④ 出炉温度＞1630℃，浇注温度＞1560℃。

⑤ 如试块制作不规范、铸态不合格、热处理不合格的均不许送检。

⑥ 测试数据取 3 根平均值，误差值大者应予排除不计，试棒机加工不合格、不标准的只作参考。

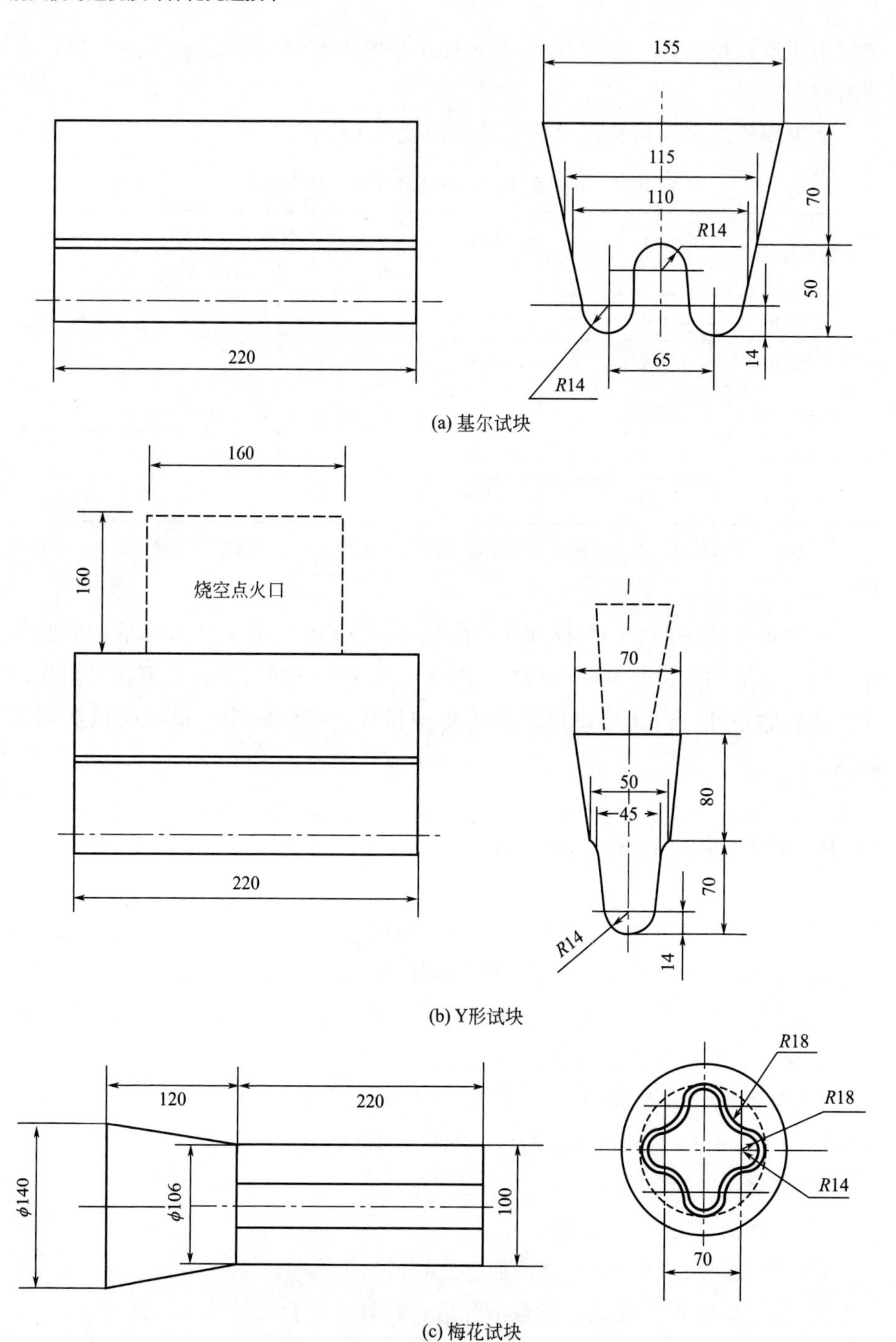

(a) 基尔试块

(b) Y形试块

(c) 梅花试块

图 28-2　铸钢件力学性能检测试样制作

R 值不允许大于 14mm

29

铸造低合金工程结构钢生产

29.1 低合金工程结构铸钢标准

我国一般工程与结构用低合金铸钢标准（GB/T 14408—93）对化学成分只规定 S、P 质量分数上限，其他成分未做规定。除另有商定外，一般低合金结构铸钢采用上述标准时，化学成分由制造方确定。见表 29-1。

表 29-1 低合金结构钢化学成分（质量分数）（GB/T 14408—93）

单位：%

钢号	P≤	S≤	σ_b/MPa	$\delta_{s(0.2)}$/MPa	σ	ϕ
ZGD270-480	0.040	0.040	480	270	18	35
ZGD290-510	0.040	0.040	510	290	16	35
ZGD345-570	0.040	0.040	570	345	14	35
ZGD410-620	0.040	0.040	620	410	13	35
ZGD535-720	0.040	0.040	720	535	12	30
ZGD650-830	0.040	0.040	830	650	10	25
ZGD730-910	0.035	0.035	910	730	8	22
ZGD840-1030	0.035	0.035	1030	840	6	20

注：力学性能取自 28mm 厚标准试块。

29.2 低合金工程结构铸钢化学成分

低合金铸钢牌号的化学成分见表 29-2 和表 29-3。

表 29-2 低合金铸钢牌号的化学成分（质量分数） 单位：%

牌号	C	Si	Mn	P	S	Cr	Ni	Mo	其他
ZG270-480	0.20	0.60	0.3～0.8	0.04	0.045	1.0～1.5	0.5	0.45～0.65	Cu0.5、W0.1、V0.2
ZGD290-510	0.15～0.23	0.3～0.6	0.5～1.5	0.04	0.04	0.2～1.5	0.4	0.15～0.55	—
ZGD345-570	0.25～0.4	0.5～0.8	0.6～1.4	0.04	0.04	0.5～0.8	—	—	Cu0.33、Al0.01
ZGD410-620	0.2～0.3	0.5～0.8	0.4～1.6	0.035	0.035	4.0～6.0	0.4	0.45～0.65	Cu0.3、Ti0.03、V0.01
ZGD535-720	0.22～0.35	0.3～0.6	0.6～1.6	0.04	0.04	0.3～3.5	1.35～1.85	0.15～0.6	—
ZGD650-830	0.33～0.45	0.2～0.6	1.6～1.8	0.035	0.035	0.3～1.2	0.3～2.3	0.15～0.6	Cu0.25、V0.05
ZGD730-910	0.1～0.35	0.2～0.6	0.3～1.5	0.035	0.035	0.3～1.7	1.4～2.0	0.15～0.35	Cu0.3、V0.03～0.15
ZGD840-1030	0.22～0.38	0.3～0.6	0.3～0.9	0.035	0.035	0.4～1.3	0.5～3.0	0.2～0.7	Cu0.4

以上数据也说明在化学成分选择上各制定方有自定的余地，化学成分不统一规定，所以在生产中所见到的图纸中对合金成分的标记也可以说是五花八门，但总体上说应以国家标准或行业标准为参照。

表 29-3 低合金铸钢的钢号及化学成分（质量分数，JB/T 6402—92）

单位：%

钢号	C	Si	Mn	P≤	S≤	Cr	Ni	Mo	Cu≤
ZG30Mn	0.27～0.34	0.30～0.50	1.20～1.25	0.035	0.035	—	—	—	—
ZG40Mn	0.35～0.45	0.30～0.45	1.20～1.50	0.035	0.035	—	—	—	—
ZG40Mn$_2$	0.35～0.45	0.20～0.40	1.60～1.80	0.035	0.035	—	—	—	—
ZG50Mn$_2$	0.45～0.55	0.20～0.40	1.50～1.80	0.035	0.035	—	—	—	—
ZG20Mn(20SiMn)	0.12～0.22	0.60～0.80	1.00～1.30	0.035	0.035	0.40	—	—	—
ZG35Mn(35SiMn)	0.30～0.40	0.60～0.80	1.10～1.40	0.035	0.035	—	—	—	—
ZG35SiMnMo	0.32～0.40	1.10～1.40	1.10～1.40	0.035	0.035	—	—	0.20～0.30	0.30

续表

钢号	C	Si	Mn	P≤	S≤	Cr	Ni	Mo	Cu≤
ZG35CrMnSi	0.30～0.40	0.50～0.75	0.90～1.20	0.035	0.035	0.50～0.80	—	—	—
ZG20MnMo	0.17～0.23	0.20～0.40	1.10～1.40	0.035	0.035	—	—	0.20～0.35	0.30
ZG55CrMnMo(55CrMnMo)	0.50～0.60	0.25～0.60	1.20～1.60	0.035	0.035	0.60～0.90	—	0.20～0.30	0.30
ZG40Crl(40Cr)	0.35～0.45	0.20～0.40	0.50～0.80	0.035	0.035	0.80～1.10	—	—	—
ZG34Cr2Ni2Mo(34CrNiMo)	0.30～0.37	0.30～0.60	0.60～1.00	0.035	0.035	1.40～1.70	1.40～1.70	0.15～0.35	—
ZG20CrMo	0.17～0.25	0.20～0.45	0.50～0.80	0.035	0.035	0.50～0.80	—	0.40～0.60	—
ZG35CrMo(35CrMo)	0.30～0.37	0.30～0.50	0.50～0.80	0.035	0.035	0.80～1.20	—	0.20～0.30	—
ZG42CrlMo(42CrMo)	0.38～0.45	0.30～0.60	0.60～1.00	0.035	0.035	0.80～1.20	—	0.20～0.30	—
ZG50CrlMo(50CrMo)	0.46～0.54	0.25～0.50	0.50～0.80	0.035	0.035	0.90～1.20	—	0.15～0.25	—
ZG65Mn	0.60～0.70	0.17～0.37	0.90～1.20	0.035	0.035	—	—	—	—
ZG28NiCrMo	0.25～0.30	0.30～0.80	0.60～0.90	0.035	0.035	0.35～0.85	0.40～0.80	0.35～0.55	—
ZG30NiCrMo	0.25～0.35	0.30～0.60	0.70～1.00	0.035	0.035	0.60～0.90	0.60～1.00	0.35～0.50	—
ZG35NiCrMo	0.30～0.37	0.60～0.90	0.70～1.00	0.035	0.035	0.40～0.90	0.60～0.90	0.40～0.50	—

注：1、括号内为传统牌号。

2. 未特殊注明的Ni≤0.30%，Cr≤0.30%，Cu≤0.25%，Mo≤0.15%，V≤0.05%，残余元素总质量分数≤1%。

29.3 各种合金元素对铸钢组织和力学性能的影响

生产合金钢首先必须了解各种常用合金元素在钢中的作用，才能实施科学的熔炼工艺。

C　碳钢中的基本元素。

Si　强化铁素体，提高强度和硬度，降低临界冷却速度，提高淬透性，提高钢在气化性腐蚀介质中的腐蚀性，提高耐热性。

Mn 在含量范围内具有很大的强化作用，提高强度、硬度、耐磨性，降低临界冷却速度，提高淬透性，稍能改善钢的低温韧性，是主要奥氏体化元素。

Cr 在低合金范围内，对钢具有很大的强化作用，提高强度、硬度、耐磨性，降低临界冷却速度，提高淬透性，提高耐热性（是耐热钢的主要合金元素）。

Mo 强化铁素体，提高强度和硬度，降低临界冷却速度，提高淬透性，提高耐热性和高温强度（是热强钢中重要的合金元素）。

V 在低含量（0.05%～0.10%）时，细化钢的晶粒，提高韧性；在较高含量（V＞0.20%）时，形成 V_4C_3 碳化物，提高钢的热强性。

Ni 提高钢的强度而不降低韧性，降低临界冷却速度，提高淬透性，改善低温韧性，扩大奥氏体区，是奥氏体化的有效元素。

Al 炼钢过程起良好的脱氧作用，细化晶粒，提高强度，提高钢的抗氧化性能，提高不锈钢对强氧化性酸类介质的耐蚀能力。

Ti、Nb 细化钢的晶粒，在不锈钢中改善晶间抗腐蚀的能力。

B 强烈提高过冷奥氏体稳定性，提高淬透性的作用比 Cr、Mo、Ni 等强得多，每 0.001%相当于 0.85%Mn，或 2.4%Ni，或 0.45%Cr，或 0.35%Mo。

Cu 强化铁素体（Cu＜1.5%），产生析出强化作用（Cu＞3.0%），提高钢的耐腐蚀性能（特别是耐硫酸腐蚀性能）。

W 细化钢的晶粒，提高淬透性，生成高热稳定碳化物和氮化物（W_2C、W_2N），提高钢的热强性。

RE（Ce、La） 炼钢中起脱硫、去气、净化钢液作用，细化晶粒，改善铸态组织（缩小柱状晶区）。

29.4 钢中常见杂质元素及其有害作用

（1）有害元素的来源与有害作用

P 来源于炼钢过程中从炉料引入。磷微溶于钢中，当 P＞0.1%时形成 Fe_2P 在晶粒周围析出，降低塑性和韧性。

S 来源于炼钢过程中从炉料引入。S 以 FeS 或 FeS-Fe 共晶体存在钢的晶粒周围，降低力学性能，一般 S 量应在 0.04%～0.06%以下。

H 来源于熔炼过程钢液从炉气中吸收 H。溶于钢液中的 H 在凝固过程因溶解度下降而析出，缓慢凝固时 H 以针孔状析出，快速凝固时析出的 H 在铁的晶格内造成高应力状态而导致脆性，即氢脆。

N 来源于熔炼过程中钢液中炉气中吸收 N。钢液凝固时因 N 的溶解度降低而析出，并与钢中的 Si、Al、Zr 等元素化合生成 SiN、AlN、ZrN 等氮化物，少量的氮化物能细化钢的晶粒，多则降低钢的塑性和韧性；N 是扩大奥氏体相区元素，在钢中可部分代替 Ni，是铬锰氮不锈钢中的合金元素；N 固溶于奥氏体，起固溶强化作用，可提高强度。

O 来源于炼钢过程中钢液氧化生成 FeO。钢液中溶解的 FeO 在凝固前，温度降低过程中与钢液中的 C 反应生成 CO 气泡，在钢件中造成气孔；在钢液凝固过程中，FeO 因溶解度下降而析出在钢的晶粒周界处，降低钢的性能。

(2) 钢中有害非金属夹杂物的形成与清除净化

种类 主要包括氧化物、硫化物、硫氧化物、氮化物、硅酸盐化合物等。

来源 有外来和自生两大类。

作用 降低钢的力学性能，尤其是削弱韧性。

措施

① 清除夹杂物 一般在炼钢氧化期使钢液良好地沸腾，以有效清除之，并在出炉前镇静 3～10min 使夹杂物上浮。采用炉外包内高频振动精炼处理更是极有效的手段。

② 改善夹杂物形态 改善夹杂物的形状和分布也能有效减轻其有害作用，如采用稀土合金对钢液进行处理，使多角形氧化物和条状硫化物转变成球状的稀土硫氧化物。

29.5 低合金铸钢件的热处理工艺

低合金铸钢件热处理工艺见表 29-4。

表 29-4 低合金铸钢件热处理工艺参数参考表

钢号	正火温度/℃	回火温度/℃	硬度(HBS)
ZG40Mn	850～870	550～620	＞165
ZG40Mn2	850～870	550～600	＞180
ZG50Mn2	820～840	590～650	＞180
ZG20Mn	900～930	580～600	＞155
ZG35Mn	860～880	600～620	＞155
ZG20MnMo	900～920	550～660	＞155

续表

钢号	正火温度/℃	回火温度/℃	硬度(HBS)
35SiMnMo	880～900	550～650	>155
40Cr1	830～850	520～680	>210
35CrMo	860～880	550～600	>200
42Cr1Mo	850～870	550～600	—
35CrMoSi	850～900	550～600	—
55CrMnMo	840～870	480～650	—

注：1. 表中工艺参数适合于中小型低合金铸钢件热处理。

2. 中大型低合金铸钢件正火、回火温度常略高于上表数据。

3. 没有热处理工艺要求的低合金铸钢件也可采用与正火温度相同的退火处理。

4. 表中钢号采用标准：JB/T 6402—92。

30

中、低合金高强度铸钢生产

30.1 铸造锰钢

铸造锰钢一般指 Mn＝1.00％～1.75％和 C＝0.2％～0.5％的铸钢。Mn 的质量分数不宜超过 2％，否则对焊接性能有不良影响，因为 Mn＞2％时，会使晶粒粗大，产生热敏感性和回火脆性，Mn 是通过固溶于铁素体和细化珠光体来提高钢的强度、硬度和耐磨性，Mn 可改善钢的淬透性，从而通过热处理来改善钢的力学性能，Mn 还有降低相变温度和细化晶粒的作用，从而改善钢的冲击韧性，因此，钢中含有 Mn 为发展微合金化铸钢创造有利条件。几种低锰钢的化学成分见表 30-1。

表 30-1 几种低锰钢的化学成分（质量分数） 单位：％

钢号	C	Si	Mn
ZG22Mn	0.18～0.28	≤0.5	1.10～1.70
ZG25Mn	0.20～0.30	0.30～0.45	1.10～1.30
$ZG25Mn_2$	0.20～0.30	0.30～0.45	1.70～1.90
ZG30Mn	0.27～0.34	0.30～0.50	1.20～1.50
ZG35Mn	0.30～0.40	0.60～0.80	1.10～1.40
ZG40Mn	0.35～0.45	0.30～0.45	1.20～1.50
$ZG40Mn_2$	0.35～0.45	0.20～0.40	1.60～1.80
ZG45Mn	0.40～0.50	0.30～0.45	1.20～1.50
ZG50Mn	0.48～0.56	0.17～0.37	1.20～1.50
$ZG50Mn_2$	0.45～0.55	0.20～0.40	1.50～1.80
ZG65Mn	0.60～0.70	0.17～0.37	0.90～1.20

30.2 铸造硅锰钢

硅通过对铁素体的固溶强化，可提高钢的屈服强度。

铸造硅锰钢的化学成分见表 30-2。

表 30-2 铸造硅锰钢的化学成分（质量分数） 单位：%

钢号	C	Si	Mn	S、P≤
ZG20SiMn	0.1～0.22	0.60～0.80	1.00～1.30	0.035
ZG30SiMn	0.25～0.35	0.60～0.80	1.11～1.40	0.04
ZG35SiMn	0.30～0.40	0.60～0.80	1.10～1.40	0.04
ZG45SiMn	0.40～0.48	1.10～1.40	1.10～1.40	0.04
ZG50SiMn	0.46～0.54	0.85～1.15	0.85～1.15	0.04

30.3 铸造铬钢

Cr 在钢中和碳、铁形成碳化物，并能部分地溶入固溶体中，具有改善钢的强度、硬度、高温性能的作用，国内铸造铬钢常用两种型号见表 30-3（JB/T 6402—92）。

表 30-3 铸造铬钢化学成分（质量分数） 单位：%

钢号	C	Si	Mn	Cr	S、P≤
ZG40Crl	0.35～0.45	0.20～0.40	0.50～0.80	0.80～1.10	0.035
ZG70Cr	0.65～0.75	0.25～0.45	0.55～0.85	0.80～1.10	0.04～0.05

30.4 铸造铬钼钢

铬钢中加 Mo 可提高钢的强度而不明显影响冲击韧性，并可提高钢的高温强度，处理后可获得优良的力学性能，适用于生产大截面或需深层硬化的铸钢件。常用的铸造铬钼钢牌号见表 30-4。

中、低合金高强度铸钢除上述较常用的铸造锰钢、铸造硅锰钢、铸造铬钼钢、铸造铬钢外，还有铸造锰钼钢、铸造硅锰钼钢、铸造锰钼钒钢、铸造硅锰钼钒钢、铸造锰钼钒铜钢、铸造铬锰硅钢、铸造铬锰钼钢、铸造铬钼钒钢、铸造铬铜钢、铸造钼钢、铸造铬镍钼钢、铜铸钢等。

表 30-4 常用的铸造铬钼钢牌号的化学成分（质量分数） 单位：%

钢号	C	Si	Mn	Cr	Mo	S、P≤
ZG20CrMo	0.17～0.25	0.20～0.45	0.50～0.80	0.50～0.80	0.40～0.60	0.035
ZG35CrMo	0.30～0.37	0.30～0.50	0.50～0.80	0.80～1.20	0.20～0.30	0.035
ZG40CrMo	0.35～0.45	0.17～0.45	0.50～0.80	0.80～1.10	0.20～0.30	0.04
ZG20Cr5Mo	0.15～0.25	0.50	0.60	4.00～6.00	0.50～0.65	0.04
ZG17CrMo	0.15～0.20	0.30～0.60	0.50～0.80	1.20～1.50	0.45～0.55	0.04

各种中、低合金高强度钢都有相应的化学成分范围和理论依据。至于行业生产中各种特定的或自定的化学成分更是五花八门，但各元素在钢中的作用机理和科学的配比依据是必须遵循的。

30.5 中、低合金高强度铸钢件的热处理规范

中、低合金铸钢品种繁多，其热处理常有几种方式。

① 退火；② 正火—回火；③ 正火—淬火—回火；④ 正火—回火。

正火时多为空冷，回火时多为炉冷。回火温度以 520～650℃ 为多。正火温度常在 850～900℃，淬火温度约 840～880℃。

下面列举钼钢、硅钼钢、锰钢、硅锰钢、铬钢、铬钼钢、铬锰硅钢、铬钼钒钢等较常见的中、低合金高强度铸钢的热处理规范。

(1) 钼钢

ZG20Mo 正火（空冷）900～920℃，回火 600～650℃（炉冷）。

(2) 硅钼钢

ZG35SiMo 正火（空冷）880～900℃，回火 560～580℃（炉冷）。

(3) 锰钢

ZG16Mn 正火（空冷）880～900℃，回火 680～700℃（炉冷）。

ZG25Mn、25Mn2、30Mn 常采用退火（850～860℃），或回火（550～600℃）。

ZG40Mn 正火（空冷）850～860℃，回火 550～600℃（炉冷）。

ZG40Mn2 退火（炉冷）870～890℃，淬火（油冷）830～850℃，回火 350～450℃（空冷）。

ZG45Mn 正火（空冷）840～860℃，回火 550～600℃（炉冷）。

ZG45Mn2 正火（空冷）840～860℃，回火 550～600℃（炉冷）。

ZG50Mn　正火（空冷）860～880℃，回火 570～640℃（炉冷）。

ZG50Mn2　正火（空冷）850～880℃，回火 550～650℃（炉冷）。

ZG65Mn　正火（空冷）840～860℃，回火 600～650℃（炉冷）。

（4）硅锰钢

ZG20SiMn　正火（空冷）900～920℃，回火 570～600℃（炉冷）。

ZG30SiMn　正火（空冷）870～890℃，回火 570～600℃（炉冷）。

或：淬火（水或油）840～870℃，回火 550～600℃（炉冷）。

ZG35SiMn　正火（空冷）860～880℃，回火 550～650℃（炉冷）。

ZG45SiMn　正火（空冷）860～880℃，回火 520～650℃（炉冷）。

（5）铬锰硅钢

ZG30CrMnSi　正火（空冷）800～900℃，回火 400～450℃（炉冷）。

ZG35CrMnSi　正火（空冷）830～860℃，回火 520～650℃（炉冷或空冷）。

或：正火（空冷）800～900℃，回火 400～450℃（炉冷）。

（6）铬钢

ZG30Cr　淬火（油冷）840～860℃，回火 540～680℃（炉冷）。

ZG40Cr1（ZG40Cr）　正火（空冷）860～880℃，回火 520～680℃（空冷或炉冷）。

或：正火（空冷）830～860℃，淬火（油冷）820～860℃，回火 520～650℃（炉冷）。

ZG50Cr　淬火（油冷）830～850℃，回火 540～680℃（炉冷）。

ZG70Cr　正火（空冷）840～860℃，回火 630～650℃（炉冷）。

（7）铬钼钢

ZG20CrMo　正火（空冷）880～900℃，回火 600～650℃（炉冷）。

ZG35CrMo　正火（空冷）880～900℃，回火 550～600℃（炉冷）。

或：淬火（油冷）850～860℃，回火 580～600℃（炉冷）。

（8）铬钼钒钢

ZG20CrMoV　正火（空冷）920～980℃，回火 690～710℃（炉冷）。

ZG15Cr1Mo1V　正火（空冷）1020～1050℃，回火 650～680℃（炉冷）。

30.6　低合金高强度钢的典型金相组织

（1）含 Mn=1.5%的铸钢

Mn 的质量分数超过钢液脱氧和生成硫化锰所需要的 Mn 量之外，视为合金元素。

一般锰钢在 C 0.18%～0.33%，Mn 1.20%～1.60%时，具有良好的力学性能，常采用正火或正火＋回火处理，一般不采用退火工艺。其铸态组织为铁素体＋珠光体，退火后粗大的铸态魏氏体型铁素体变成较细的铁素体和珠光体。经过淬火和回火后的锰钢，金相组织中有极细小的铁素体和珠光体，其强度和硬度高于正火和回火的锰钢，同时具有适当的韧性和塑性。

(2) 铬钼钒铸钢

由于合金元素的二次硬化效应，在回火过程中和高温下有较好的抗软化作用，经 950℃退火＋950℃正火＋690℃回火后的典型组织为上贝氏体＋铁素体。

(3) 含 Cr 1.5%、Mn 0.5%的铬钼铸钢

此成分铸钢与 Mo 0.5%的钼铸钢比较，可用于更高的工作温度，具有较好的抗腐蚀性能，其铸态组织为贝氏体＋共析铁素体，经正火回火后为铁素体＋贝氏体，也可能得到完全贝氏体，贝氏体的量取决于正火时的冷却速度。

(4) 含 Cr 2.5%、Mo 1%的铬钼铸钢

此成分铸钢的铸态组织为上贝氏体＋大块铁素体，经正火＋回火处理后，其组织为细晶粒铁素体＋回火马氏体。

(5) 含 Cr 3%、Mo 0.5%的铬钼铸钢

铸态组织为上贝氏体＋显微偏析，经正火＋回火的组织为回火贝氏体并存在显微偏析，在湿蒸汽中有很高的抗腐蚀能力。

(6) 铬镍钼铸钢

铸态组织中有枝晶偏析，经淬火＋回火后，除马氏体外有少量铁素体。

(7) 镍铸钢

含 Ni 3%的镍铸钢属于低温钢，具有良好的低温耐冲击性能，常用于－60℃工作条件。

31

低、中合金耐磨铸钢生产

31.1 耐磨中锰钢

含 Mn 5%～9%，C 1.05%～1.4%的耐磨中锰钢经水韧处理后的组织为奥氏体基体，但有较多的碳化物。加入 Mo 可抑制铸态组织中的碳化物析出。与 Mn13 钢相比，中锰钢的 Mn 量降低，奥氏体稳定性下降，使这类钢在非强烈冲击工况下的耐磨性高于 Mn13 标准型高锰钢。

含 Mo 中锰钢 C 1.2%～1.3%，Mo 0.6%～0.9%，Mn/C（质量）比为 4～5，用之生产颚板经常规水韧处理后，在破碎硅石条件下耐磨性极佳，见表 31-1 和表 31-2。

表 31-1 耐磨中锰钢与 Mn13 钢耐磨性对比（以颚板件为参考）

材质	C/%	Mn/%	相对耐磨性
Mn13	0.9～1.5	11～14	1.0
Mn5	1.28	5～6	1.15～1.3
Mn6	1.0～1.8	5.5～6.5	1.15～1.3
Mn7	0.9～1.3	6.5～7.5	1.15～1.3
Mn8	1.0～1.8	8～8.5	1.15～1.3

表 31-2 含 Mo 中锰钢与其他高锰钢对比（以颚板件为参考）

材质	碎石量/t	每吨石耗钢/kg	相对耐磨性
中锰(Mo)	100	约 0.115	115
高锰(高 C)	100	约 0.114	116
高锰(常规)	100	约 0.132	100

在较厚断面的试验条件下，含 Mo 中锰钢的抗拉强度、屈服强度与标准 Mn13 相当甚至略好，但伸长率和冲击韧性较低，故从断裂因素考虑，中锰钢适用于冲击负荷不大的磨损工况使用。

31.2 耐磨中铬钢

耐磨中铬钢是中碳马氏体铸钢（或含有一定量的贝氏体）。

Cr 元素对中碳钢奥氏体转变有较大影响，增加 Cr 不仅能大幅提高中碳钢的淬透性，适合于空淬，而且珠光体区和奥氏体区分离，淬火中得到马氏体基体的同时也可能得到一定量的贝氏体，提高了钢的强韧性。少量 Mo 元素的加入可进一步提高钢的淬透性。这些是耐磨中铬钢得以开发和广泛应用的主要原因。常用的中铬耐磨钢牌号和化学成分见表 31-3。

表 31-3 常用的中铬耐磨钢牌号和化学成分（质量分数） 单位：%

材质	C	Si	Mn	Cr	Mo	Ni	S≤	P≤
ZG30Cr5Mo	0.2～0.35	0.4～1.0	0.5～1.2	3.8～6.0	0.2～0.8	≤0.5	0.04	0.04
ZG40Cr5Mo	0.36～0.45	0.4～1.0	0.5～1.2	3.8～6.0	0.2～0.8	≤0.5	0.04	0.04
ZG50Cr5Mo	0.46～0.55	0.4～1.0	0.5～1.2	3.8～6.0	0.2～0.8	—	0.04	0.04
ZG60Cr5Mo	0.56～0.70	0.4～1.0	0.5～1.2	3.8～6.0	0.2～0.8	—	0.04	0.04

共同特点

几种中铬合金耐磨钢均采用高温空淬+低温回火的热处理工艺。铸钢件空淬热处理的应力较小，不易淬裂；使用中安全性较高，不易破裂；几种中铬钢随着含 C 量的提高而硬度提高，塑性和韧度降低，其含 C 量视不同的使用工况决定。

适用性

中铬耐磨钢主要用于球磨机衬板，锤头破碎机中小型锤头、耐磨管道等，用于水泥球磨机或磨煤机的中铬铸钢衬板，使用寿命可达普通 Mn13 衬板的 2 倍左右，是很有应用前景、生产工艺较简单、生产成本较低的新一代耐磨钢。

31.3 低合金耐磨钢

在耐磨铸钢中，低合金耐磨钢的重要性日益增大。低合金耐磨钢的力学性能，特别是硬度和韧性，可在较大范围内调整，可视不同的工况条件把强度、冲击韧性和耐磨性综合地考虑和匹配，耐磨性随硬度的提高而增强，故常以高强度、高硬韧性而著称，其强度和硬度高于锰钢，在非大冲击负荷条件下可代替锰钢。其塑性、韧性高于耐磨铸铁，在一定冲击负荷的耐磨工况下，使用寿命高于耐磨铸铁。

低合金耐磨钢中常加入的元素是：Mo、Cr、Mn、Si、Ni 等，目的是提高淬透性、强度、韧性和耐磨性。低合金耐磨钢的铸造性能、焊接性能与其他低合金钢相似，当 C 量高时焊接性能较差。几种低合金耐磨铸钢件的牌号及化学成分见表 31-4。

表 31-4 几种低合金耐磨铸钢件的牌号及化学成分（质量分数） 单位：%

材质牌号	C	Si	Mn	Cr	Mo	Ni	S	P	其他
ZG30CrMnSiMo	0.22～0.35	0.6～1.6	0.6～1.6	0.8～1.8	0.15～0.8	≤0.7	≤0.04	≤0.04	RE 或 Ti 或 V
ZG30CrMn2Si	0.26～0.35	0.5～1.0	0.3～1.8	≤1.0	—	—	≤0.04	≤0.04	RE
ZG30CrNiMo	0.26～0.35	0.17～0.37	0.5～0.75	0.55～0.85	0.2～0.3	1.5～1.8	≤0.03	≤0.03	RE 0.03～0.06

31.4 水韧高强度马氏体耐磨铸钢

含碳 0.2%～0.35%的多元低合金钢，经水淬和回火处理，硬度高，耐磨性好，具有较好的强韧性配合，使用中不易变形和断裂，广泛用于挖掘机、装载机、拖拉机的斗齿、履带板及中小型颚板、板锤、锤头、球磨机衬板等。水淬高强度马氏体铸钢化学成分见表 31-5。

表 31-5 几种水淬高强度马氏体铸钢的化学成分（质量分数） 单位：%

材质牌号	C	Si	Mn	Cr	Ni	Mo	其他
4330M	0.30	0.50	0.80	0.90	1.90	0.4	—
300M	0.29	1.60	0.80	0.70	1.80	0.4	V0.1
86B30	0.30	0.30	0.80	0.50	0.60	0.2	B0.0005
SSS200	0.28	1.50	0.80	2.0	—	0.5	V0.05

31.5 油淬、空淬低合金马氏体耐磨钢

含碳>0.35%的多元低合金耐磨钢，依不同合金含量经油淬（或空淬）并

回火后，得到强韧性较好、硬度高、耐磨性好的马氏体钢，用于球磨机衬板、中小型颚板、锤头、板锤等，这类钢的韧度低于前述含碳0.20%～0.35%水淬处理的低合金马氏体钢，故使用中应考虑工况的冲击负荷。油淬或空淬高强度马氏体钢化学成分见表31-6。

表31-6 几种油淬或空淬高强度马氏体钢化学成分（质量分数） 单位：%

材质牌号	C	Si	Mn	Cr	Mo	Ni	热处理	硬度(HRC)
铬钼钢	0.3～0.45	0.3～1.3	0.5～0.8	1～3	0.2～0.5	微	油淬	45～56
	0.5～0.7	0.5～0.8	0.5～0.8	2～3	0.2～0.5	微	油或空淬	45～52
	0.7～0.8	0.5～0.8	0.5～0.8	2～3	0.2～0.5	微	空淬	40～52
铬镍钼钢	0.37～0.44	0.4～0.8	0.5～0.8	0.6～0.9	0.15～0.25	1.2～1.7	油淬	>45
铬钼钢	0.35～0.38	0.7	0.6	2.0	0.5		油淬	>45
	0.45～0.47	0.7	0.6	2.0	0.5		油淬	>45
	0.60～0.63	0.7	0.6	0.6	0.5		油淬	>45

31.6 正火处理低合金珠光体耐磨钢

含碳>0.55%～0.9%的高碳铬锰钼钢，经正火、回火可得珠光体基体。

铬锰钼珠光体耐磨钢具有好的韧度和抗冲击疲劳性能，高的加工硬化能力，而且只含有较少的不昂贵的合金元素，不需经过复杂的热处理而具有较低的生产成本。

高碳铬锰钼珠光体耐磨钢用于一定冲击载荷的磨料磨损工况，如空心大磨球、衬板等。较典型牌号是ZG85Cr2MnMo，$\sigma_b \geqslant 800$MPa，$\sigma_{0.2} \geqslant 500$MPa，$\delta \geqslant 1\%$。珠光体耐磨铸钢的化学成分与力学性能见表31-7。

表31-7 珠光体耐磨铸钢的化学成分与力学性能 单位：%

C	Mn	Si	Ni	Cr	Mo	硬度(HBS)	A_{KV}/J
0.55	0.60	0.30	0	2.00	0.30	275	—
0.65	0.90	0.70	20	2.50	0.40	325	9～13
0.65	0.60	0.30	0	2.00	0.30	321	
0.75	0.90	0.70	20	2.50	0.40	363	8～12
0.75	0.60	0.30	0	2.00	0.30	350	
0.85	0.90	0.70	20	2.50	0.40	400	6～10

注：生产实践表明，铬钼珠光体耐磨钢衬板使用寿命高于高锰钢（Mn13）。

31.7 铸造石墨耐磨钢

铸造石墨钢是超高C过共析钢，也称高碳耐磨钢，经适当热处理后，一部分C以石墨形态析出，这种钢主要依靠石墨起润滑作用，是一种耐摩擦磨损（非冲击性磨损）的结构材料，多用于球磨机衬板、锻模、冷冲模、冶金轧辊等。铸态组织为粗大珠光体和分布于晶界的二次渗碳体，经过热处理后变为马氏体、珠光体或铁素体基体和点状石墨的混合组织，兼有钢和铸铁的综合性能，具有一定的强度、良好的耐磨性和减振性，切削加工性好，缺口敏感性小，在磨料磨损条件下，其耐磨性优于高锰钢，成本较低。铸造石墨耐磨钢化学成分见表31-8。

表31-8 铸造石墨耐磨钢的化学成分（质量分数）　　单位：%

代号	C	Si	Mn	Cr	Ni	Mo
GS-1	1.2～1.4	1.0～1.6	0.5～1.2	0.4～1.2	0.2～1.5	0.2～1.5
GS-2	1.4～1.6	1.0～1.6	0.5～1.2	0.4～1.2	0.2～1.5	0.2～1.5
GS-3	1.6～1.8	1.0～1.6	0.5～1.2	0.4～1.2	0.2～1.5	0.2～1.5
GS-4	1.6～2.0	1.0～1.6	0.5～1.2	0.4～1.2	0.2～1.5	0.2～1.5
GS-5	2.0～2.2	1.0～1.6	0.5～1.2	0.4～1.2	0.2～1.5	0.2～1.5

① 机理分析　高Si的目的是促进石墨化，加Cr、Ni的目的是改善淬透性，加Mo的目的是为了细化晶粒。提高含C量，增加组织中碳化物量，提高硬度和耐磨性，但韧性及抗弯强度下降，为调整游离石墨量或减硅增铬。孕育处理促铸态析出石墨，常用稀土、稀土镁、硅铁、硅钙合金作孕育剂。

② 组织及热处理　铸态为片状珠光体和晶界上网状碳化物。

采用正火加退火热处理工艺　常用900～950℃正火，然后加热到700～750℃回火，以极慢的冷却速率（4～5℃/h）炉冷到600℃，再出炉空冷。热处理后，约有质量分数为0.2%～0.5%的C成为细小的球状石墨，尚另有粒状珠光体和球状碳化物，也可以增加一次1100～1150℃的扩散退火以改善碳化物的形状。

③ 力学性能　因其热处理规范和金相组织的不同有很大差异，这点与球铁颇为相似，但范围较大，如抗拉强度可为350～1100MPa，有合金元素经调质的石墨钢抗拉强度可达1500MPa。

石墨钢在金属型中浇注并退火后，抗拉强度σ_b达820MPa，断后延伸率δ

达7%，故淬火回火后的石墨钢具有更高的力学性能。

石墨钢的铸造性能介于碳钢和铸铁之间，自由收缩率为1.8%～2%，小于碳钢，大于铸铁，近于白口铸铁。石墨钢导热性差，脆性大，常因产生较大应力而导致开裂（冷裂），但热裂的倾向较小。

31.8 低、中合金耐磨钢热处理

（1）耐磨中锰钢热处理

耐磨中锰钢热处理可参考高锰耐磨钢水韧处理工艺。

（2）耐磨中铬钢热处理

① 耐磨中铬钢热处理的目的　为获得高强度高韧性和高硬度的马氏体组织。

② 热处理要点　耐磨中锰钢中含有较多的铬元素，因而具有高淬透性，通常是经950～1000℃奥氏体化之后，在空气中淬火（空冷），而后在200～300℃及时回火，以避免回火脆性。

（3）低合金耐磨钢热处理

低合金耐磨钢依其合金成分和含碳量的不同而采用水淬、油淬、空淬热处理。通常采用850～950℃范围淬火（即正火），200～300℃回火，以获得高强韧性、高硬度的马氏体基体，提高耐磨性。

32

铸造耐磨钢生产

32.1 Mn13系列耐磨高锰钢

高锰钢是1882年英国人发明的。高锰钢的特点是要通过冲击硬化才能抗磨，适合于高冲击条件下使用，其基体组织是奥氏体，硬度（HBS）230左右，当表面受冲击时，奥氏体转变为马氏体，硬度（HBS）升至500。

标准型的Mn13高锰钢因Mn、C较高，铸态为奥氏体及碳化物，经1050℃左右水韧处理后，绝大部分渗碳物固溶于奥氏体中，故有良好的塑性和韧性，且裂纹扩展速率很低，使用安全可靠。另一特点是在冲击力或接触应力作用下，表层迅速产生加工硬化，表面硬度（HBW）急剧升高（达500～700），而内部仍保持良好韧性，故耐磨性好，且能承受冲击载荷不致开裂。

32.1.1 Mn13化学成分

国家标准（GB/T 5680—1998）规定高锰钢必须进行大于等于1040℃的水韧处理和化学成分必检项目。Mn13铸件的化学成分见表32-1。

表32-1 我国Mn13铸件的化学成分（质量分数）（GB/T 5680—1998）

牌号	C/%	Mn/%	Si/%	Cr/%	Mo/%	S/%,≤	P/%,≤
ZGMn13-1	1.00～1.45	11.0～14.0	0.30～1.0	—	—	0.04	0.09
ZGMn13-2	0.90～1.35	11.0～14.0	0.30～1.0	—	—	0.04	0.07
ZGMn13-3	0.95～1.35	11.0～14.0	0.30～0.80	—	—	0.04	0.07
ZGMn13-4	0.90～1.30	11.0～14.0	0.30～0.80	1.5～2.5	—	0.35	0.07
ZGMn13-5	0.75～1.30	11.0～14.0	0.30～1.0	—	0.90～1.20	0.04	0.07

高锰钢按国家标准分为5个牌号，主要区别是C的含量，范围是0.75%～1.45%，承受冲击力大则含C量低。含Mn在11%～14%之间，一般不应<13%，Si的含量高低对冲击韧性影响很大，应取下限，以不大于0.5%为宜，低P、S是最基本的要求，因Mn高易自脱S，故生产中降P是关键，要求P<0.07%，加入Cr能提高耐磨性，常在2%左右。

部分高锰钢铸件的力学性能见表32-2。

表32-2 我国Mn13铸件的力学性能（GB/T 5680—1998）

牌号	σ_s/MPa	σ_b/MPa	δ_5/%	α_{KV}/(J·cm^{-2})	硬度(HBS)
ZGMn13-1	—	≥635	≥20	—	—
ZGMn13-2	—	≥685	≥25	≥147	≤300
ZGMn13-3	—	≥735	≥30	≥147	≤300
ZGMn13-4	≥390	≥735	≥20	—	≤300
ZGMn13-5	—	—	—	—	—

32.1.2 高锰钢中化学元素的影响

碳　作用主要有二：一是有利形成单相奥氏体；二是固溶强化。

C增时，强度增，硬度增，塑性降，冲击韧性降。

C高时，流动性好，热处理要求高，须提高水韧温度或延长保温时间，以利充分溶解碳化物，均匀地固溶C元素。

锰　是稳定奥氏体主要元素，当Mn≤14%时，Mn增则强度增，塑性及冲击韧性均增，但不利加工硬化。

磷　有害元素，P在奥氏体中溶解度低，易形成脆性磷共晶，大幅降低高锰钢的力学性能和耐磨性能，且增加P量将增大钢的冷热裂倾向，废品率大幅提高，降低P量需从金属炉料的控制入手。

硅　高锰钢中硅的主要作用是脱氧，其含量（Si）<1%时对力学性能无明显影响。

铬　含铬1.5%～2.5%是常用范围，铬使高锰钢的屈服强度及初始硬度提高，但韧性下降。

钼　加入量通常<2%，提高屈服强度而韧性不降低，对水韧处理有利，减少开裂倾向，提高加工硬化性能及耐磨性能。

镍　Ni固溶于高Mn钢的奥氏体中，明显增加其稳定性，Ni能在300～550℃之间抑制碳化物的析出，从而减少高Mn钢对焊接、切割及使用温度的开裂敏感性，对高锰钢的屈服强度影响不大，不影响加工硬化性和耐磨性，但抗拉强度下降。

钒　加入V时，质量分数常在0.5%以下，V细化晶粒，尤其是V与Ti联合使用时细化晶粒更明显，且显著提高屈服强度和初始硬度，提高加工硬化性和耐磨性，但塑性下降。

钛　加入Ti时，质量分数常在0.05%～0.15%之间，最大量0.4%。Ti细化晶粒，消除柱状晶，提高力学性能和耐磨性。

铌　加入铌时的质量分数常在0.2%以下，铌细化晶粒，强度明显增加，屈服强度提高近1倍，并提高耐磨性。

32.1.3　铸态高锰钢组织

铸态高锰钢基体中，奥氏体晶内和晶界析出大量的碳化物，由于高锰钢铸件的冷却速度较高，除特别厚大的铸件外，共析转变一般都来不及发生，因而一般见不到α相，其铸态组织是以奥氏体为基体，晶内和晶界有大量的块状、条状、针状碳化物，晶界上的碳化物呈网状。

32.1.4　水韧处理的高锰钢组织

高锰钢水韧（水淬）处理后，理想组织是单一奥氏体，但在工业条件下，有时因冷却速度不够，常沿晶界析出少量的碳化物，或因高温固溶不够，在晶内或晶界残存少量的碳化物。值得注意的是，高锰钢在水韧处理时，表层高温氧化产生脱碳层，因炉内“绝氧”状况和出炉后至淬火的时间不同而脱碳程度不一。

32.1.5　影响高锰钢力学性能的因素

（1）工艺条件的影响

浇注温度过高和浇注后冷却缓慢（厚大件），将导致晶粒粗大和力学性能下降。砂型常规浇注的经验数据见表32-3。

消失模或V法铸造的工艺特点决定着其浇注温度必须比砂型铸造高50℃以上，否则不利于泡沫或薄膜充分气化，导致残渣严重积存于型腔内，使铸件有严重的夹渣缺陷。同时，消失模与V法铸造在浇注与冷却凝固过程中，铸型处于真空负压状态，导热（散热）极缓慢，即铸件结晶过程冷却缓慢。此二者（浇注温度高＋浇注后冷却缓慢）的双重作用，必导致铸件晶粒粗大和力学性能下降。这就是消失模或 V 法静态浇注和钢液静态冷却之致命不足之处，必须改变工艺。

表 32-3 高锰钢铸件力学性能参考数据

浇注温度	晶粒度	抗拉强度 σ_b/MPa	断后伸长率 δ/%
1450℃	1	390	4.0～4.5
1400℃	3	480	10.0～11.0
1380℃	4	510	17.0～18.0
1350℃	5	570	20.0～21.0
1330℃	6	610	22.0～23.0

浇注多种因素影响，比如熔炼温度、环境温度、人为操作、铸件结构与大小检测条件等，难以准确控制。但影响金属结晶状态的因素并非浇注温度或冷却速度是唯一的因素，完全可以用振动场来改变之。因此，砂型铸造也罢，V 法铸造也罢，消失模铸造也罢，高频振动浇注（高频振动结晶）是改变高锰钢结晶状态最有效且最现实可行的办法。

（2）加热和化学成分的影响

在一定条件下加热奥氏体高锰钢，会导致碳化物析出，使钢变脆，变脆的程度取决于钢的化学成分、加热温度和保温时间。

（3）工艺设计

高锰钢凝固收缩率大，在工艺设计中铸造收缩率取 2.5%～2.7%，铸件越长大就越应取上限。浇注系统宜后开放式，多个分散的内浇道从薄壁处以扁而宽的喇叭状引入，所谓高锰钢无冒口铸造实际上是外强中空（缩孔），故不但应设置冒口，而且冒口直径应大于热节直径，其高度是直径的 2.5～3.0 倍，多采用热冒口或浇冒口合一。由于收缩率大，一旦凝固要及时撤压松砂，尽量使用内或外冷铁，最好低于 200℃再开箱，以防开裂。

32.2 Mn17 耐磨高锰钢

对于厚大断面的 Mn13 系列钢，水韧处理后内部常出现碳化物而使韧度下降，低温条件下使用的 Mn13 钢也常出现脆断现象；Mn13 系列钢的应用尚有耐磨性不足和屈服强度低的问题。Mn17 系列耐磨钢在一定程度上解决了这些问题。

典型的 Mn17 钢化学成分：C＝1.05%～1.35%，Si＝0.3%～0.9%，Mn＝16%～19%，P≤0.06%，S≤0.045%，Cr＝1.5%～2.5%。

作用机理　在Mn13钢的基础上增加Mn量，提高了奥氏体的稳定性，阻止碳化物的析出，进而提高钢的强度和塑性。增加Mn量，进一步扩大了奥氏体固溶碳和铬的能力，进而提高钢的加工硬化能力和耐磨性。

32.3　高锰钢的水韧处理

高锰钢固溶热处理的目的　消除铸态组织中晶内和晶界上的碳化物，得到单相奥氏体，提高强度和韧度，扩大应用范围。

要消除铸态组织的碳化物，必须将钢加热至1040℃以上，保温适当时间，使其中碳化物完全固溶于单相奥氏体中，随后快速冷却而得到奥氏体固溶组织，这种固溶热处理常称水韧处理。

（1）水韧处理的温度

水韧处理温度取决于高锰钢的成分，通常为1050～1080℃，含C量高或者合金含量高的高锰钢水韧温度取上限。但过高的水韧温度会导致铸件表面严重氧化脱碳，并使高锰钢的晶粒迅速长大。

（2）加热速率

高锰钢的导热性比碳钢差，加热时应力较大，易开裂。对于薄壁简单件可采用快速加热，厚大件则宜缓慢加热，一般常在650℃左右保温，使厚件内外温差减少，待炉内温度均匀之后再快速升至1040～1080℃。

（3）保温时间

保温时间取决于铸件壁厚，以使铸态组织中的碳化物完全溶解和奥氏体均匀化。

（4）淬水冷却

冷却过程对铸件性能和组织状态有很大影响，应合理操作。

① 铸件入水温度应≥950℃，防止碳化物重新析出，为此，铸件从出炉至淬水时间不应超过30s。

② 水池中的水温应≤30℃，铸件淬水完毕后的水温应＜60℃，如水温过高则高锰钢的力学性能显著下降。

③ 水池中的水量应＞8倍（铸件＋吊篮）重量。

④ 尽量使用水质干净的循环水，采用压缩空气搅动池水，或摆动吊篮以加速铸件冷却。

（5）高锰钢水韧处理典型工艺规范

高锰钢水韧处理典型工艺规范见图32-1。

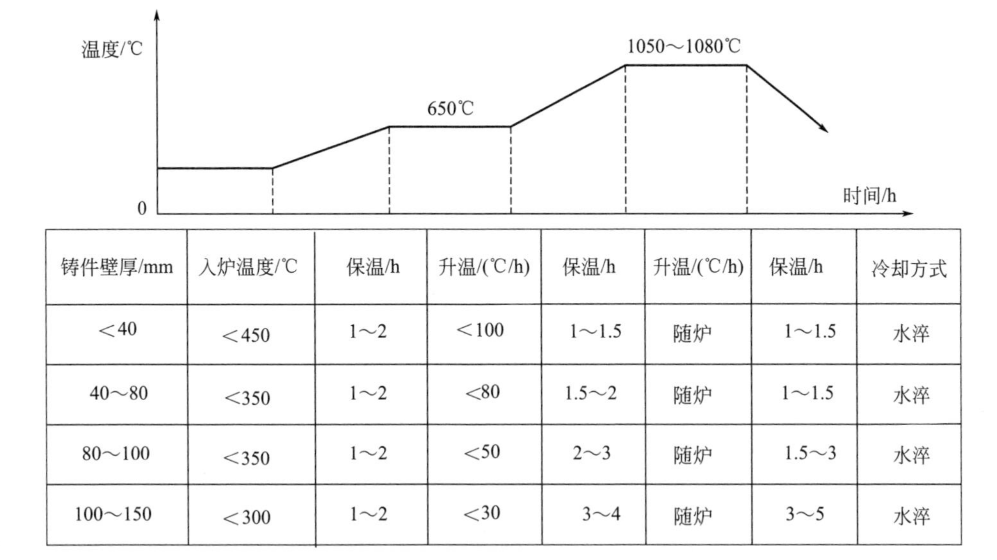

铸件壁厚/mm	入炉温度/℃	保温/h	升温/(℃/h)	保温/h	升温/(℃/h)	保温/h	冷却方式
＜40	＜450	1～2	＜100	1～1.5	随炉	1～1.5	水淬
40～80	＜350	1～2	＜80	1.5～2	随炉	1～1.5	水淬
80～100	＜350	1～2	＜50	2～3	随炉	1.5～3	水淬
100～150	＜300	1～2	＜30	3～4	随炉	3～5	水淬

图 32-1　高锰钢热处理工艺规范

（6）高锰钢水韧处理后的金相组织

① 如碳化物完全消除，则得到单一奥氏体组织——唯薄壁件才可能得到；厚大件难以得到单一的奥氏体组织。

② 通常允许奥氏体晶粒内或晶界上有少量碳化物。

③ 如水韧处理时加热温度过高，则可能析出共晶碳化物——此种情况下，不允许做再次热处理消除，共晶碳化物超标则铸件判废！

④ 锰钢组织中的碳化物按产生的原因分为三类。

其一　析出碳化物——水韧冷却速度偏低所致，在冷却过程析出。

其二　未溶碳化物——水韧过程未能溶解铸态组织中的碳化物。

其三　过热碳化物——水韧前加热温度过高而析出共晶碳化物。

前两种可通过再次热处理进行消除，后一种不允许。

32.4　高锰钢铸态余热处理

目的　为缩短热处理周期，可利用余热进行水韧处理。

误区　1100℃左右开箱后随即丢进水里——极端的错误。

工艺　1100～1150℃开箱→取出铸件清砂除芯冷却至900～950℃→装炉加热至1050～1080℃→保温3～5h→出炉水冷。

特点　简化工艺，节约能源，缩短时间，但工人操作很辛苦，高温清砂清除砂芯难度较大。

32.5　高锰钢沉淀强化热处理

目的　保持一定数量和大小的、弥散分布的碳化物第二相质点，强化奥氏体基体，提高抗磨性能。

方法　在加入适量的碳化物形成元素（如钼、钨、钒、钛、铌、铬等）的基础上进行热处理。

33

铸造不锈钢生产

33.1 工程结构用中、高强度马氏体不锈钢

中、高强度马氏体不锈钢以力学性能为主要指标，抗腐蚀性能不作为检验项目，其化学成分范围是Cr=13%～17%，Ni=2%～6%，C<0.06%，金相组织主要是低碳板条状马氏体，因此有良好的力学性能，强度指标是奥氏体不锈钢的2倍以上，同时也有良好的工艺性能，特别是焊接性能，在工程应用中占极重要地位。

我国制定的工程结构用中、高强度马氏体不锈钢标准（GB/T 6967—1986）的化学成分参见表33-1。

表33-1　马氏体不锈钢化学成分（质量分数）　　　　单位：%

成分＼牌号		ZG10Cr13	ZG20Cr13	ZG10Cr13Ni6Mo	ZG06Cr13Ni6Mo	ZG06Cr13Ni6Mo	ZG06Cr13Ni5Mo
C		0.15	0.16～0.24	0.15	0.07	0.07	0.06
Si		1.0	1.0	1.0	1.0	1.0	1.0
Mn		0.6	0.6	1.0	1.0	1.0	1.0
Cr		11.5～13.5	11.5～13.5	11.5～13.5	11.5～13.5	11.5～13.5	15.5～17.5
Ni		—	—	1.0	1.0	3.5～5.0	5.0～6.0
Mo		—	—	0.5	0.5～1.0	0.4～1.0	0.4～1.0
P		0.035	0.035	0.035	0.035	0.035	0.035
S		0.030	0.030	0.030	0.030	0.030	0.030
残余元素	Cu	0.50	0.50	0.50	0.50	0.50	0.50
	V	0.03	0.03	0.03	0.03	0.03	0.03
	W	0.10	0.10	0.10	0.10	0.10	0.10
总量		0.80	0.80	0.80	0.80	0.80	0.80

不锈钢的耐蚀性随其含C量的增加而降低，故大多数不锈钢的C≤1.2%，有的甚至<0.03%，如OOCr12。不锈钢中的Cr≥10.5%。

33.2 高合金耐腐蚀铸造不锈钢

高合金耐腐蚀铸造不锈钢也称为不锈耐酸钢，有铬不锈钢和Cr-Ni不锈钢两种，影响不锈钢抗腐蚀性能的主要是碳的质量分数和析出的碳化物，故其C质量分数越低越好，通常C<0.08%，这与耐热不锈钢不同，耐热钢的高温力学性能决定于其组织中稳定的碳化物沉淀相，故耐热不锈钢的碳质量分数一般在0.20%以上。耐蚀或耐热不锈钢均属含碳量低，消失模铸造必须认真烧空浇注。

（1）铁素体不锈钢

以Cr为主要合金元素，Cr=13%～30%之间，抗氧化性强，也可做耐热钢，焊接性能差，冲击韧性低，此类不锈钢Cr>16%时，铸态组织粗大，在400～500℃较长时间保温会产生强烈脆化，475℃附近α相析出（富Cr相，Cr 61%～82%），叫“475℃”脆性。当Ni>2%，N>0.15%时才有较好的冲击性能，也可采用真空精炼，加B、Ca、RE等微量元素加以改善。常用的有ZGCr17、ZGCr28，很多场合被高Ni的奥氏体不锈钢所取代。

（2）奥氏体不锈钢

奥氏体不锈钢分Cr-Ni、Cr-Ni-Mo、Cr-Ni-Cu及Cr-Ni-Mo-Cu、Cr-Mo-N系，Cr-Ni系以著名的“18-8”为代表。在Cr-Ni系基础上加入2%～3%的Mo和Cu（或二者皆有），可提高抗硫酸腐蚀性，但Mo是铁素体形成元素，为保证奥氏体化，加Mo应增加Ni量。本系优点是节省Ni。

（3）奥氏体-铁素体复合相不锈钢

中国耐腐蚀不锈钢标准（GB/T 2100—2002）拟定了19个牌号的化学成分标准。不锈钢生产和应用越来越广泛，本书所作介绍是为了铸造技术人员对不锈钢生产有个大概的了解，具体化学成分和力学性能依据可查相关标准资料。此类复合相钢通常含铁素体量10%～40%，可改善焊接性，增加强度和提高抗应力腐蚀的能力。

33.3 耐蚀不锈钢热处理

（1）马氏体耐蚀不锈钢热处理

马氏体耐蚀不锈钢中的Cr含量约为13%，含C量高，淬透性好，常采用

950～1050℃油淬或空冷，然后650～750℃回火。即调质处理。调质后组织为回火索氏体+铁素体。

(2) 铁素体不锈钢热处理

铁素体不锈钢中Cr含量为16%～30%，加热时无相变，故不能利用热处理手段来强化，一般可在铸态下使用。如需改善加工性能，也可施行退火——加热温度限高于540℃，低于850℃，避免475℃脆性区，保温后出炉空冷或水冷，不宜随炉冷却。

注意以下事项。

① 加热时易引起晶粒粗化，变脆，易生产晶间腐蚀，应避免过热。

② 850℃以上高温速冷易敏化而产生晶间腐蚀，故必须850℃以下退火。

③ 含Cr=28%时，700～800℃下产生α相变脆，在370～540℃下加热也会变脆，故必须注意在脆性转变区（α相产生区）勿长时间保温。

(3) 奥氏体不锈钢热处理

两种铸态　奥氏体+碳化物或奥氏体+铁素体。

① 固溶处理　加热到950～1175℃使碳化物完全溶解——保温后淬入水、油或空气中——得到单相组织。

温度选择　含C越高，则所需固溶温度也越高。

处理方式　先低温预热——再加速快热至固溶温度——保温（一般按25～30mm保温1h计）。

固溶介质　水、油、空气，其中水常用，空冷仅适于薄壁件。

其他工艺　对不能或不宜采用固溶处理的奥氏体不锈钢，可采用870～980℃下保温24～48h后作空冷——但对含碳量极低的不锈钢薄壁件或切削后需焊接的件不适用。

② 稳定化处理

18CrNi型奥氏体不锈钢经固溶处理后是最佳抗氧化性，但当重新加热到500～850℃，或铸件在此温下使用时，钢中的Cr又重新沿晶界析出，导致不耐腐或焊缝开裂——敏化现象。

解决办法　添加适量钛、铌元素，固溶后重新加热至850～930℃，快冷，从而阻止碳化物析出。

(4) 沉淀硬化不锈钢热处理

沉淀硬化马氏体不锈钢一般含有形成硬化相的铜、铅、钼、钛等合金元素，这些元素在奥氏体中有较大的溶解度，而在马氏体中则溶解度很小，故沉淀硬化马氏体钢的热处理首先是进行固溶处理，使固态析出的硬化相充分溶解，而后进行沉淀硬化处理，使之二次硬化相析出，从而达到提高不锈钢的强度，并使之兼有良好的耐腐蚀性能的目的，同时也将改变铸件的切削加工性能。

沉淀硬化不锈钢热处理的特点如下。

① 固溶处理前最好先缓慢预热到650℃，然后再快速升温，也可视铸件的厚薄以适当的高温装炉。见表33-2。

表 33-2 沉淀硬化不锈钢热处理装炉温度

铸件壁厚/mm	＜75	75～150	150～200	200～250	250～300	＞300
装炉时炉温/℃	1150	1100	980	870	750	650

② 固溶温度一般为1020～1060℃，保温时间以25mm/h计。复杂件的固溶温度可降低至930℃。

③ 对于厚大不锈钢铸件，为了消除树枝状组织及偏析的不均匀性，宜在固溶之前进行高温均匀化处理，温度为1000～1150℃，保温时间视铸件壁厚而定。

④ 时效处理 目的是消除内应力，根据对铸件强度、硬度、韧性要求不同而适当选择，一般规范如下。

中等强度 (560～565℃)×4h

高韧性 (580～620℃)×4h

高冲击韧性 650℃×4h

34

铸造耐热钢生产

34.1 铸造耐热钢分类

钢的耐热性包括热化学稳定性和高温强度两方面的涵义。

热化学稳定性是指钢在高温下抵抗各种介质的化学腐蚀能力，其中最重要的是抗氧化性，主要由化学成分所决定，Cr、Al、Si对抗氧化性显著提高，因Cr、Al、Si在高温氧化时能生成一层完整致密的氧化膜起保护作用（Cr_2O、Al_2O_3、SiO_2）。其中Cr是首选元素，当Cr=15%时，钢的抗氧化温度可达900℃；Cr=20%～25%时可达1000℃，稀土也能提高钢的抗氧化能力。

铸造耐热钢与不锈钢的差别在于C较高。

高合金铸造耐热钢广泛用于工作温度>650℃场合，许多情况下还存在不同的腐蚀性气氛。

耐热高合金钢的成分与不锈钢相近，但C含量较高，从而在高温下具有较高的强度。

高合金耐热钢按化学成分主要分为三类。

（1）高铬钢

这类钢含Cr 8%～30%，有少量Ni，或者无Ni，其基体组织是铁素体，在室温下塑性较差，高温下强度较低，所以常用于抗燃气腐蚀的工作条件。

（2）高镍铬钢

这类钢含Cr>10%，Ni>23%，含Ni量高于含Cr量，其组织为单一的奥氏体，适用的工作温度可达1150℃，具有较高的抗热冲击和热疲劳性能。

（3）高铬镍钢

这类钢含Cr>18%，Ni>8%，含Cr量高于含Ni量，基体组织是奥氏体，或有少许铁素体，其强度及塑性比高铬钢高，高温下抗腐蚀性较强，适用于高达 1100℃工作条件，但在 650～870℃下易产生 α 相。

按金相组织主要分为抗氧化钢和热强钢两大类。

（1）抗氧化钢

又称高温不起皮钢，高 Cr、高 CrMo，金相组织为铁素体型和奥氏体型 2 类，承受的载荷较低，抗氧化性强。

（2）热强钢

要求具有较高的高温强度和相应的抗氧化性，按其正火组织分为铁素体耐热钢、珠光体耐热钢、马氏体耐热钢、奥氏体耐热钢。

① 铁素体耐热钢　含较多的 Cr、Al、Si 元素，形成单相铁素体组织，抗氧化性强，但高温强度较低，室温脆性较大，焊接性较差。常用钢号如 1Cr13SiAl、1Cr25Si2 等。

② 珠光体耐热钢　含 Cr、Mo 合金元素为主，总量≤5%，珠光体＋铁素体＋贝氏体。

C＜0.2%，Cr、Si 作用是提高抗氧化性，Cr、Mo、W 起固溶强化作用。

使用温度 500～600℃。常用钢号如：15CrMo、12CrMoV、10Cr2Mo1、16Mo、12Cr2MoWVTiB、20Cr3MoWV、25CrMoVAl、25Cr2Mo1V 等。

③ 马氏体耐热钢　焊接性较差，650℃以下有较高的高温强度及抗氧化性。含 Cr13%，常用（1Cr13、2Cr13），以此发展的钢号有：1Cr11MoV、1Cr12WMoV、2Cr12WMoNbVB、4Cr10SiMo 等。

④ 奥氏体耐热钢　含较多的 Ni、Mn、N 元素，较高的高温强度和组织稳定性，焊接性良好，多用于 600℃以上的工作条件。典型钢号有：1Cr18Ni9Ti（321）、1Cr23Ni13（309）、OCr25Ni20（310S）、1Cr25Ni20Si2（314）、2Cr20Mn9Ni2Si2（314）、4Cr14Ni14W2Mo 等。

34.2　铸造耐热钢国际标准

ISO/FDISI 1973—1999《通用耐热钢》标准基本上是采用了德国的耐热钢标准，各牌号表示法及化学成分见表 34-1。

表 34-1　德国耐热钢化学成分　　单位：%

牌号	C	Si	Mn	P≤	S≤	Cr	Ni	Mo
GX30CrSi7	0.2～0.35	1～2.5	0.5～1	0.04	0.04	6～8	0.5	0.5

续表

牌号	C	Si	Mn	P≤	S≤	Cr	Ni	Mo
GX40CrSi13	0.3～0.5	1～2.5	0.5～1	0.04	0.03	12～14	—	0.5
GX40CrSi24	0.3～0.5	1～2.5	0.5～1	0.04	0.03	23～26	—	0.5
GX130CrSi29	1.2～1.4	1～2.5	0.5～1	0.04	0.03	27～30	——	0.5
GX25CrNiSi20-14	0.15～0.35	1～2.5	2	0.04	0.03	19～21	13～15	0.5
GX40CrNiSi25-12	0.3～0.5	1～2.5	2	0.04	0.03	24～27	11～14	0.5
GX40CrNiSi27-4	0.3～0.5	1～2.5	1.5	0.04	0.03	25～28	3～6	0.5
GX40NiCrSi35-26	0.3～0.5	1～2.5	2	0.04	0.03	24～27	33～36	0.5
GX40NiCrSi38-19	0.3～0.5	1～2.5	2	0.04	0.03	18～21	36～38	0.5
GX50NiCr52-19	0.4～0.6	0.5～2	1.5	0.04	0.03	16～21	50～55	0.5
GX50NiCr65-15	0.3～0.6	2	1.5	0.04	0.03	13～19	64～69	0.5

国际上常用的耐热钢牌号如下。

高铬钢类　GX30CrSi7、GX40CrSi13、GX40CrSi17、GX40CrSi24、GX30CrSi28、GX130CrSi29。

表示方法

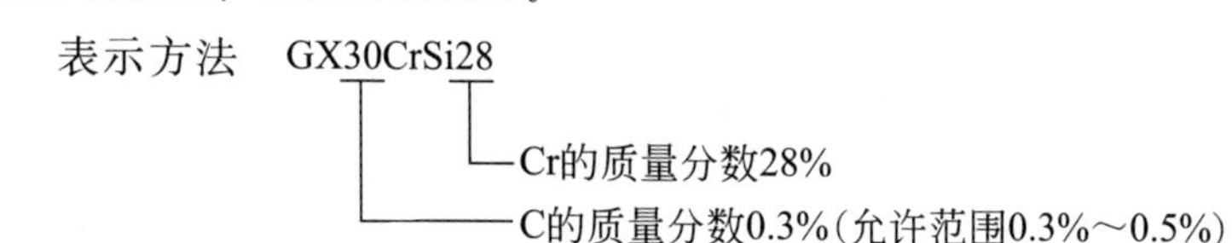

高铬镍钢类　GX25CrNiSi18-9、GX25CrNiSi20-14、GX40CrNiSi22-10、GX40CrNiSiNb24-24、GX40CrNiSi25-12、GX40CrNiSi25-20、GX40CrNiSi27-4。

表示方法

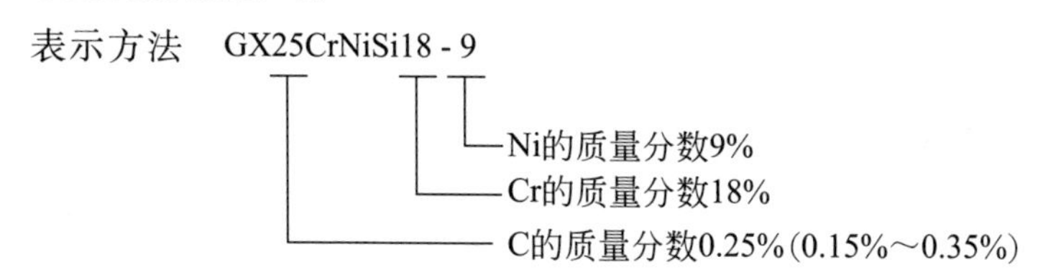

其中GX40CrNiSiNb24-24含Nb为1.2%～1.8%。

高镍铬钢类　GX40NiCrCo20-20-20（其中：Ni18%～22%，Cr19%～22%，Co18%～22%）、GX10NiCrNb31-20、GX40NiCrSiNb35-17（Nb 0.8%～1.5%）、GX40NiCrSi35-26、GX40NiCrSi38-19、GX50NiCr52～19、GX50NiCr65-15、GX40NiCrSiNb58-19（其中Nb1.2%～1.8%）、GX45NiCrWSi48-28-5（其中W4%～6%）、GX45NiCrCoW35-25-15-5（其中：Ni33%～37%，Cr24%～26%，Co14%～16%，W4%～6%）。

34.3 铸造耐热钢中国标准（GB/T 8492—2002）

中国耐热钢化学成分见表 34-2。

表 34-2 中国部分耐热钢化学成分参考（质量分数） 单位：%

牌号	C	Si	Mn	Cr	Ni	Mo≤	N	P≤	S≤
ZG40Cr9Si2	0.35～0.5	2～3	≤0.7	8～10	—	—	—	0.035	0.03
ZG30Cr18Mn12Si2N	0.26～0.36	1.6～2.4	11～13	17～20	—	—	0.22～0.28	0.069	0.04
ZG35Cr24Ni7SiN	0.3～0.4	1.3～2	0.8～1.5	23～25	7～8.5	—	0.2～0.28	0.04	0.03
ZG30Cr26Ni5	0.2～0.4	≤2	≤1	24～28	4～6	0.5	—	0.04	0.04
ZG30Cr19Ni9	0.2～0.4	≤2	≤2	18～23	8～12	0.5	—	0.04	0.04
ZG35Cr25Ni12	0.2～0.5	≤2	≤2	24～28	11～14	—	—	0.04	0.04
ZG40Cr28Ni15	0.2～0.5	≤2	≤2	26～30	14～18	0.5	—	0.04	0.04
ZG40Cr25Ni20	0.35～0.5	≤1.75	≤1.5	23～27	19～22	0.5	—	0.04	0.04
ZG40Cr30Ni20	0.2～0.6	≤2	≤2	28～32	18～22	0.5	—	0.04	0.04
ZG35Ni24Cr18Si2	0.3～0.4	1.5～2.5	≤1.5	17～20	23～26	—	—	0.04	0.04
ZG30Ni35Cr15	0.2～0.35	≤2.5	≤2	13～17	33～37	—	—	0.04	0.04
ZG45Ni35Cr26	0.35～0.75	≤2	≤2	24～28	33～37	0.05	—	0.04	0.04

在工业生产中，一般都不可能完全按上表的牌号和化学成分生产，不论是中国标准还是国际标准，一般都只是作为成分选择的参考，且常根据对组织和性能的不同要求含一定量的 Mo、V、W、Nb、N、Ti、RE 等元素。

34.4 铸造耐热铸钢的热处理

耐热铸钢有四种基体组织：珠光体、马氏体、铁素体、奥氏体。

① 珠光体耐热钢 低合金热强钢，多用于 600℃工作温度。

热处理 采用正火或调质处理。

正火温度 900～950℃。

回火温度 650～700℃。

② 马氏体耐热钢 含 Cr 9%～13%的中合金热强钢，多用于 600℃工作温度。

热处理 正火（950℃左右，空冷）＋回火（Cr 13%时，在 300℃或

600～800℃回火，不允许480℃回火）。

正火温度　900～1000℃。

回火温度　650～750℃。

③ 铁素体耐热钢　含Cr 17%～28%，常用于800℃工作温度。

热处理　退火消除应力，并快速冷却（快速通过400～550℃脆性区）。

退火温度常在800～950℃。如作1050～1100℃固溶处理则宜750℃左右回火。

④ 奥氏体耐热钢　含Cr 13%～25和Ni 10%～20%（或以Mn、Al代Ni）两种，常用于600℃以上工作温度，常铸态使用。

热处理　有抗蠕变要求的工件才进行固溶热处理和时效处理。

固溶处理一般为1100～1180℃。时效处理常为700～800℃。

附　　录

附录一　本书涉用的专业术语30例释

1. 过热度与过冷度

过热度

金属的过热度可以简单地理解为高于金属熔点以上的温度。在生产中，铸铁、铸钢、铸造有色金属等合金的过热度通常为150～400℃，视不同的铸造方式而异，消失模铸造的铸铁液往往过热至1530～1580℃，碳钢液通常在1650℃以上出炉。

过冷度

每一种物质都有一定的平衡结晶温度（或者称为理论结晶温度），但实际上液体温度达到理论结晶温度时并不能进行结晶，而必须在它温度以下的某一温度（称为实际开始结晶温度）才开始结晶，在实际结晶过程中，实际结晶温度总是低于理论结晶温度，这种现象称为过冷现象，两者的温度差值称为过冷度。

2. 冷却速度

过冷度是指合金在平衡相图上的凝固（结晶）温度与实际结晶温度之差的值，计量单位是℃，是指金属液能转变成固态的必备条件，即所需的过冷程度。

冷却速度则是铸型散热能力的一项指标，或者说是散热能力的一种反映。铸型的散热速度越大，则能使铸件的导热能力越强，单位时间内温度下降就越快，其计量单位是℃/t。

过冷度与冷却速度的关系：冷却速度越快，液态金属在凝固过程获得的过冷度就越大，越易晶粒细化，力学性能越高。

3. 起伏相

金属液相中近程规则排列的原子集团，有三种“起伏”特征：能量起伏、结构起伏、浓度起伏。

理想的纯金属是不存在的，即使非常纯的实际金属中总是存在着大量的杂质原子。实际金属的液体由大量的时聚时散、此起彼伏游动着的原子团簇、空穴所组成，同时也含有各种固态、液态或气态杂质或化合物，而且还表现出能量、结构、浓度三种起伏特征，其结构相当复杂。

能量起伏是指液态金属中处于热运动的原子能量有高有低，同一原子的能量也在随时间不停地变化，时高时低的现象。

结构起伏是指液态金属中大量不停“游动”着的原子团簇不断地分化组合，由于“能量起伏”，一部分金属原子（离子）从某个团簇中分化出去，同时又会有另一些原子组合到该团簇中，此起彼伏，不断发生着这样的涨落过程，似乎原子团簇本身在“游动”一样，团簇的尺寸及其内部原子数量都随时间和空间发生着改变的现象。

浓度起伏是指在多组元液态金属中，由于同种元素及不同元素之间的原子间结合力存在差别，结合力较强的原子容易聚集在一起，把别的原于排挤到别处，表现为游动原子团簇之间存在着成分差异，而且这种局域成分的不均匀性随原子热运动在不时发生着变化的现象。

了解金属液起伏相的基本常识是认识、掌握和应用钢铁液高频振动浇注、高频振动结晶、高频振动精炼的基础。

4. 高碳相

简单地说就是含 C 量高的相态，碳在铸铁中是以石墨的形态存在。

铸铁中的高碳相有两种形式：石墨和渗碳体。石墨中几乎是 C=100%，渗碳体（Fe_3C）含 C 量仅 6.69%，铸铁的熔炼温度常在 1600℃以下为多，铸铁中的石墨不可能被熔化，而是被溶解。了解这一原理（液态铸铁结构原理）有利于认识铸铁的“遗传性”。例如：炉料中的碳化物较多时，熔炼出来的铁液往往白口倾向较高；反之，炉料中石墨较粗大时，所得铸件的石墨也较粗较长……其他元素的遗传性也可以得到类同的解释。这就不难理解孕育、变质、净化、精炼、振动结晶等工艺手段的作用机理了。

这里值得提示的是，很多铸造厂为降低铸铁熔炼的金属炉料成本，以加大废钢熔炼的比例，甚至采用100%废钢，加入大量的增碳剂，在化学成分上完全可以达到预定指标，但往往铸件晶粒粗大，组织疏松，力学性能指标达不到同等化学成分预定等级牌号的要求，这就是碳的遗传性所致，应采取相应的强化手段改善之。

5. 金属液黏度

液态金属作层流运动时，各液层之间存在一定的摩擦阻力，这种阻力影响液体的流动，这种现象的程度称为黏度。黏度越小，液体的流动性就越好。因此，讨论黏度的目的是如何提高金属的流动性，从而有效消除其中的夹杂物。铁液温度越高，黏度越小，流动性越好，夹杂物越易上浮，铁液越易得到净化。除铁液温度需适当高之外，夹杂物的球状半径大小也是重要因素。比如钢液熔炼采用锰（Mn）、硅（Si）、铝（Al）脱氧时，根据热力学原理，形成的 Al_2O_3 比 MnO 更稳定，而 MnO 的颗粒（球状半径）远比 Al_2O_3 的颗粒大，所以采用 Mn 脱氧形成的 MnO 易于上浮，而 Al_2O_3（颗粒小至 0.001mm）却难以上浮，弥散分布在钢液中。所以，铸铁、铸钢熔炼时适宜的 Mn 量不可忽视。

6. 热导率

热导率就是材料导热的能力，旧称“导热系数”，是物质导热能力的量度，表示：W/(m·K)。

铸铁的热导率比砂型的热导率约高 30 倍，由此可以理解如何科学地利用金属铸型、砂铸型、涂料层的厚度、冷铁的大小与位置。

举例 石墨烯固态 5300W/(m·K)±480W/(m·K)。
碳纳米固态 450～800W/(m·K)。
石墨固态 129W/(m·K)。
石英 10W/(m·K)。
空气 0.025W/(m·K)。
铜固态 401W/(m·K)。
铁、钢固态 60W/(m·K)。
水液态 0.6W/(m·K)。
石棉固态 0.2W/(m·K)。
软木固态 0.05W/(m·K)。

7. 碳当量

铸铁生产离不开对碳当量的认识和控制。碳当量用 CE 符号表示。

在铸铁中，Si 和 P 的石墨化作用相当于 C 的 1/3，表示方式：CE＝C＋1/3(Si＋P)。

由于铸铁中 P 量较微，所以在很多条件下的生产实践中，计算碳当量时往往可以忽略 P 的影响。常称碳硅当量，简称碳当量。

CE＝C＋1/3Si，此为简化的计算方式。

8. 石墨形态

铸铁中石墨的形状分为五种，分布各异。

SL-1 型　细小片状，均匀分布。(A 型)

SL-2 型　中小点状＋菊花状＋中小团片状。(B 型)

SL-3 型　条块状＋部分粗大块片状＋菱角状。(C 型)

SL-4 型　树枝状，无方向性。(D 型)

SL-5 型　树枝状，有方向性。(E 型)

9. 石墨长度

石墨长度分为 8 级，单位为 mm。

1 级	＜0.01	5 级	＞0.12～0.25
2 级	＞0.010.03	6 级	＞0.25～0.50
3 级	＞0.03～0.06	7 级	＞0.50～1.00
4 级	＞0.06～0.12	8 级	＞1.00

在不同的生产条件和不同的化学成分中，所得到的石墨形状与分布大不相同。由此也决定着铸件的力学性能、组织性能的差异，在生产实践中如何控制和获得所需要的石墨形态（形状、大小、长短、分布、数量等）是铸铁生产工作者的必备技术功底。

10. 共晶度

铸铁结晶可根据其碳当量的数值不同分为三类，共晶度符号：SC。

亚共晶铸铁：CE＜4.25％或 SC＜1。

共晶铸铁：CE＝4.25％或 SC＝1。

过共晶铸铁：CE＞4.25％或 SC＞1。

铸铁共晶理论与铸钢共析理论不要搞混淆，铸钢是按金相组织分类：

亚共析钢：C 0.0218%～0.77%，金相组织为共析铁素体＋珠光体。

过共析钢：C＞0.77%，金相组织为共析渗碳体＋珠光体。

具有共析成分含 C 0.77%的碳素钢为共析钢，是珠光体组织。

11. 共晶反应

共晶反应是指在一定的温度下，一定成分的液体同时结晶出两种一定成分的固相的反应，生成的两种固相机械地混合在一起，形成有固定化学成分的基体组织称为共晶体。发生共晶反应时有三相共存，它们各自的成分是确定的，反应在恒温下平衡地进行。

12. 共晶团

铸铁共晶团是指其最后凝固时所形成的石墨和奥氏体的集合体。共晶团的大小对铸件的力学性能有直接的影响。

13. 固溶体

金属组元以不同的比例混合形成固相晶体结构与组成合金的某一组元相同，这种相称为固溶体。

14. 晶粒度与致密度

晶粒度即指表示晶粒大小的尺度，致密度是指原子排列的紧密程度，即原子所占体积与晶脆体积之比。

晶粒度表示方法：单位体积内晶粒数目（Z_v）；

单位面积内晶粒数目（Z_s）；

晶粒的平均线长度（或平均直径）。

在工业生产中，采用晶粒度等级表示晶粒大小，标准晶粒度共分为 12 级，1～4 级为粗晶粒，5～8 级为细晶粒，9～12 级为超细晶粒。

15. 磷共晶

磷共晶是由 Fe_3P 与铁素体组成，或由 Fe_3P、Fe_3C 与铁素体组成的共晶化合物，分别称为二元磷共晶和三元磷共晶，是又硬又脆的组织，在铸铁基体中呈孤立分布。细小均匀分布的磷共晶可提高耐磨性，而粗大网状分布则降低强度，并增加脆性。铸铁件中有 P 存在就有磷共晶出现的可能。

16. 共析转变

共析即两种或以上的固相（新相）以同一固相（母相）中一起析出而发生的相变，被称为共析转变，也称为共析反应，这是一种典型的扩散型相变，是由一种固相转变成两种或以上固相的固-固转变。

17. 晶体

物质的质点（原子、分子或离子）在三维空间作周期性的重复排列的物质称为晶体。晶体具有三个特性：原子按一定的规律周期性地重复排列着；具有一定的熔点；各向异性（异向性）。

18. 结晶和再结晶

结晶　指由晶核核心形成和晶核长大两个基本过程，即金属从液态冷却转变为固态的过程，是金属原子从无规则排列的状态过渡到原子有规则排列的晶体状态的过程称为结晶。

再结晶　冷变形金属加热到一定温度之后，在其原来变形组织中重新产生无畸变新晶核，而其性能也发生变化，并恢复到完全软化状态，这个过程称为再结晶。

19. 渗碳体

渗碳体是铁与碳形成的金属化合物，其化学式为：Fe_3C。渗碳体的含C量为6.69%，熔点1227℃，其晶格为复杂的正交晶格，硬度（HB）高达800，塑性和韧性几乎为0，脆性很大，不发生同类异晶转变。渗碳体分别为以下情况析出：

一次渗碳体从液相中结晶析出；

二次渗碳体从奥氏体中析出；

三次渗碳体从铁素体中析出。

20. 固溶热处理

将合金加热至高温单相区恒温保持，使中间相充分溶解到固溶体中之后快速冷却，以得到饱和固溶体的工艺称为固溶体热处理。

比如，镍铬不锈钢将高温组织在室温下固定下来获得被碳过饱和的奥氏体，以改善其耐腐蚀性。

高锰钢加热到碳化物固溶的温度，保温一定时间之后淬于水中冷却，形成单一奥氏体组织，以提高强度和韧性，达到可加工硬化的目的——水韧处理，也叫固溶强化处理。

21. 等温淬火

等温淬火是指工件淬火加热后长时间保持在下贝氏体转变区的温度，使其完成奥氏体的等温转变，获得下贝氏体组织的淬火方式。下贝氏体组织的强度、硬度及韧性都较高，显著提高钢的综合力学性能。等温淬火温度比普通淬火温度高些，目的是提高奥氏体的稳定性和增大其冷却速度，防止等温冷却过程发生向珠光体型转变。下贝氏体大约在350℃以下形成，C含量低时可能稍高于350℃。

22. 下贝氏体

下贝氏体是在贝氏体转变区的较低温度范围内形成的，它是贝氏体铁素体和碳化物组成的混合组织。低C或低合金钢的下贝氏体铁素体形态为板条状，大致平行排列，下贝氏体的碳化物沉淀在贝氏体铁素体内，有较高的强度和韧性，因此应用较广。

23. 调质处理

将钢淬火后进行高温（500～650℃）回火，这种双重热处理操作过程称为调质处理。目的是使工件具有良好的综合力学性能，调质处理后得到回火索氏体，是马氏体于回火时形成的，其为铁素体基体内分布着碳化物（包括渗碳体）球粒的复合组织。

24. 正火

正火是一种改善钢韧性的热处理工艺，将钢件加热到A_{c3}温度以上30～50℃后，保温一段时间出炉空冷。主要特点是冷却速度快于退火而低于淬火，正火时可在稍快的冷却中使钢的结晶晶粒细化，得到理想强度，提高韧性，降低开裂倾向，提高综合力学性能，改善切削性能。

25. 铸造应力

铸造应力是指铸件在凝固和以后的冷却过程中体积的变化不能自由的进行，于是在产生变形的同时还产生应力，这种应力称为铸造应力。即铸件全部进入弹性状态后，由于收缩受阻或收缩不同步而产生的一种弹性应力，其降低铸件的结构强度和承载能力，使用过程尺寸发生变化。

26. 相变应力

相变应力是铸件在冷却时发生相变，由于体积的变化造成的内应力。对于钢铁铸件，在弹性状态温度范围内冷却时，壁厚部分受压应力，薄壁部分受拉应力，相变应力方向与热应力方向相反，且一般相变应力都很小。

27. 热应力

铸件凝固末期，其横截面和厚薄不同之处由于存在着温度差而产生的铸造应力称为热应力。在这点上内浇口的开设位置尤为重要。宜将内浇口开在铸件较薄处或不要靠近热节处，使铸件各部分的冷却速度尽可能趋于一致。

28. 机械应力

机械应力是铸件在冷却收缩时受到铸型或型芯包括负压框架的阻碍而引起的，这种应力是拉应力或切应力。当铸件落砂，清理之后，铸件收缩的障碍得以去除，机械应力也随之消失。这种应力的消除应该注重在铸件基本凝固时段消除收缩阻碍。对于消失模铸造而言，就是要及时撤消负压，使铸件冷却过程得到自由收缩。

29. 烧灼减量

烧灼减量又称烧失量，简称灼减，也称烧减。在进行耐火材料（尤其是涂料的耐火骨料）分析时，除主要成分氧化物和副成分的含量外，通常还注重测定其烧失量。耐火材料试样在1000℃灼烧至恒重为止所减少的质量称为灼烧减量。在灼烧过程中，挥发失去的物质包括二氧化碳、化合水及少量的有机物质等。

30. 烃·非甲烷总烃

烃是碳氢化合物的简称，也可以说是统称。

非甲烷总烃通常是指除甲烷外的所有可挥发的碳氢化合物。

作为铸造环保化，“非甲烷总烃”是必然要监测和严格限值的有害物，也是铸造工作者应该了解的术语概念和基本的检测参数。

由C和H原子所构成的烃类化合物主要包含烷烃、环烷烃、烯烃、炔烃，烃类均不溶于水，其衍生物众多。烃的三大副族以分子的饱和程度来区分：烷是饱和烃类，无法再接纳氢；烯是少了一个分子氢的烃，故烯加氢便产生烷；比烯更缺氢的烃则称为炔。

烷烃又称石蜡烃，通式为C_nH_{2n+2}，习惯上按C原子的数目来命名，用甲、乙、丙、丁、戊、己、庚、辛、壬、癸和十一、十二等表示其C原子的数目。常见的烷烃有甲烷（沼气）、丁烷（打火机油）、异辛烷（石蜡、高级汽油等）。

芳香烃通常是指带有多个双键的环状化合物，最常见的是苯，日常衣柜中的防虫丸也是常见的芳香烃物。

烯烃是指含有$C{=}C$的碳氢化合物，属于不饱和烃，分为链状烯烃和环状结构烯烃，按其所含双键的多少分别称为单烯烃、二烯烃、三烯烃等。

炔烃是有 C≡C 的有机化合物，属不饱和烃，通式是 C_nH_{2n-2}，其中 n 是＞2 的正整数，如乙炔（C_2H_2）、丙炔（C_3H_4）等，乙炔旧称电石气。

非甲烷总烃（NMHC）包含除甲烷外的所有可挥发的 C—H 化合物，在大气中超过一定浓度时，除直接危害人体健康外，其在一定条件下经日光照射还能产生光化学烟雾，危害大气环境和人类，所以，环境保护对非甲烷总烃的排放必须严格限制。

我国目前尚没有非甲烷总烃的环境质量标准，美国的同类标准已废除，故我国石化部门和若干地区通常采用以色列同类标准的短期平均值为 5.0mg/m^3，长期为 2mg/m^3，但考虑到我国多数地区的实测值一般不超过 1.0mg/m^3，所以在对环境质量现状评价中参考采用《环境空气质量非甲烷总烃限值》（DB 13/2012）二级取值为 2mg/m^3，我国《大气污染综合排放标准》（GB 16927—1966）中的非甲烷总烃厂界短时浓度标准为 4.0mg/m^3，小时标准为 2.0mg/m^3，年标准为 0.2mg/m^3。

不论是消失模铸造、V 法铸造、树脂砂铸造或覆膜砂铸造及煤粉砂等砂型铸造，浇注过程都必有严重超出环境质量标准的非甲烷总烃析放而对大气环境造成严重的污染与危害。了解“烃”的基本常识是科学治理铸造废气和实现中国铸造工业环保化的必修课。

附录二　中国辉煌的古今钢铁铸造浅述

一、中国古代铸造著称于世

铸造是人类掌握比较早的一种金属热加工艺，已有约 6000 年的历史。中国早在商朝时期（约公元前 1700 年～约公元前 1000 年）已经进入青铜铸造的全盛时期。商朝是中国第一个有直接的同期文字记载的王朝，商朝时期铸造的 875kg 重的后母戊鼎闻名于世。早在春秋战国时期（公元前 770 年～公元前 221 年），中国的铸铁柔化技术（类同于当代的可锻铸铁技术）就已发明问世，公元前 513 年就铸出了世界最早见于文字记载的铸铁件——晋国铸型鼎，重 270kg，而欧洲直到公元 8 世纪前后才开始生产铸铁，中国古代铸铁柔化技术领先于世界近 2000 年，这是中华民族的伟大创造和智慧的结晶。

中国古代三大冶铸技术的发明是对世界文明进步的巨大贡献。

1. 中国青铜冶铸技术的发明

中国古代最初是用自然铜，商代早期已用火法炼制锡青铜：把矿石加入熔炼炉内，以木炭熔炼得初铜，再经提炼得红铜，红铜加锡、铅即熔得青铜。青铜的发明是人类文明史上的重大发明，是商朝科技与文化艺术水平的时代标志。

2. 中国古代铸铁技术的发明

随着社会的发展，人类对铁器的大量需求促成了铁范（铸铁金属型）的发明。古代铸铁都是采用木炭熔炼，含碳量都在共晶点附近。春秋时期发明了铸铁柔化技术，其工艺是：一是在氧化气氛下对白口铸铁进行脱碳处理，使之生成白心可锻铸铁（也称完全处理法），基体中很少有残余渗碳体和析出石墨；二是在中性或弱氧化气氛下对白口铸铁做长时间的高温退火处理，使之生成黑心可锻铸铁，多以铁素体＋珠光体为基体，石墨形状与现代的黑心可锻铸铁类同。块铁冶炼是一种原始的初级冶炼技术，因是以木炭为燃料，鼓风设备差，炉温较低，达不到铁的熔炼温度，炼出的铁是海绵状固体块，故称块铁。其质地较软，杂质多，经再提炼锻打可成熟铁。从块铁的原始冶炼到冶炼铸铁的发明是一个巨大的划时代飞跃，欧洲直至公元后的15世纪才有铸铁冶炼，从块铁到铸铁生产花了3000年漫长的历程，而中国从块铁冶炼到冶炼铸铁仅经历一个世纪，中国的铸铁冶炼技术发明比欧洲早2000年，如此发展的调整度是世界上绝无仅有的。

3. 中国古代炼钢技术的发明

早在春秋战国期间（公元前14世纪～公元前11世纪），中国是世界上最早发明了钢淬火处理和热化学处理技术的国家，战国后期（公元前3世纪）中国已对熟铁进行渗碳淬火，到了西汉（公元前202年～公元8年）钢的淬火工艺已很普遍应用。

中国早期的炼钢技术以灌钢法成为世界上最突出的发明成就，是由北齐（550年—577年）著名的冶金家綦毋怀文（古代高级铁匠、中国生铁铸造的先驱）发明的。公元17世纪前后、西方国家一直是采用熟铁低温冶炼的方法，钢铁不能熔化，铁渣不易分离，碳不能迅速渗入。经过了“百炼法”和“炒钢法”的发展过程，如成语“百炼成钢”之意，中国在公元5世纪发明的灌钢法成功解决了这一重大难题，为世界炼钢技术的发展做出了划时代的巨大贡献。灌钢法是“烧生铁精，以重柔铤，数宿则成钢”，即先说选用品位比较高的铁矿石，炼出优质生铁，然后把液态生铁浇注在熟铁上，经过几度熔炼，使铁渗碳成钢。此法发明是中国古代炼钢技术上一个了不起的成就，与百炼法或炒钢法相比是渗碳快、温度高、时间短、效率高、品质高、易操作，极大推动了古代刀剑技术的发展和钢热处理工艺的创新，令世界对中国古代劳动人民的智慧和伟大创造刮目相看，古代中国铸造是世界铸造的一面旗帜。

二、中国是当之无愧的现代铸造大国

自21世纪以来，中国的铸造工业发生了巨大的变化，中国现代铸造的技术水平和生产能力已为世界所瞩目。1994年中国铸件总产量为1160万吨，比美国少100万吨，自21世纪以来，美国铸造不再是“老大”，2000年中国铸件产量跃居世界第一，自2000年以来中国铸件产量一直稳居世界榜首，2005年铸件产量增到2442万吨，比1994年翻一翻多，比美国、日本、法国、韩国等四国铸件总产量之和还多。2007年，中国中信重工以10炉6包合浇850t精炼钢液、浇成功世界最大最先进的锻造油压机上横梁铸钢件，实现了世界特大型铸钢件质量和重量的历史性双跨越。2015年中国铸件再创新高，年总产量达4630万吨，2017年达4940万吨。全世界2019年的铸件总产量不足1.1亿吨，中国铸件产量占全球铸件总产量的45%左右。当今世界铸件生产大国的排名是：中国、印度、美国、德国、日本、俄罗斯、墨西哥、韩国、土耳其、意大利、巴西。

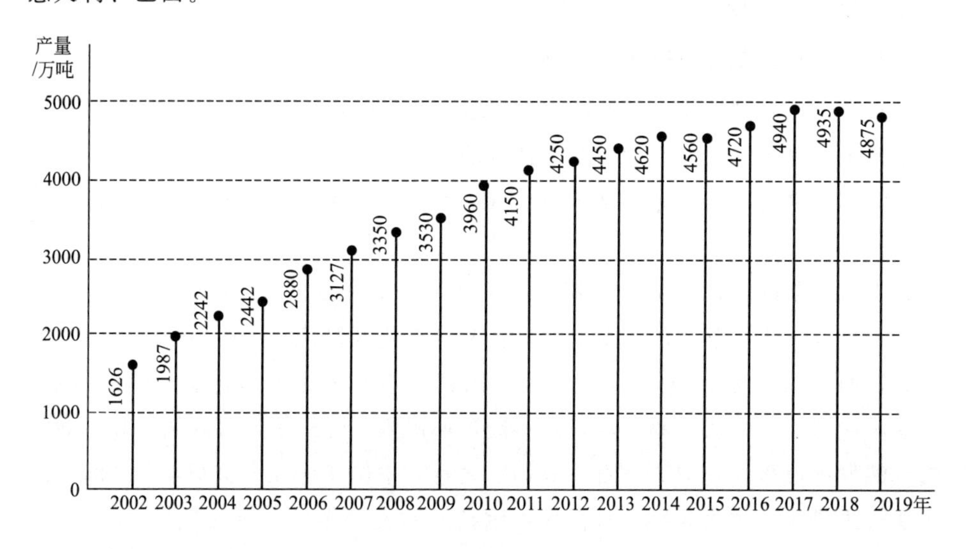

附图-1　2002～2019年中国铸件产量发展趋势（万吨/年）

附表-1　2014～2019 年中国各行业铸件产量趋势　单位：万吨/年

行业 年份	汽车	内燃机 农机	工程 机械	矿冶 重机	管件	机床 工具	电力 交通	船舶	其他	总量
2014	1260	640	360	530	630	285	480	50	386	4620
2015	1250	636	315	480	696	260	450	45	430	4560
2016	1410	615	330	440	760	250	425	40	450	4720
2017	1570	620	380	450	770	260	440	40	470	4940
2018	1480	545	425	450	825	260	433	37	490	4935
2019	1420	515	440	460	830	225	420	35	525	4875

附表-2　2014～2019 中国各种铸件产量发展趋势　单位：万吨/年

类别 年份	灰口铸铁	球墨铸铁	可锻铸铁	铸钢	铝镁合金	铜件	其他	总量
2014	2080	1240	60	550	586	75	30	4620
2015	2020	1260	60	510	610	75	25	4560
2016	2035	1320	60	510	690	80	25	4720
2017	2115	1375	60	555	730	80	25	4940
2018	2065	1415	60	575	715	80	25	4935
2019	2040	1395	60	590	685	80	25	4875

注：2019 年中国钢铁类铸件总产量为 4180 万吨，占 83.8%。

中国有辉煌的古代铸造，更有辉煌的现代铸造，中国铸造工业和铸造工作者有能力有智慧领先于世界先进水平，外国人有的中国人一定要有，外国人没有的中国人也一定能创造出来，中国现代铸造的技术发明与进步正在超越国外，消失模铸造技术在中国的发展和创新打破了国内外延续几十年的传统铸造方法，中国消失模铸造多项先进实用技术的发明创新为铸造工艺技术的革命与技术进步开辟了全新的广阔领域。

附录三　监 测 报 告

广西桂林金桂环境监测有限公司

监 测 报 告

金环监　气［2019］JG191119A

委托单位：桂林中铸机械科技有限公司

项目名称：桂林中铸机械科技有限公司废气监测

监测类别：委托监测

报告日期：2019 年 12 月 9 日

报告盖章：

地址：桂林市七星区金星路 2 号　电话：0773-5823110　传真：0773-5817110　邮编：541004

声 明 事 项

1. 本公司对出具的监测数据负责，并对委托方所提供的样品和技术资料保密；

2. 委托方如未提出特别说明及要求，所有监测过程遵循本公司确认监测项目的技术标准和规范；

3. 本报告仅对本次监测负责。由本公司现场采样或检测的，仅对采样或检测期间负责；由委托单位自行采样送检的样品，本公司仅对来样负责。

4. 报告无编制人、审核人、签发人签字无效；

5. 报告无CMA章、广西桂林金桂环境监测有限公司检验检测专用章及骑缝章无效；

6. 报告缺页、涂改无效；

7. 对本报告监测数据有异议，应于收到本报告之日起十五日内（以邮戳或签收时间为准）向本公司提出投诉，逾期则视为认可监测结果；

8. 未经本公司批准，复制本报告无效。

机构地址：桂林市七星区金星路 2 号 7 栋 1-2-2 号

检验检测地址：桂林市雁山区雁中路 1 号

电话：0773-5823110

传真：0773-5817110

邮编：541004

一、基础信息

委托单位	桂林中铸机械科技有限公司	任务编号	JG191119A
项目名称	桂林中铸机械科技有限公司废气监测	监测目的	委托
单位地址	桂林市永福县苏桥开发区		
样品类型	废气	天气状况	阴
采样日期	2019年11月21日	接样日期	2019年11月21日
分析日期	2019年11月21日	报告日期	2019年12月9日
使用燃料	天然气(燃烧处理气用)	烟囱高度	15米
窑炉负荷	三个浇铸周期	处理方式	刘玉满中铸1号工业废气净化处理系统
监测时工况	正常	处理设施运行情况	连续运行正常

采样点位示意图：

工艺废气 →◎→ 刘玉满中铸1号工业废气净化处理系统 →◎→ 废气排放

处理前　　处理后

备注：◎为有组织排放废气监测点位。

二、监测项目、监测方法、使用仪器及检出限

监测项目	监测方法	使用仪器及编号	检出限
烟尘	固定污染源废气 低浓度颗粒物的测定 重量法(HJ 836—2017)	TH-880F微电脑烟尘平行采样仪 JG-A026、JG-A088 BP211D电子天平(0.01mg)JG-A014	1.0mg/m^3
二氧化硫	固定污染源废气 二氧化硫的测定 定电位电解法(HJ 57—2017)	TH-880F微电脑烟尘平行采样仪 JG-A026、JG-A088	3mg/m^3
氮氧化物	固定污染源废气 氮氧化物的测定 定电位电解法(HJ 693—2014)	TH-880F微电脑烟尘平行采样仪 JG-A026、JG-A088	3mg/m^3
非甲烷总烃	固定污染源废气 总烃、甲烷和非甲烷总烃的测定 气相色谱法(HJ 38—2017)	TH-880F微电脑烟尘平行采样仪 JG-A026、JG-A088 LH 5011烟气采样器 JG-A074 7890A气相色谱仪 JG-A045	0.07mg/m^3

续表

监测项目	监测方法	使用仪器及编号	检出限
苯	国家环境保护总局《空气和废气监测分析方法》第四版 第六篇 第二章苯系物活性炭吸附二硫化碳解吸气相色谱法	TH-880F 微电脑烟尘平行采样仪 JG-A026、JG-A088 LH 5011 烟气采样器 JG-A074 7890A 气相色谱仪 JG-A045	0.010mg/m³
甲苯			
二甲苯			

三、监测结果

监测结果 \ 监测点位 / 监测项目		处理前		
		第一次	第二次	第三次
烟气温度(℃)		28	27	33
烟气流量(m³/h)		639	616	589
氧含量(%)		19.6	19.3	17.1
烟气湿度(%)		3.35	10.6	4.30
烟气流速(m/s)		11.5	11.2	11.5
烟尘	实测浓度(mg/m³)	4.2	3.9	4.9
	排放速率(kg/h)	2.68×10^{-3}	2.40×10^{-3}	2.89×10^{-3}
二氧化硫	实测浓度(mg/m³)	ND	614	3.33×10^{3}
	排放速率(kg/h)	9.58×10^{-4}	0.378	1.96
氮氧化物	实测浓度(mg/m³)	ND	ND	ND
	排放速率(kg/h)	9.58×10^{-4}	9.24×10^{-4}	8.84×10^{-4}
非甲烷总烃	实测浓度(mg/m³)	140	150	147
	排放速率(kg/h)	0.0895	0.0924	0.0866
苯	实测浓度(mg/m³)	0.626	0.697	0.743
	排放速率(kg/h)	4.00×10^{-4}	4.29×10^{-4}	4.38×10^{-4}
甲苯	实测浓度(mg/m³)	0.819	0.972	0.877
	排放速率(kg/h)	5.23×10^{-4}	5.99×10^{-4}	5.17×10^{-4}
二甲苯	实测浓度(mg/m³)	1.42	1.31	1.68
	排放速率(kg/h)	9.07×10^{-4}	8.07×10^{-4}	9.90×10^{-4}
备注		监测结果低于检出限时，用“ND”表示，项目检出限详见项目监测方法。		

监测项目 \ 监测结果 \ 监测点位		处理后			
		第一次	第二次	第三次	平均值
烟气温度(℃)		122	119	126	122
烟气流量(m^3/h)		239	234	229	234
氧含量(%)		10.7	9.08	9.43	9.74
烟气湿度(%)		6.08	7.23	11.0	8.10
烟气流速(m/s)		5.86	5.76	5.98	5.87
烟尘	实测浓度(mg/m^3)	4.1	4.6	3.9	4.2
	折算浓度(mg/m^3)	7.0	6.8	5.9	6.6
	排放速率(kg/h)	9.80×10^{-4}	1.08×10^{-3}	8.93×10^{-4}	9.84×10^{-4}
二氧化硫	实测浓度(mg/m^3)	ND	ND	ND	ND
	折算浓度(mg/m^3)	—	—	—	—
	排放速率(kg/h)	3.58×10^{-4}	3.51×10^{-4}	3.44×10^{-4}	3.51×10^{-4}
氮氧化物	实测浓度(mg/m^3)	113	134	123	123
	折算浓度(mg/m^3)	192	197	186	192
	排放速率(kg/h)	0.0270	0.0314	0.0282	0.0289
非甲烷总烃	实测浓度(mg/m^3)	54.3	53.2	54.3	53.9
	折算浓度(mg/m^3)	92.3	78.1	82.1	84.2
	排放速率(kg/h)	0.0221	0.0183	0.0188	0.0197
苯	实测浓度(mg/m^3)	0.168	0.196	0.267	0.210
	折算浓度(mg/m^3)	0.285	0.288	0.404	0.326
	排放速率(kg/h)	4.02×10^{-5}	4.59×10^{-5}	6.11×10^{-5}	4.91×10^{-5}
甲苯	实测浓度(mg/m^3)	0.342	0.314	0.389	0.348
	折算浓度(mg/m^3)	0.581	0.461	0.588	0.543
	排放速率(kg/h)	8.17×10^{-5}	7.35×10^{-5}	8.91×10^{-5}	8.14×10^{-5}
二甲苯	实测浓度(mg/m^3)	0.598	0.651	0.699	0.649
	折算浓度(mg/m^3)	1.02	0.956	1.06	1.01
	排放速率(kg/h)	1.43×10^{-4}	1.52×10^{-4}	1.60×10^{-4}	1.52×10^{-4}
备注		监测结果低于检出限时,用“ND”表示,项目检出限详见项目监测方法。			

监测人员：陈凤发、刘伟、周勤、王健强、黄连保、杜立红

编制： 审核： 签发：

日期： 日期： 日期：

附录四　铸造工业大气污染物排放标准（GB 39726—2020，节选）

1. 术语和定义

下列术语和定义适用于本标准。

1.1　铸造工业　foundry industry

生产各种金属铸件的制造业。GB/T 4754—2017 中归属金属制品业，分类为黑色金属铸造（C 3391）和有色金属铸造（C 3392）。黑色金属铸造指铸铁件、铸钢件等各种成品、半成品的制造；有色金属铸造指有色金属及其合金铸件等各种成品、半成品的制造。

1.2　铸造　foundry

熔炼金属，制造铸型，并将熔融金属浇入铸型，凝固后获得具有一定形状、尺寸和性能的金属零件毛坯的成形方法。

1.3　金属熔炼　metal melting

通过加热使金属炉料转变为熔融状态，并调整到铸件所需成分的过程。

1.4　冲天炉　cupola

一种以生铁和（或）废钢铁为金属炉料的竖式圆筒形化铁炉。按熔化送风温度分为冷风冲天炉（鼓风温度≤400℃）和热风冲天炉（鼓风温度＞400℃）。

1.5　电弧炉　electronic arc furnace

电极与炉料间产生电弧用以熔炼金属的炉子。

1.6　燃气炉　gas smelting furnace

仅使用气体燃料（石油气、天然气、煤气等）的铸造用熔炼（化）炉。

1.7　感应电炉　electric inductionfurnace

利用感应电流加热、熔炼金属和对金属液保温的炉子。

1.8　保温炉　holding furnace

储存熔炼炉熔炼的金属液，并使其保持适当温度的炉子。

1.9　精炼炉　refining furnace

用于去除液态金属中的气体、杂质元素和夹杂物等，净化金属液和改善金属液质量的炉子。

1.10　造型　molding

用铸造材料及模样等工艺装备制造铸型的过程。

1.11　制芯　coremaking

将芯砂制成符合芯盒形状的砂芯的过程。

1.12　浇注　pouring

将熔融金属从浇包注入铸型的过程。

1.13　落砂　shakeout

用手工或机械方法使铸件与型（芯）砂分离的过程，可带砂箱落砂或在捅型后再落砂。

1.14　砂处理　sand preparation

根据工艺要求对造型用砂进行配料和混制的过程，包括对原砂的烘干和旧砂的处理。

1.15　废砂再生　sand reclamation

用焙烧、风吹、水洗或机械等方式处理废砂，使其性能达到能代替新砂的过程。

1.16 铸件热处理　heat treatment forcastings

采用热处理工艺使铸件获得需要的力学性能或使用要求的过程。

1.17　表面涂装　surface coating

为保护或装饰加工对象，在加工对象表面覆以涂料膜层的过程。

1.18　挥发性有机物　volatile organic compounds（VOCs）

参与大气光化学反应的有机化合物，或者根据有关规定确定的有机化合物。

在表征 VOCs 总体排放情况时，根据行业特征和环境管理要求，可采用总挥发性有机物（以 TVOC 表示）、非甲烷总烃（以 NMHC 表示）作为污染物控制项目。

1.19　总挥发性有机物　total volatile organic compounds（TVOC）

采用规定的监测方法，对废气中的单项 VOCs 物质进行测量，加和得到 VOCs 物质的总量，以单项 VOCs 物质的质量浓度之和计。实际工作中，应按预期分析结果，对占总量 90%以上的单项 VOCs 物质进行测量，加和得出。

1.20　非甲烷总烃　non-methane hydrocarbon（NMHC）

采用规定的监测方法，氢火焰离子化检测器有响应的除甲烷外的气态有机化合物的总和，以碳的质量浓度计。

1.21　VOCs 物料　VOCs-containing materials

VOCs 质量占比大于等于 10%的原辅材料、产品和废料（渣、液），以及有机聚合物原辅材料和废料（渣、液）。

1.22　无组织排放　fugitive emission

大气污染物不经过排气筒的无规则排放，包括开放式作业场所逸散，以及通过缝隙、通风口、敞开门窗和类似开口（孔）的排放等。

1.23　密闭　closed/close

污染物质不与环境空气接触，或通过密封材料、密封设备与环境空气隔离的状态或作业方式。

1.24　密闭（封闭）空间　closed space

利用完整的围护结构将污染物质、作业场所等与周围空间阻隔所形成的封闭区域或封闭式建筑物。该封闭区域或封闭式建筑物除人员、车辆、设备、物料进出时，以及依法设立的排气筒、通风口外，门窗及其他开口（孔）部位应随时保持关闭状态。

1.25　现有企业　existingfacility

本标准实施之日前已建成投产或环境影响评价文件已通过审批的铸造工业企业或生产设施。

1.26　新建企业　new facility

自本标准实施之日起环境影响评价文件通过审批的新建、改建和扩建铸造工业建设项目。

1.27　重点地区　key regions

根据环境保护工作要求，对大气污染严重，或生态环境脆弱，或有进一步环境空气质量改善需求等，需要严格控制大气污染物排放的地区。

1.28　标准状态　standard state

温度为273.15K、压力为101.325kPa时的状态。本标准规定的大气污染物排放浓度限值均以标准状态下的干气体为基准。

1.29　排气筒高度　stack height

自排气筒（或其主体建筑构造）所在的地平面至排气筒出口计的高度，单位为m。

1.30　企业边界　enterprise boundary

企业或生产设施的法定边界。难以确定法定边界的，指企业或生产设施的实际占地边界。

2. 有组织排放控制要求

2.1　新建企业自2021年1月1日起，现有企业自2023年7月1日起，执行表1规定的大气污染物排放限值及其他污染控制要求。

2.2　车间或生产设施排气中NMHC初始排放速率≥3kg/h的，VOCs处理设施的处理效率不应低于80%。对于重点地区，车间或生产设施排气中NMHC初始排放速率≥2kg/h的，VOCs处理设施的处理效率不应低于80%；

采用的原辅材料符合国家有关低VOCs含量产品规定的除外。

表1 大气污染物排放限值 单位： mg/m³

生产过程		颗粒物	二氧化硫	氮氧化物	铅及其化合物	苯	苯系物[a]	NMHC	TVOC[b]	污染物排放监控位置
金属熔炼(化)	冲天炉	40	200	300	—	—	—	—	—	车间或生产设施排气筒
	燃气炉[c]	30	100	400	—	—	—	—	—	
	电弧炉、感应电炉、精炼炉等其它熔炼(化)炉；保温炉[d]	30	—	—	2[e]	—	—	—	—	
造型	自硬砂及干砂等造型设备[f]	30	—	—	—	—	—	—	—	
落砂、清理	落砂机[f]、抛(喷)丸机等清理设备	30	—	—	—	—	—	—	—	
制芯	加砂、制芯设备	30	—	—	—	—	—	—	—	
浇注	浇注区	30	—	—	—	—	—	—	—	
砂处理、废砂再生	砂处理及废砂再生设备[f]	30	150[g]	300[g]	—	—	—	—	—	
铸件热处理	热处理设备[h]	30	100	300	—	—	—	—	—	
表面涂装	表面涂装设备(线)	30	—	—	—	1	60	100	120	
其他生产工序或设备、设施		30	—	—	—	—	—	—	—	

[a] 苯系物包括苯、甲苯、二甲苯、三甲苯、乙苯和苯乙烯。

[b] 待国家污染物监测技术规定发布后实施。

[c] 燃气冲天炉适用于燃气炉，混合燃料冲天炉适用于冲天炉。

[d] 适用于黑色金属铸造。

[e] 适用于铅基及铅青铜合金铸造熔炼。

[f] 适用于砂型铸造、消失模铸造、V法铸造、熔模精密铸造、壳型铸造。

[g] 适用于热法再生焙烧炉。

[h] 适用于除电炉外的其他热处理设备。

2.3 废气收集处理系统应与生产工艺设备同步运行。废气收集处理系统发生故障或检修时，对应的生产工艺设备应停止运行，待排除故障或检修完毕后同步投入使用；生产工艺设备不能停止运行或不能及时停止运行的，应设置废气应急处理设施或采取其他替代措施。

2.4 VOCs燃烧（焚烧、氧化）装置除满足表1的大气污染物排放要求外，还需对排放烟气中的二氧化硫、氮氧化物进行控制，达到表2规定的限值。利用锅炉、工业炉窑、固体废物焚烧炉焚烧处理有机废气的，还应满足相应排放标准的控制要求。

表2 燃烧装置大气污染物排放限值 单位：mg/m^3

序号	污染物项目	排放限值	污染物排放监控位置
1	二氧化硫	200	燃烧（焚烧、氧化）装置排气筒
2	氮氧化物	200	

2.5 冲天炉及燃气炉的大气污染物实测排放浓度，应按式(1)换算为基准含氧量状态下的大气污染物基准排放浓度，并以此作为达标判定依据。冲天炉及燃气炉的基准含氧量按表3执行。其他生产设施以实测质量浓度作为达标判定依据，不得稀释排放。

$$\rho_{基}=\frac{21-O_{基}}{21-O_{实}}\times\rho_{实} \tag{1}$$

式中 $\rho_{基}$——大气污染物基准排放浓度，mg/m^3；

$\rho_{实}$——大气污染物实测排放浓度，mg/m^3；

$O_{基}$——干烟气基准含氧量，%；

$O_{实}$——干烟气实测含氧量，%。

表3 基准含氧量

序号	炉窑类型		基准含氧量，%
1	冲天炉	冷风炉	15
		热风炉	12
2	燃气炉		8

2.6 进入VOCs燃烧（焚烧、氧化）装置的废气需要补充空气进行燃烧、氧化反应的，排气筒中实测大气污染物排放浓度，应按式(1)换算为基准含氧量为3%的大气污染物基准排放浓度。利用锅炉、工业炉窑、固体废物焚烧炉焚烧处理有机废气的，烟气基准含氧量按其排放标准规定执行。

进入VOCs燃烧（焚烧、氧化）装置中废气含氧量可满足自身燃烧、氧化反应需要，不需另外补充空气的（燃烧器需要补充空气助燃的除外），以实测质量浓度作为达标判定依据，但装置出口烟气含氧量不得高于装置进口废气含氧量。

吸附、吸收、冷凝、生物、膜分离等其他VOCs处理设施，以实测质量浓度作为达标判定依据，不得稀释排放。

2.7　除移动式除尘设备外，其他车间或生产设施排气筒高度不低于15m，具体高度以及与周围建筑物的相对高度关系应根据环境影响评价文件确定。

2.8　当执行不同排放控制要求的废气合并排气筒排放时，应在废气混合前进行监测，并执行相应的排放控制要求；若可选择的监控位置只能对混合后的废气进行监测，则应按各排放控制要求中最严格的规定执行。

参考文献

[1] 刘玉满，刘翔. 消失模空壳铸造・振动浇注及生产实用技术百例新解. 北京：化学工业出版社，2010.

[2] 《冲天炉技术手册》编委会. 冲天炉技术手册. 北京：机械工业出版社，2009.

[3] 孙荣庆. 我国二氧化硫污染现状与控制对策. 中国能源，2003，12（7）：2-4.

[4] 崔忠圻，刘北兴. 金属学与热处理原理. 哈尔滨：哈尔滨工业大学出版社，2010.

[5] GB/T 6394—2017.

[6] 中国铸造学会. 铸钢手册. 北京：机械工业出版社，2002.

[7] 中国铸造学会. 铸铁手册. 北京：机械工业出版社，2002.